结核病
结核检疫
时量皮厚

结核病
结核检疫时
皮内注射

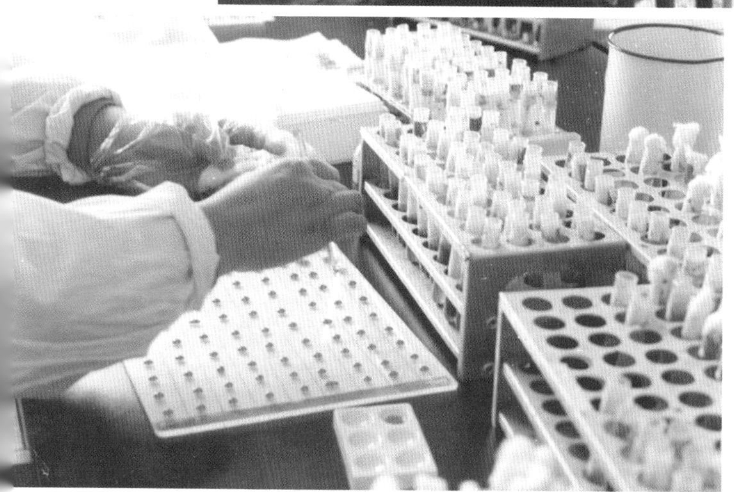

布氏杆菌病
虎红平板凝
集试验

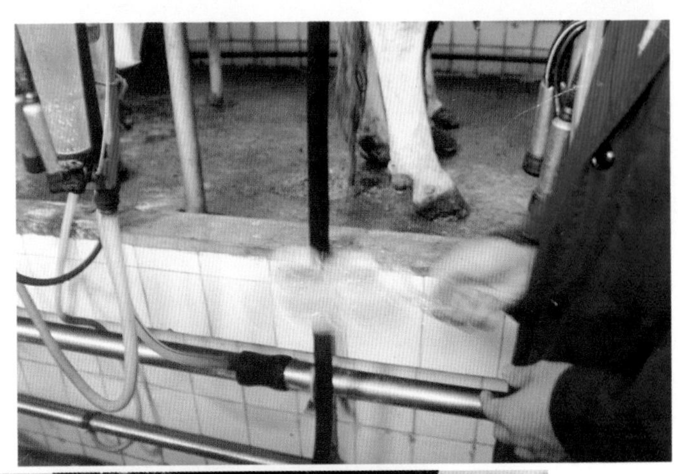

乳房炎
隐性乳房炎监测，图中蓝绿色乳为隐性乳房炎乳

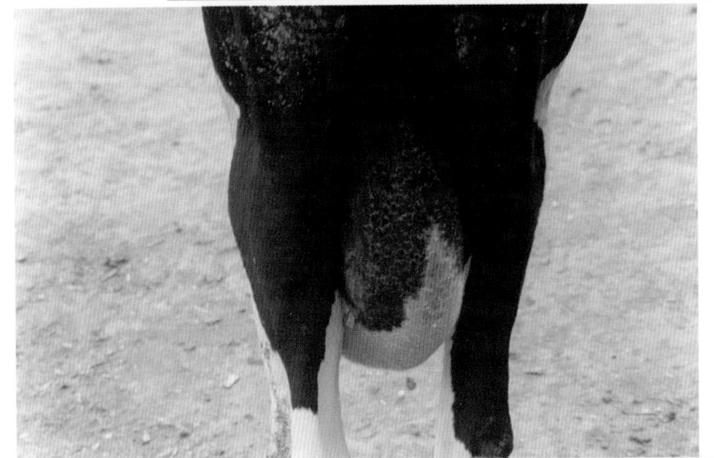

乳房炎
乳房硬肿，乳房皮肤龟裂

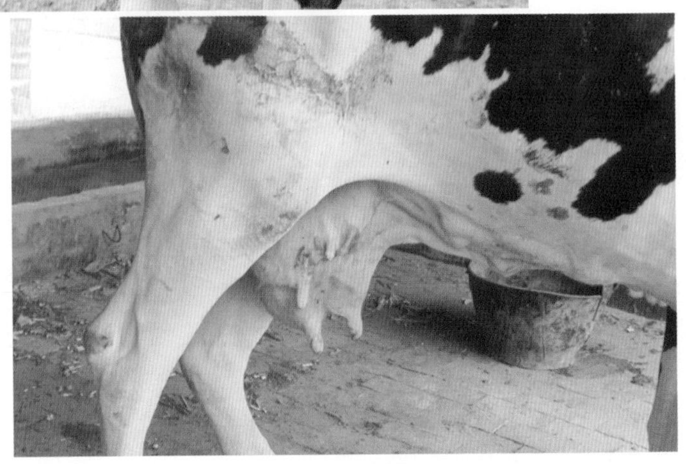

乳房萎缩

乳房炎
乳头药浴

犊牛单圈
饲养栏

犊牛脐炎

瘤胃酸中毒
瘤胃黏膜脱落,黏膜下出血

瘤胃酸中毒
网胃黏膜脱落,黏膜下出血

妊娠浮肿
奶牛腹下水肿

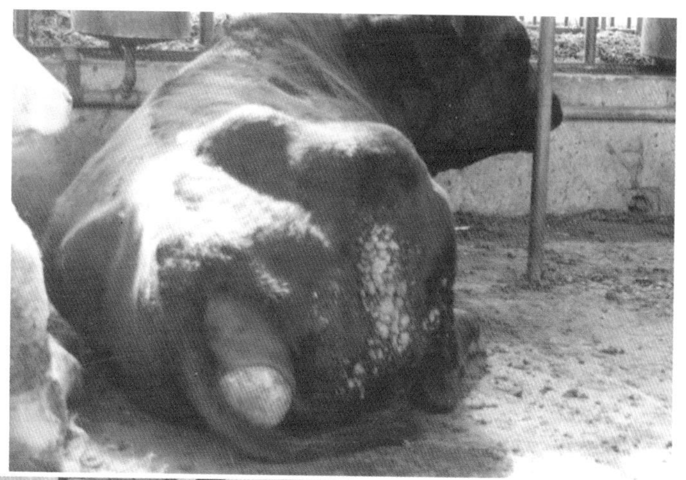

奶牛阴道脱

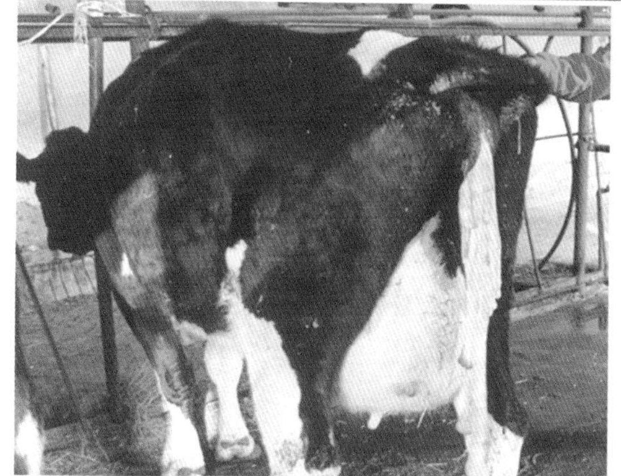

奶牛胎衣不下

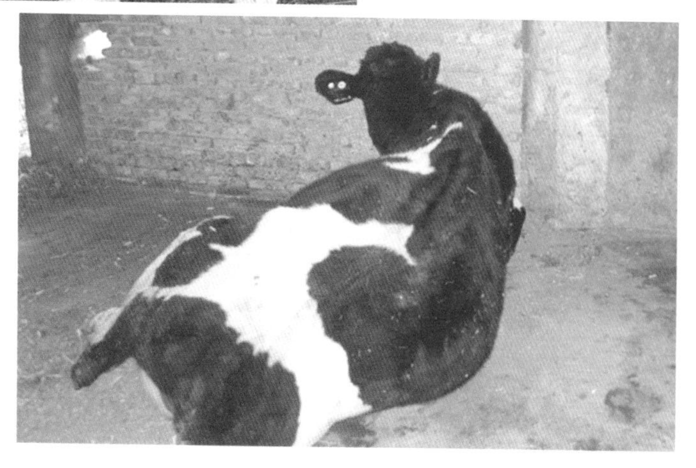

产后瘫痪奶牛颈部呈S状弯曲

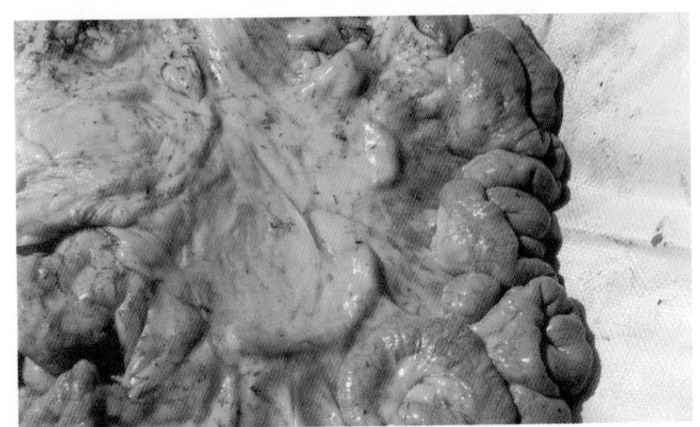

副结核病
肠管增厚，
肠系膜淋
巴结肿大

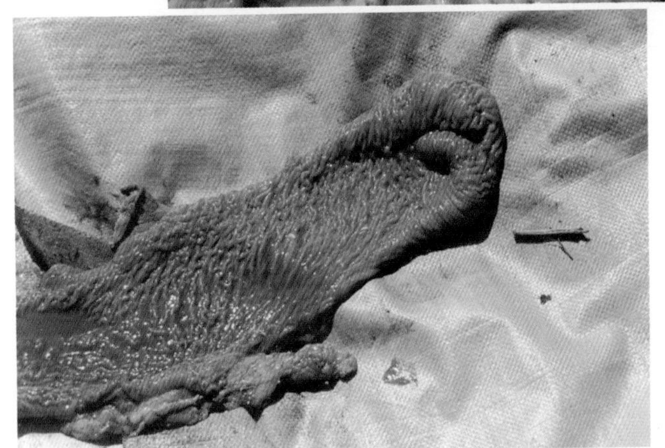

副结核病
肠黏膜增厚，
呈脑回样

副结核病
奶牛消瘦，
颌下浮肿

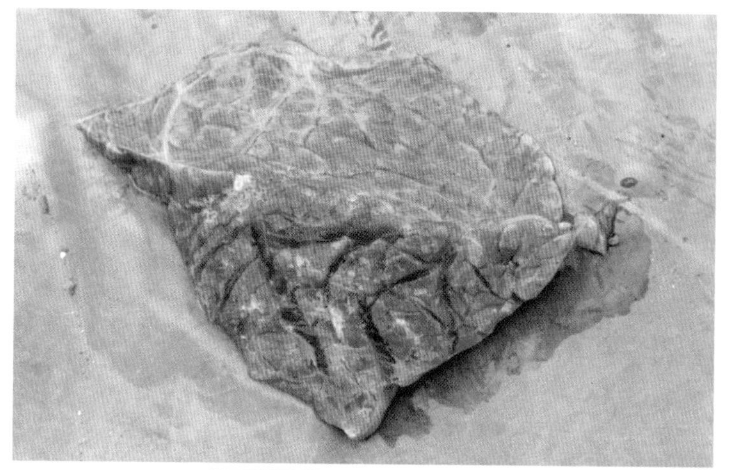

巴氏杆菌病
肺间质胶样
浸润、增宽

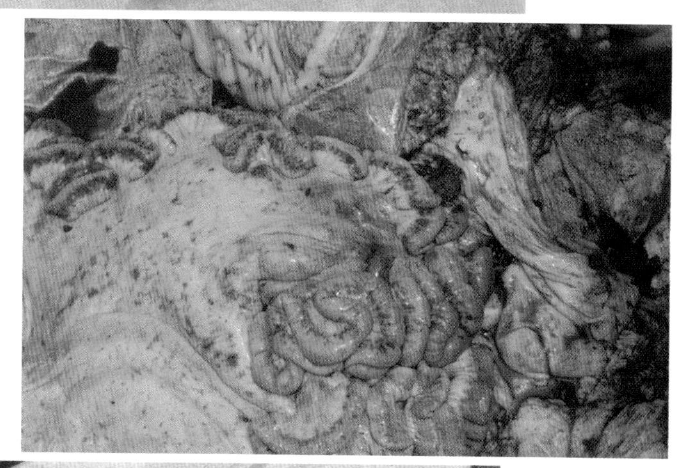

奶牛巴氏杆菌病
浆膜和肠管出血

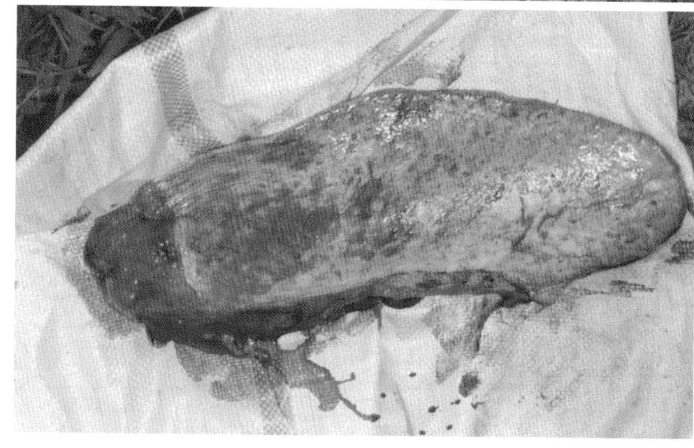

巴氏杆菌病
脾脏出血

慢性氟中毒
胸下浮肿

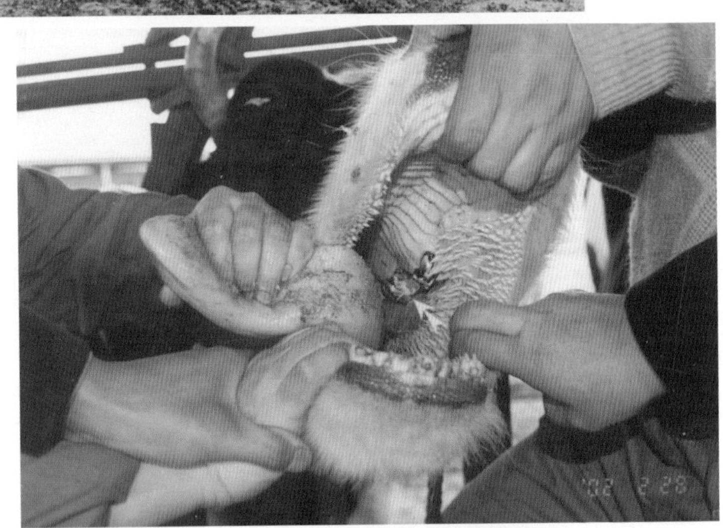

慢性氟中毒
奶牛牙齿磨
灭不整

慢性氟中毒
奶牛鼻骨肿

中央宣传部　新闻出版总署　农业部
推荐“三农”优秀图书

新编21世纪农民致富金钥匙丛书

奶牛养殖与疾病防治

（第2版）

肖定汉　主编

中国农业大学出版社

主编　肖定汉

编者　肖定汉　张　斌

　　　李兰华　丛国友

　　　周瑞君　胡芝荩

2001 年被中国书刊发行协会评为
全国优秀畅销书奖
2002 年被中国大学出版社协会评为第五届
全国高校出版社优秀畅销书一等奖

前　言

（第2版）

我国的奶牛主要是舍饲，即在圈舍内饲喂。舍饲奶牛的特点是奶牛全部生命活动（包括生长、发育、发情、配种、妊娠、分娩和泌乳）都是在人为的条件下进行的。养好奶牛，需要依靠科学技术，也就是要提供合理的饲料和采取适宜的饲养方法，让牛吃饱、吃好，获得必需的营养物质，要创造良好的生存环境，管理到位，使牛健康，从而充分发挥奶牛的生产性能，最终达到高产、稳产的目的。

奶牛的主要生产性能是泌乳，这就决定了它对饲养管理和外界条件要求严格的特性。在多年的奶牛饲养实践中发现，正是由于忽视了奶牛的这一特性，缺乏科学的饲养管理和保健体系，使奶牛的生产性能的发挥受到了极大影响，甚至使奶牛发生疾病而死亡。

当前，我国广大农村的不少地区出现了“奶牛热”，“奶牛村”、“奶牛养殖小区”纷纷涌现。奶牛养殖呈现出一派兴旺发达的景象。然而，奶牛的生产过程比较复杂，其繁殖、饲养、管理、改良和疾病防治工作等技术性较强，为此，我们对《奶牛饲养与疾病防治》一书做了全面修改，增添了许多新的内容，其目的是使基层技术人员和奶牛饲养者掌握有关的科学知识与技术，在奶牛养殖中发挥应有的作用或收到实际的效益。

全书共16章，分饲养管理和疾病防治两部分。内容包括：奶牛的保健体系、奶牛的瘤胃消化、奶牛的饲料、奶牛的饲养、奶牛的繁殖管理、奶牛的改良与选配、奶牛疾病防治、奶牛的生产管理和鲜乳及鲜乳质量。

全书根据奶牛生产的全过程，系统地介绍了奶牛饲养管理及疾病防治知识，对奶牛保健体系及奶牛瘤胃消化做了较为详细的阐述，这是编者在从事奶牛养殖生产和牛群保健实践过程中的经验总结，同时也吸取了国内外有关本学科的新成就。文字力求简明扼要、深入浅出，做到易懂、易学、易操作，从而突出了本书通俗性和实用性的特点。限于知识和业务水平，书中内容和观点难免存在缺点甚至错误，深望专家和读者批评指正。

编　者

2003年10月

前　言

（第1版）

在市场经济的驱动下，奶牛业的发展随之调整、转制。表现为由国有型向集体和户养型转移；由城郊型向远郊及山地型转移。为能满足人们对奶及奶制品日益增长的需求，“奶牛村”及奶牛专业户应运而生、纷纷涌现，奶牛生产呈现出兴旺发达的景象。

奶牛生产是一项系统工程。其发展受诸多因素制约，如科技进步就是其一。为了帮助新兴的“奶牛村”及奶牛专业户养好奶牛，我们编写出《奶牛饲养与疾病防治》一书，以供同仁参阅。

本书从奶牛生产实际出发，系统地介绍了奶牛生产的各个环节。主要包括牛群保健、奶牛育种、奶牛饲料与饲养、繁殖管理、疾病防治、牛群管理和鲜奶及鲜奶质量等7个方面的科技知识。其目的是帮助广大奶牛饲养者提高生产和经营管理水平；运用新技术、新经验去指导和管理生产，借以使奶牛生产实现高产、优质、低成本、高效益的饲养目的。

本书由北京奶牛中心肖定汉同志主编。其中奶牛育种由张斌同志编写，奶牛饲料与饲养和繁殖管理由周瑞君同志编写，奶牛场设计和经营管理由胡芝荩同志编写，鲜奶及鲜奶质量由李兰华同志编写，其余部分由肖定汉同志编写。

服务奶农、富裕奶农，是编写本书的宗旨；也是我们的心愿。为此，在内容上，我们力求密切结合奶牛生产，以临床生产上的常见问题、常用技术和自身的生产实践经验为基础，同时结合国内外相关的新技术，予以阐述；在文字表达上，力争简明扼要、深入浅出，做到易懂、易学、易操作，从而突出本书通俗性和实用性的特点。限于知识和业务水平，书中难免存在缺点或错误，敬请专家、同行和广大读者批评指正。

编著者

1999.11.10

第一部分 饲养管理

第二部分 疾病防治

饲 养 管 理

第1章 奶牛的保健体系

高产奶牛群的形成是坚持有目的、有计划地选种选配、限定性的饲养和集约化生产相结合的结果。

高产奶牛的饲养是一项系统工程。其主要生产要素包括优良的品种、良好的饲料供应、科学的饲养管理措施、有效的疾病防治程序及完善的生产设施等。因此,建立健康、高产的奶牛群,必须要对其营养、保健、繁殖、挤奶、圈舍建筑、记录体系和设备维修等方面作周密考虑。

高产、稳产和健康是奶牛群要达到的目标。其中健康是关键,只有健康,才会有奶牛的高产和稳产。牛群健康状况较差,必将影响产奶量的提高而使生产效率低下,甚至因疫病的流行而直接引起奶牛死亡,致使生产蒙受损失。因此,就高产奶牛群而言,牛群保健体系的建立和保健措施的实施,是极其重要的工作。

❶ 牛群保健目标

所谓保健目标，就是指奶牛健康状况所要达到的标准。由于外界环境条件(气候、地理)、饲料安排、饲养水平等不同，各自的牛群管理方法和牛群保健计划也不尽一致。但尽可能有效地生产出数量多、质量高的牛乳，是每个奶牛场所共同期望达到的最终目标。对于一个饲养技术好、管理水平高的奶牛场来说，疾病控制目标是：全年总淘汰率在25%~28%，全年死亡率在3%以下，乳房炎治疗数不超过产奶牛的1%，8周龄以内犊牛死亡率低于5%，育成牛死亡率、淘汰率低于3%，全年怀孕母牛流产率不超过8%。

❷ 奶牛保健体系的内容

在奶牛饲养过程中，健康是关键。没有健康，就没有高产；没有健康，更谈不上奶牛长寿。奶牛饲养(营养供应)、管理等，都应以奶牛健康为标准，而这种标准都应以奶牛为本，要善待奶牛，以奶牛人性化为基础。为此，在当今奶牛饲养业上，必须强调奶牛保健体系的建立与实施。

所谓奶牛保健体系就是运用预防医学的观点，对奶牛实施各种防止疾病发生和卫生保健的综合措施，以保证奶牛稳产、高产、健康、长寿的系统工程。奶牛保健体系的内容，如图1-1所示。

❸ 奶牛保健体系的建立与实施

● 奶牛防疫体系的建立

“收多收少在于养，有收无收在于防”。意思是说，对于一个

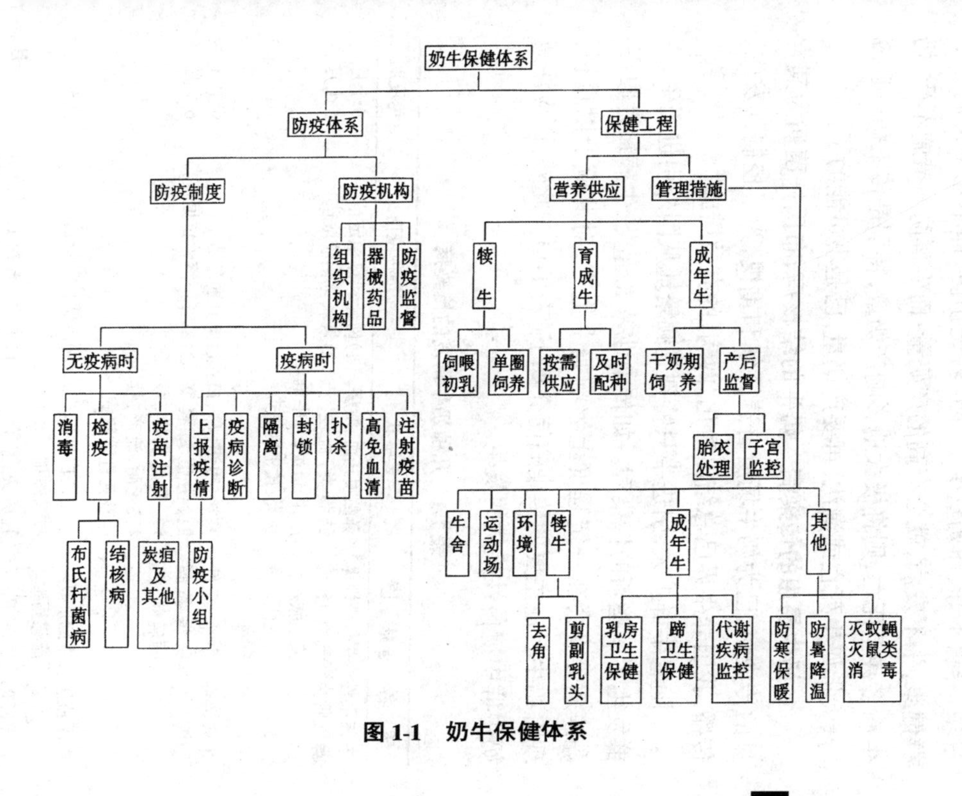
奶牛保健体系
防疫体系
保健工程
防疫制度
防疫机构
营养供应
管理措施
组织机构
器械药品
防疫监督
犊牛
育成牛
成年牛
无疫病时
疫病时
饲喂初乳
单圈饲养
按需供应
及时配种
干奶期饲养
产后监督
胎衣处理
子宫监控
消毒
检疫
疫苗注射
上报疫情
疫病诊断
隔离
封锁
扑杀
高免血清
注射疫苗
布氏杆菌病
结核病
炭疽及其他
防疫小组
牛舍
运动场
环境
犊牛
成年牛
其他
去角
剪副乳头
乳房卫生保健
蹄卫生保健
代谢疾病监控
防寒保暖
防暑降温
灭蚊蝇灭鼠类消毒

图 1-1 奶牛保健体系

奶牛场而言，产奶量的高低决定于饲养管理水平。养得好，产奶量多；养得不好，产奶量少。“防”就是预防，即不让牛得病。牛群健康，牛不发病，就会有高的产奶量；而牛群防病措施不严，奶牛病多甚至死亡，则将极大地影响产奶量，特别是传染病一旦流行、大批奶牛死亡或淘汰，再要产奶量，已是不可能的了。

1.奶牛易患的传染病　奶牛的结核病、布氏杆菌病为其常见的传染病，已为奶牛场所普遍了解和重视，为了控制其发生、传播，我国养牛界已总结出净化“两病”的有效措施。

随着牛群扩大，引进牛只特别是频繁地从国外引进奶牛，牛群发生了一些新的传染病。如传染性鼻气管炎、牛病毒性腹泻-黏膜病等将会在一定程度上影响奶牛生产，对此应予以重视。现将奶牛目前主要的传染病简介如下(表1-1)。此外，还应注意奶牛群中遗传性疾病的发生。

表1-1　几种奶牛常发的传染病

病　名	病　原	主要症状	接种疫苗	免疫期
牛传染性鼻气管炎	牛传染性鼻气管炎/传染性脓疱-外阴阴道炎病毒	鼻黏膜充血、溃疡，结膜炎，血便，流产，阴道炎；公牛龟头炎；犊牛脑膜炎	1)匈牙利热稳定苗 2)氢氧化铝胶浓苗	6个月 6个月
牛病毒性腹泻	牛病毒性腹泻-黏膜病病毒	高热，腹泻，鼻、口腔、阴道黏膜糜烂，粪呈水样，跛行，死胎，流产，犊牛致死性黏膜病	1)BVD弱毒苗 2)BVD可溶性抗原疫苗	6个月 6个月
牛副流感	牛的Ⅲ型副流感病毒	纤维蛋白性肺炎，呼吸困难，高热	副流感Ⅲ型疫苗	-
布氏杆菌病	牛布氏杆菌	乳房炎，流产，子宫炎，关节炎，睾丸炎	1)牛布氏杆菌19号菌苗 2)猪型布氏杆菌2号菌苗 3)羊型布氏杆菌5号菌苗	12~14个月 3.5年 14个月
炭疽	炭疽杆菌	体温升高，胸、腹水肿，喉、胸、腹、乳房、口腔坏死、溃疡	1)无毒炭疽芽孢苗 2)第二号炭疽芽孢苗	12个月 12个月

续表 1-1

病　名	病　原	主要症状	接种疫苗	免疫期
大肠杆菌病	埃希氏大肠杆菌	高热,中毒性神经症状,昏迷,腹泻	妊娠生产前 6 周和 3 周各注射一次埃希氏大肠杆菌(K_{99}抗原)苗	

(1)牛传染性鼻气管炎。为病毒性传染病。特征是上呼吸道炎,传染性脓疱外阴－阴道炎,引起奶牛流产、久配不孕。犊牛发生脑膜炎。

(2)牛病毒性腹泻。为病毒性传染病。特征是消化道黏膜发炎和糜烂,腹泻,脱水,跛行及流产。

(3)牛副流感。为病毒性传染病。特征是引起牛的纤维素蛋白性肺炎,也有造成流产的报道。

(4)炭疽。由炭疽杆菌引起。其特征是死亡快,高热,天然孔出血;皮肤型炭疽表现为皮肤水肿性肿胀;经消化道感染型,表现为头、颈部组织的炎性水肿。

(5)布氏杆菌病。由牛布氏杆菌引起。其特征是引起母牛的流产和公牛的附睾炎。

2.奶牛兽医防疫

(1)奶牛兽医防疫措施。

①牛场应建围墙或防疫沟。生产区和生活区严格分开。生产区门口设消毒室和消毒池。消毒室内应装紫外灯、洗手用消毒池(或消毒器);消毒池内放置 2%～3%氢氧化钠溶液或 0.2%～0.5%过氧乙酸等药物,药液定期更换以保持有效浓度。应设醒目的防疫须知标志。

②非本场车辆、人员不能随意进入牛场内。进入生产区的人员需更换工作服、胶鞋,不准携带动物、畜产品、自行车等进场。

③牛场工人应保持个人卫生。上班应穿清洁工作服,戴工

作帽和及时修剪指甲。每年至少进行一次体格健康检查,凡检出结核病、布氏杆菌病者,应及时调离牛场。

④经常保持牛场环境卫生。运动场无石头、砖块及积水;牛床、运动场每天清扫,粪便及时清除出场,进行堆积发酵处理;尸体、胎衣深埋。

⑤夏季做好防暑降温,消灭蚊、蝇等工作。

⑥冬季做好防寒保暖工作,如架设防风墙,牛床与运动场内铺设褥草。

⑦每年春、秋对全场(食槽、牛床、运动场)进行大消毒。

⑧严格控制牛只出入。外售牛一律不再回牛场;调入牛,必须有法定单位的检疫证书,进场前应按《中华人民共和国动物防疫法》的要求,经隔离检疫,确认健康后方可进场入群。

(2)疫病扑灭措施。

①疫病发生后,应立即上报有关部门,成立疫病防制领导小组,统一领导防制工作。

②及时隔离病畜。各牛场应根据实际条件,选择适当场地建立临时隔离站,病畜在隔离站内观察、治疗。隔离期间,站内人员、车辆不得回场。

③疫病牛场在封锁期间,要严格监测,发现病畜及时送转隔离站;要控制牛只流动,严禁外来车辆、人员进场;每7~15天全场用2%火碱大消毒一次;粪便、褥草、用具严格消毒、堆积处理;尸体深埋或化制(无害化处理);必要时可做紧急预防接种。

④解除封锁应在最后一头病畜痊愈、屠宰或死亡后,经过2周后再无新病畜出现,全场经全面终末大消毒,报请上级有关部门批准后方可施行。

3.奶牛主要疫病的检疫

(1)结核病检疫。采用结核菌素试验,按农业部颁发的《动物检疫操作规程》规定进行,每年春、秋各一次。可疑牛经过2

个月后用同样方法在原来部位重新检验。检验时,在颈部另一侧同时注射禽型结核菌素做对比试验,以区别出是否是结核牛。2次检验都呈可疑反应者,判为结核阳性牛。凡检验出的结核阳性牛,一律淘汰。

(2)布氏杆菌病检疫。每年2次,于春、秋季进行。按《动物检疫操作规程》的规定执行。先经虎红平板凝集试验初筛,试验阳性者进行试管凝集试验,出现阳性凝集者判为阳性,出现可疑反应者,经3~4周,重新采血检验,如仍为可疑反应,应判为阳性。凡检出阳性反应牛只,一律淘汰。

4.奶牛常发传染病的免疫 免疫是指机体对疾病的抵抗能力或不感受性。即在疾病发生前,通过接种疫苗等手段,使机体经受轻度感染,从而激发家畜体内抵抗侵入病原微生物的免疫系统,产生抗体,以此与侵入机体的病原微生物进行斗争,从而防止同种病原微生物再次感染。这是牛群保健计划中最主要的措施之一。虽然免疫接种不可能预防所有的疫病,但是,许多对牛群危害严重的疫病,可以通过一定的免疫程序而得到预防。炭疽、牛布氏杆菌病就是用接种疫苗的方法控制的。世界上不少养奶牛的国家也普遍采取注射疫苗的方法来控制牛病毒性腹泻、牛传染性鼻气管炎等病。

(1)奶牛易患传染病的免疫程序。

①牛传染性鼻气管炎。牛传染性鼻气管炎疫苗犊牛4~6月龄接种,空怀青年母牛在第一次配种前40~60天接种,妊娠母牛在分娩后30天接种。

奶牛已注射过该疫苗的牛场,对4月龄以下的犊牛,不接种任何疫苗。

②牛病毒性腹泻。牛病毒性腹泻死苗,任何时候都可以使用,妊娠母牛也可以使用,第一次注射后14天应再注射一次;牛病毒性腹泻弱毒苗,犊牛1~6月龄接种,空怀青年母牛在第一

次配种前 40～60 天接种，妊娠母牛在分娩后 30 天接种。

③牛副流感。牛副流感Ⅲ型疫苗，犊牛于 6～8 月龄时注射一次。

④牛布氏杆菌病。牛布氏杆菌 19 号菌苗，母犊牛5～6 月龄接种；牛型布氏杆菌 45/20 佐剂菌苗，不论年龄、怀孕与否皆可注射，接种 2 次，第一次注射后 6～12 周再注射一次；猪型布氏杆菌 2 号菌苗，口服，用法同 19 号菌苗；羊型布氏杆菌 5 号菌苗，可口服。

(2)疫苗接种注意事项。

①生物药品的保存、使用应按说明书规定进行。

②接种用具(注射器、针头)及注射部位应严格消毒。

③生物药品不能混合使用，更不能使用过期疫苗。

④装过生物药品的空瓶和当天未用完的生物药品，应该焚烧或深埋(至少埋 46 cm 深)处理。焚烧前应撬开瓶塞，用高浓度漂白粉溶液进行冲洗。

⑤疫苗接种后 2～3 周要观察接种牛，如果出现接种部位局部肿胀、体温升高等症状，一般可不作处理；如果反应持续时间过长，全身症状明显，应请兽医诊治。

⑥建立免疫接种档案，每次接种疫苗，都应将接种日期、疫苗种类、生物药品批号等详细登记。

5.奶牛的驱虫 目前奶牛寄生虫病的流行也逐渐增加。特别是肝片吸虫、球虫等所引起的感染，在许多奶牛场都有发生。因此，驱虫也是一项重要的预防措施。即在肝片吸虫病和球虫病发病率高的奶牛场，应进行有计划的定期驱虫。同时，应了解虫体的发育史，加强粪便的清除，避免饲草的污染，控制虫卵的发育，减少经口感染机会。

(1)肝片吸虫。

①4～6 月龄犊牛用左旋咪唑、肝蛭净和芬苯达唑。

②配种前30天用左旋咪唑、肝蛭净和芬苯达唑驱虫一次。

③产后20天用哈罗松或蝇毒灵驱虫一次。

(2)球虫。

①磺胺二甲嘧啶。剂量为140 mg/kg,口服,每天2次,连服3天。

②氨丙啉。每天20~50 mg/kg,连服5~6天。

③莫能菌素。每吨饲料加入16~33 g。

④拉沙洛菌素。用量为112 mg/kg。

● 奶牛保健工程的实施

所谓保健工程,是指在正常生产情况下,为保证奶牛健康,防止或减少隐性、临床型疾病所采取的措施和方法。

1.营养供应工程 我国奶牛主要为舍饲,即奶牛全部生命活动(包括生长、发育、发情、配种、分娩及泌乳等)都是在人为控制条件下进行的。因此,饲养管理水平的高低,不仅直接关系到奶牛生长发育的快慢、生产性能的高低,同时也影响到奶牛的健康。当前,影响奶牛健康的四大疾病——乳房炎、不孕症、蹄病和营养代谢病,都是由于饲养管理不当所致。因此,提高饲养管理水平是保证奶牛健康的根本保证。在生产中,应抓住"喂、管、挤、蛋、钙、盐、水、素"八个环节。

"喂、管、挤"是指对奶牛实施的技术措施而言,"蛋、钙、盐、水、素"是指对奶牛的营养物质供应而言。

"喂"就是饲喂、饲养。喂好牛就是让牛吃饱、吃好。根据奶牛的不同生理状况,供应平衡日粮,使牛获得必需的营养物质。为了提高采食量,除了采取常用的勤添少给、以精(料)带粗(料)的方法,现有的牛场采用了全混日粮饲喂法,即把每次所要饲喂的饲料混合在一起饲喂。

"管"就是管理。牛群的分群、定期修蹄、断角、饲料中异物清除、清扫、消毒、防寒保暖及防暑降温等都属管理。

"挤"就是挤奶。挤奶技术的好坏,一可影响泌乳量,二可影响乳房变化。不严格执行挤奶操作规程、不正确地挤奶,都可引起乳房炎。挤好奶,就是要注意挤奶卫生,严格执行挤奶操作规程,减少乳房炎的发生。

在上述科学饲养管理技术的基础上,合理的供应蛋(蛋白质)、钙(矿物质、微量元素)、盐(食盐)、水、素(维生素),让牛得到平衡的营养物质,提供良好的生存环境,可充分发挥奶牛的生产性能。不同生理阶段奶牛的饲养与管理见第4章。

2.乳房保健工程 乳房炎为奶牛常发病,目前尚无有效方法可以根除,而只能采取综合防制措施,方法如下:

(1)挤乳卫生管理。

①挤乳员应保持相对固定,避免频繁调动。

②挤乳前将牛床打扫清洁,牛体刷拭干净。

③挤乳前,挤乳员双手要清洗干净。有疫情时,要用0.1%过氧乙酸溶液洗涤。

④洗乳房先用200~300 mg/kg有机氯溶液清洗,再用50℃温水彻底洗净乳房。水要勤换,每头牛要固定一条毛巾,洗涤后用干净毛巾擦干乳房,乳房洗净后应按摩使其膨胀。

⑤手工挤乳采用拳握式,开始用力宜轻,速度稍慢,逐渐加快速度,每分钟挤压80~100次;机器挤乳,真空压力应控制在350~380 mmHg*,搏动控制在每分钟60~80次,要防止空挤。

⑥机器挤奶,当榨乳完毕时,要立即用手工方法挤净乳房内余奶,然后用3%~4%次氯酸钠溶液或0.5%~1%碘伏浸泡乳头。

⑦先挤健康牛,后挤病牛;乳房炎患牛,要用手挤,不能上机。

---

* 为了生产实践应用方便,本书中的mmHg未换算成Pa,两者之间的换算关系为1 mmHg=133.322 Pa。

⑧挤出头两把乳检查乳汁状况,乳房炎乳应收集于专门的容器内,集中处理。

⑨洗乳房毛巾、奶具,使用前后必须彻底清洗。洗涤时先用清水冲洗,后用温水冲洗,再用0.5%热碱水洗,最后用清水洗。橡胶制品清洗后用消毒液浸泡。

⑩挤乳器每次用后均要清洗消毒,每周用苛性钠溶液彻底消毒一次(0.25%苛性钠溶液煮沸15 min或用5%苛性钠溶液浸泡后干燥备用)。

(2)隐性乳房炎检测。

①隐性乳房炎检测采用加州乳房炎试验(C.M.T法)。

②泌乳牛每年1、3、6、7、8、9、11月份进行隐性乳房炎检测,凡阳性反应在"++"以上的乳区超过15%时,应对牛群及各挤乳环节做全面检查,找出原因,制定相应解决措施。

③干奶前10天进行隐性乳房炎检测,对阳性反应在"++"以上牛只及时治疗,干奶前3天内再检测一次,阴性反应牛才可停乳。

④每次检测应详细记录。

(3)控制乳房感染与乳房疾病传播的措施。

①奶牛停乳时,每个乳区注射一次抗菌药物。

②产前、产后乳房肿胀较大的牛只,不准强行驱赶起立或急走,蹄尖过长及时修整,防止引起乳房外伤。有吸吮癖牛应从牛群中挑出。

③临床型乳房炎病牛应隔离饲养,奶桶、毛巾专用,用后消毒。病牛的乳消毒后废弃,及时合理治疗,痊愈后再回群。

④及时治疗胎衣不下、子宫内膜炎、产后败血症等疾病。

⑤对久治不愈、慢性顽固性乳房炎病牛,应及时淘汰。

⑥乳房卫生保健应在兽医人员具体参与下贯彻实施。

3.蹄保健工程　蹄是奶牛重要的支柱器官,由于具有坚实的角质趾壳,因此具有保护知觉和支持体重的功能。奶牛肢、蹄健康是高产的保证。然而由于饲养管理不当,奶牛蹄变形,蹄病发生在一些牛场,特别是高产牛场较为普遍,故应予以综合防制。

(1)牛舍、运动场地面应保持平整、干净、干燥。粪便及时清扫,污水及时排除,不用炉渣、石子、砖块、瓦片铺垫运动场和通道。

(2)应保持牛蹄清洁。经常清除趾(指)间污物,冬季干刷,夏季每天用清水冲洗。

(3)要坚持定期消毒。坚持用4%硫酸铜溶液对牛实施喷洒浴蹄,夏、秋季每5~7天浴蹄1~2次,冬、春季可适当延长浴蹄间隔。

(4)坚持修蹄。每年对全群牛只肢蹄普查一次,对蹄变形牛于春、秋季统一修整。

(5)对蹄病患牛及时治疗,促进痊愈。当蹄变形严重、蹄病发生率达15%以上时,应视为群发性问题,要分析原因,采取相应防治措施。

(6)修蹄应按正确操作进行。修蹄时,应严格执行修蹄技术操作规程,熟练掌握修蹄技能,正确修蹄。

(7)坚持供应平衡日粮和执行正确的配种程序。供应平衡日粮,满足奶牛对各种营养成分的需要量,禁用有肢蹄遗传缺陷的公牛配种。

4.营养代谢疾病监控 随着奶牛产奶量的增加,营养代谢病在奶牛场特别是高产奶牛场发病增加,并成为奶牛生产的主要危害。因此,加强营养代谢性疾病监测,提早控制已成为奶牛生产不可缺少的环节,根据多年实践,其监控措施如下:

(1)每年定期抽查血样。每年应对干奶牛、高产牛进行2~4次血样抽样(30~50头)检查,检查项目主要包括血细胞数、细胞压积、血红蛋白、血糖、血尿素氮、血磷、血钙、血钠、血钾、总蛋白、白蛋白、碱贮(二氧化碳结合力)、血酮体、谷草转氨酶、血游离脂肪酸等。

(2)定期检测酮体。产前1周,隔2~3天测尿pH值、尿酮体一次;产后一天,测尿pH值、尿或乳酮体含量,隔2~3天一次,直到产后30~35天。凡检测尿pH值呈酸性、酮体阳性反应者,立即应用葡萄糖、碳酸氢钠等治疗并采取其他相应措施。

(3)加强临产牛监护。对高产、年老、体弱及食欲不振牛,经临床检查未发现异常者,产前1周可用糖钙疗法防控(25%葡萄糖溶液、20%葡萄糖酸钙溶液各500 mL一次静脉注射,每天一次,连续注射2~4天)。

(4)注意奶牛泌乳高峰时的护理。高产牛在泌乳高峰时,日粮中可添加碳酸氢钠1.5%(按总干物质计),有精料混合直接饲喂。

4 奶牛疾病的诊断

牛群保健计划中诊断是不可缺少的一个部分,没有正确的诊断就不可能采取有效的治疗措施。为此,在牛群保健工作中,应注意以下几点:

1.随时掌握饲料配合与变化 饲养管理的正确与否直接影响奶牛的健康与发病。从某种意义来讲,牛群是否发病可反映出饲养管理水平的好坏,而饲养管理正确与否又可通过奶牛是否发病、发病多少来验证。例如:精料过多,粗饲料缺少的日粮,易引起奶牛酮病、瘤胃弛缓、瘤胃积食和瘤胃酸中毒的发生;饲喂霉败的大麦根、甘薯,易使奶牛发生大麦根中毒和霉烂甘薯中毒;饲喂铡短而又未经磁铁处理的干草,常常会使奶牛发生创伤性网胃炎及创伤性心包炎。因此,在诊断疾病时应随时了解饲料的品种、日粮组成及饲料加工和调制方法。

2.掌握奶牛的异常变化 奶牛的行为、食欲、乳汁和其他异常变化,可以作为预示奶牛健康问题的征兆。例如:产后母牛卧地不起,行走时步态不稳、蹒跚,是产后瘫痪的预兆;站立时肘肌震颤,肘头外展,排出干、黑粪便,是创伤性网胃炎的典型症状;乳汁稀薄,内含凝乳块、絮状物,说明奶牛已患乳房炎。因此,在诊断时,应细致观察。

3.掌握奶牛疾病的发病规律 奶牛具有的泌乳这一特点,就决定了它本身的发病规律。生理阶段、地区及饲养管理不同,发病情况各异。高产奶牛易患酮病,犊牛易患腹泻;南方的奶牛易发生肝片吸虫病,北方奶牛易发生蜱病;管理好的奶牛场发生乳房炎少,挤奶卫生差的牛场乳房炎多。因此,在诊断时,应了解本地区、本牛场奶牛发病规律,从而为诊断提供依据。

4.综合分析,仔细鉴别 在掌握了临床检查(症状表现、一般检查和全身检查)、饲养状况和生理阶段等第一手材料后,应进行综合分析,并且要进行类症鉴别。例如,奶牛酮病的消化类型,主要表现为前胃弛缓,此时在诊断中就应鉴别是原发性还是继发性前胃弛缓,千万不应将食欲减退或废绝都认为是前胃弛缓,而将酮病遗漏。

5.注意药物疗效 药物疗效是验证诊断是否正确的一个重要方面。用药物治疗以诊断疾病的方法称做"治疗性诊断"或"药物诊断"。因此,当对疾病诊断并用药物治疗后,应随时观察奶牛对药物的反应,根据药物疗效进一步确诊病性。

6.建立诊断室 诊断要有手段。随着奶牛疾病的增多和复杂化,单凭临床诊断和经验已不能适应现代化生产的需要,应建立牛病诊断室。在正常生产情况下(即无疫病流行),应定期进行血液各种生化值的检验和血清学(IBR、BVD、布氏杆菌病等)检查,以及时了解本场奶牛健康状况。一旦出现异常时,还能为我们提出早期疾病预报。当有疾病发生时,诊断手段提供的各种检验数据,可为尽快确诊提供依据,使我们的诊断更具有科学性。

5 奶牛疾病的治疗

● 奶牛常用的药物治疗方法

及时、正确地治疗疾病是奶牛保健措施中的一个不可缺少的环节。治疗方法很多,奶牛生产中常用的药物治疗方法有以下几种。

1.糖钙疗法　糖钙疗法是指将葡萄糖、钙制剂同时用于牛体,治疗和预防奶牛疾病的方法。

(1)葡萄糖的作用。

①供给能量、补充血糖。葡萄糖是机体重要的能量来源,在体内氧化代谢中放出能量,以供机体各种活动的需要。反刍动物体内90%以上的葡萄糖是由糖异生供给,在过食或饥饿时,肝脏都释放葡萄糖。当奶牛消化机能减退、食欲降低时,由于糖原先质缺乏,致使糖异生受阻,血糖下降。因此,当奶牛发生酮病、妊娠毒血症时,葡萄糖不仅具有供给能量、增强机体抵抗力等作用,同时还有补充血糖的作用。

②解毒。肝脏是机体的主要解毒器官,其解毒能力的大小与肝内糖原含量有关。肝脏的部分解毒功能,是通过葡萄糖氧化产生的葡萄糖醛酸与毒物结合,或依靠糖代谢的中间产物乙酰基的乙酰化作用而使毒物失效,故葡萄糖具有解毒保肝作用。

③强心、利尿。葡萄糖可供给心肌能量,从而能增强心脏功能。大量输入葡萄糖溶液时,由于体液容量的增加,部分葡萄糖自尿中排出,同时也带出水分,从而可产生渗透性利尿作用。

④扩充血容量、消除水肿。等渗葡萄溶液输入体内后，葡萄糖很快被吸收、利用，可补充血容量。在瘤胃酸中毒及其他脱水性疾病时常用高渗性葡萄糖溶液（50%）大量输入体内，可提高血浆渗透压，吸收组织水分入血，葡萄糖经肾脏排出时带走水分，从而可消除水肿，多用于肺水肿、脑水肿。

（2）钙的作用。钙为细胞外液的阳离子，体液中含量很少。体内的钙99%以骨盐形式存在于骨骼中，其余少量主要存在于细胞外液。血清中的钙有2种形式，即结合钙和游离钙，两者处于动态平衡以维持恒定的血钙浓度。临床使用钙的作用如下：

①补充血钙，提高血钙浓度。奶牛每天从奶中排出大量钙，日粮中钙含量不足、钙利用率过低以及钙、磷比例不当等，都会造成奶牛缺钙现象，临床出现骨软症、产后瘫痪、胎衣不下等。补钙可能提高血钙浓度，因此可防止或减少上述疾病的发生。

②增强机体神经、内分泌系统机能。钙制剂可刺激和调节细胞发育及生理活性，增强交感神经及网状内皮系统的机能，增强心肌的活动，提高免疫力，为奶牛强壮剂。

③消炎。使用钙制剂后，机体白细胞增多，单核细胞比例增大，吞噬作用增强，减少了炎症病灶内细菌及毒素的吸收和转移性病灶发生的危险性。

（3）糖钙疗法的适应症。适用于预防和治疗酮尿病、骨质疏松症、产前前胃弛缓、产后前胃弛缓、产前产后瘫痪、胎衣不下等病。

（4）糖钙用量与用法。20%～40%葡萄糖溶液500 mL、20%葡萄糖酸钙500 mL（或10%葡萄糖500 mL、3%氯化钙500 mL），静脉注射，每天1次或2次。

（5）使用糖钙疗法的要点。

①临产前。奶牛出现食欲不振或废绝，心跳、体温正常时可

用糖钙疗法:一能促进食欲;二能加强子宫阵缩,促进分娩;三能预防产前、产后瘫痪的发生,加速胎衣的脱落。

②产后。牛表现食欲不振或废绝,心跳、体温正常,有前胃弛缓症状时可用糖钙疗法。对已发生瘫痪的牛,可起治疗作用;对未瘫痪的牛,可防止瘫痪,增强食欲,促进胎衣的脱落,促进子宫的恢复与恶露排出。

③泌乳阶段的牛。日产奶量在 25 kg 以上,心跳、体温正常,食欲降低或废绝,突然或持续性降乳,步行不稳时,可用糖钙疗法,既可促进食欲,又可提高产奶量。

2.碳酸氢钠疗法 高产奶牛的日粮处于高能量、高蛋白的水平。由于饲料浓度增高,精料比例增大,伴随而来的是奶牛消化机能紊乱、瘤胃酸中毒、酮病及真胃移位发病率升高。为了缓解精料过高对瘤胃内环境及其全身代谢的影响,碳酸氢钠疗法已为奶牛场广泛使用。

(1)碳酸氢钠的作用。碳酸氢钠是一种具有缓冲作用的药物,可维持机体内的酸碱平衡。内服或静脉注射后,能直接增加机体的碱贮量。对正常的机体,由于碳酸氢钠的排泄增加而碱化尿液;当发生代谢性酸中毒时,碳酸氢根离子与氢离子结合成碳酸,再分解为水和二氧化碳,后者从肺排出体外,致使体液中氢离子浓度降低,代谢性酸中毒得以纠正。

碳酸氢钠具有高度的抗毒作用,它能提高病畜的碱贮,动员机体的防御能力,增强呼吸力及心脏活动,使血压增高,同时它可促使炎性水肿消散,加速化脓过程的局限化。

(2)碳酸氢钠疗法的适应症。主要用于酸中毒,其作用迅速,疗效确实。也常用于败血症及化脓性感染。

(3)碳酸氢钠的用量与用法。通常应用碳酸氢钠作静脉注射,将药物配成 5% 的浓度,配制前将容器及水等加热消毒,再加入纯净的碳酸氢钠,配制后不能煮沸消毒。注射量,成年牛每次 500~1 000 mL,每天 1~2 次,连续 3~5 天。

(4)碳酸氢钠疗法应用时的注意事项。

①碳酸氢钠对局部组织有刺激性,注射时勿漏出血管外。

②对有心脏衰弱、急性或慢性肾功能衰竭、缺钾或伴有二氧化碳潴留的病畜,应慎用。

③随时观察机体酸中毒的改善情况,定期测试尿液的 pH 值,根据尿液 pH 值变化,再确定是否继续补碱及补充的数量,防止应用过量而导致代谢性碱中毒的发生。

3.磺胺类药物疗法 磺胺类药物配合其他疗法在治疗奶牛疾病中有很高的疗效,特别是在败血症的早期。常用于治疗支气管肺炎、胸膜炎、腹膜炎及胃肠道和泌尿系统的炎症。

(1)磺胺类药物的作用。根据磺胺类药物的吸收溶解及特殊作用可分为全身和局部 2 种。适用于全身的有磺胺嘧啶、磺胺二甲基嘧啶、磺胺噻唑及氨苯磺胺,适用于肠道疾病的有磺胺胍。氨苯磺胺对链球菌,磺胺噻唑对溶血性链球菌都很敏感。对磺胺类药物敏感的病原菌,它们在生长和繁殖过程中都需要从环境中获取对氨基苯甲酸合成叶酸,叶酸是参与某些酶系统活性的化合物。对氨基苯甲酸不能由细菌合成,当它缺乏时,细菌体内叶酸含量不足,因而会影响细菌的生长繁殖。

磺胺类药物在化学结构上和对氨基苯甲酸相似,当病原菌周围环境中同时存在着一定量的磺胺类药物时,细菌将摄取磺胺类药物以代替对氨基苯甲酸并将其置于自身的酶系统内,由于磺胺类药物不能维持细菌酶系统的活性,使其正常的代谢过程受到干扰,从而停止了生长和繁殖。由此可见,磺胺类药物的作用不是直接杀灭病原细菌,而是在有机体的参与下使病原菌的代谢发生改变,抑制病原菌的生长繁殖,并在机体的保卫系统的吞噬、溶菌等作用协同下消除细菌的侵害。

(2)磺胺类药物使用的原则。使用磺胺类药物时,应注意:

①为了获得良好的治疗效果,必须早期用药。

②由于药物种类、疾病的性质以及其他因素不同,治疗时用药剂量的大小、每天投药的次数和疗程长短亦有所不同;在疗程的开始,药物给量必须要大,以后逐渐减小。

③口服磺胺类药物时,应同时配合使用碳酸氢钠。

④随时注意药物疗效,当药物疗效不显著时,应配合使用青霉素或改换其他药物;当发现使用磺胺类药物后有副作用的征候时,应立即停止用药。

(3)磺胺类药物在临床上的应用。磺胺类药物(表1-2)在兽医临床上的应用没有抗生素那样广泛,但由于具有抗菌谱广、使用方便、性质稳定等特点,对奶牛乳房炎、子宫内膜炎、犊牛肺炎、肠炎和球虫病都有一定的治疗效果。

4.抗生素疗法 抗生素是用发酵、合成或半合成的方法生产的,对病原体具有高度的选择性毒性,能杀灭侵袭机体的病原体,而对宿主细胞无明显毒性的物质。

(1)抗生素的作用机制。抗生素的作用机制非常复杂,目前认为有以下几种类型:

①抑制细胞壁的合成。在细菌的细胞膜外有一层坚韧的细胞壁,可保护细菌不受机械损伤,维持细菌特有的外形,承受很高的内渗透压。如果损伤或通过溶菌酶去除细菌细胞壁,由于内外渗透压差,可使细胞膜破损,产生溶菌现象。

②损害细胞膜。所有生物细胞的细胞质都有一层外膜围绕着,称为细胞膜。其功能是对低分子物质如氨基酸、糖和无机盐等起选择性渗透屏障作用,以调节细胞内的成分;膜中尚含有多种酶,是能量代谢、生物合成其他细胞成分的地方。抗菌药物可使细胞膜损害,细胞内可溶性物质如嘌呤、嘧啶核苷酸和蛋白质逸出,引起菌体破裂而死亡。

③抑制蛋白质合成。细菌蛋白质的合成是在各种有关酶的

表 1-2 几种奶牛疾病的磺胺类药物治疗

疾病	病原	药名	缩写	内服剂量(g/kg)		间隔时间(h)	备注
				首次用量	维持量		
乳房炎	链球菌	磺胺-6-甲氧嘧啶	SMM	0.05～0.1	0.025～0.05	12～24	10%钠盐每个乳室内注入20～50 mL
	大肠杆菌	磺胺甲基异噁唑	SMZ	0.14～0.2	0.07～0.1	8～12	
	金黄色葡萄球菌	磺胺异噁唑	SIZ	0.14～0.2	0.07～0.1	6～8	
肺炎	巴氏杆菌	磺胺嘧啶	SD	0.14～0.2	0.07～0.1	12	
	链球菌	磺胺噻唑	ST	0.14～0.2	0.07～0.1	6～8	
	支原体	磺胺甲基异噁唑	SMZ	0.14～0.2	0.07～0.1	8～12	
		磺胺-6-甲氧嘧啶	SMM	0.05～0.1	0.025～0.05	12～24	
肠道感染	沙门氏菌	磺胺脒	SG	0.14～0.2	0.07～0.1	8～12	每天1～2次,连用3天
	大肠杆菌	磺胺二甲嘧啶	SM_2	0.14～0.2	0.07～0.1	24	
	魏氏梭菌	酞磺胺甲氧嗪	PSMP	0.14～0.2	0.07～0.1	24	
		琥磺噻唑	SST	0.14～0.2	0.07～0.1	8～12	
子宫炎	大肠杆菌	磺胺-6-甲氧嘧啶	SMM	0.05～0.1	0.025～0.05	12～24	用10%溶液40～50 mL注入子宫,每天1次,连用3次
	绿脓杆菌	磺胺-5-甲氧嘧啶	SMD	0.05～0.1	0.025～0.05	24	
	葡萄球菌	磺胺甲氧嗪	SMP	0.05～0.1	0.025～0.05	24	
球虫病	球虫	磺胺脒	SG	0.14～0.2	0.07～0.1	8～12	内服7～14天,或连服3天,停1周,共用3周
		磺胺二甲嘧啶	SM_2	0.14～0.2	0.07～0.1	24	
		周效磺胺	SDM	0.05～0.1	0.025～0.05	24	
		磺胺-6-甲氧嘧啶	SMM	0.05～0.1	0.025～0.05	12～24	

参与下进行的。抗生素的抗菌作用是干扰细菌蛋白质的合成，其中在适当浓度作用下使敏感菌停止繁殖而不死亡；杀菌性抗生素与敏感菌接触后，使细菌细胞内的成分外逸而迅速死亡，其杀菌作用是使细菌生成异常蛋白质的结果。

④抑制核酸的合成。核酸分脱氧核糖核酸和核糖核酸2类。有许多抗菌药的作用就是抑制核酸的合成，使细菌细胞的很多重要功能如三磷酸腺苷活性、电子传递、呼吸等受到抑制。

⑤竞争性抑制、干扰细菌的中间代谢。抗生素能争夺细菌代谢中的酶系统而达到抑制细菌生长的效果。例如：在青霉素的作用下，细菌体内发生显著的生物形态变化；青霉素能破坏葡萄球菌核蛋白代谢和由外界摄取某些氨基酸的能力，低浓度的青霉素使葡萄球菌丧失摄取谷氨酸的特性。

(2)细菌耐药性的产生。细菌的耐药性是细菌对抗菌药物产生适应性或发生基因突变的结果，所获得的耐药性可以传给子代，也可通过转移方式由耐药菌株传播给敏感菌。细菌适应性是指细菌在接触药物中出现的耐药性，它是由于在药物作用下原存在耐药基因的耐药菌株继续生长繁殖、敏感菌株被淘汰而产生的。也可能是由抗菌药的诱导，促使在细胞内存在的为药物失活酶编码的基因解除抑制，从而合成大量失活酶而出现耐药性的过程。除此之外，细菌为了适应不利环境，还有非特异性的适应生存机制，例如有些细菌在不利环境中形成芽孢，对日照、营养缺乏、机械损伤和药物作用均有较强的抵抗力。

(3)抗生素的临床应用。由于对细菌敏感性不同，抗菌药物可分抗革兰氏阳性菌、抗革兰氏阴性菌和广谱抗生素，现将各类抗菌药物及其临床使用的抗生素列于表 1-3，供临床兽医参考。

(4)抗生素使用时的注意事项。细菌对抗菌药物所产生的耐药性，现已引起普遍重视。因此，临床使用抗生素时应注意以下几点：

表 1-3　临床常用的几种抗生素的作用及用法

类别	药物	剂量	作用	备注
抗革兰氏阳性菌	青霉素 G	4 000 ~ 8 000 IU/kg	主要对多种革兰氏阳性菌和少数革兰氏阴性菌有抗菌作用，常用于乳房炎，炭疽，气肿疽，肺炎，放线菌，坏死杆菌，钩端螺旋体，犊牛白痢，巴氏杆菌，绿脓杆菌	牛乳房（每个乳区）注入 20 万 ~ 30 万 IU，每天 2 ~ 3 次
	氨苄青霉素	犊牛 1 万 ~ 15 万 IU/kg，8 ~ 12 h 1 次		
	先锋霉素类（头孢菌素）	2 ~ 7 mg/kg，2 次/天		
	红霉素	2 ~ 4 mg，2 次/天		红霉素用 5% 葡萄糖稀释
	泰乐菌素	4 ~ 10 mg/kg		
抗革兰氏阴性菌	链霉素	10 mg/kg，2 次/天	对革兰氏阴性菌的抗菌作用强，常用于结核分枝杆菌、布氏杆菌、巴氏杆菌、大肠杆菌、沙门氏菌、产气杆菌和某些葡萄球菌	
	卡那霉素	5 ~ 15 mg/kg		
	庆大霉素	1 000 ~ 1 500 IU/kg		
	新霉素	8 ~ 15 mg/kg		
	多黏菌素 B、E	1 万 IU/kg		
广谱抗生素	金霉素	5 ~ 10 mg/(kg·天)	对革兰氏阳性、阴性菌有抑菌作用，较大剂量有杀菌作用；用于衣原体、支原体、立克次氏体、放线菌、原虫、大肠杆菌、沙门氏菌、巴氏杆菌、肺炎双球菌、棒状杆菌等	金霉素临用前用 5% 葡萄糖溶液适量，使成悬液，注入输液瓶内用力振摇，使之完全溶解
	土霉素	5 ~ 10 mg/(kg·天)		
	四环素	5 ~ 10 mg/(kg·天)		
	强力霉素	5 ~ 10 mg/(kg·天)		
	合霉素	20 ~ 60 mg/kg		

①针对病原菌选择敏感性高的抗菌药。有条件的,应在使用药物前进行药敏试验,根据药敏试验结果再选择所用抗生素,严禁滥用抗生素。

②严格掌握每种抗生素的使用剂量和疗程。剂量不可过大或过小,疗程也不能过短或过长。

③注意交叉耐药性。细菌获得的耐药性有其特异性,即对特定的一种抗菌药物有抗性。交叉耐药性多见于具有相同抗菌作用点或有隶属关系的一类药物之间,它们的化学结构相近似,如链霉素与卡那霉素、新霉素,四环素族各种抗生素间,都存在交叉耐药性。

● 关于药物的残留

牛乳既是奶牛的生产产品,又是人类生活中的营养最丰富的食品,因此牛乳的品质直接与人类健康有关。

值得注意的是:在应用药物治疗牛病时,无论是口服、注射或其他途径,药物都能通过血液循环进入乳中,如在治疗乳房炎时从乳头注入药液,药物可直接混入乳中。因此,药物的残留、牛乳废弃时间等问题,在公共卫生、食品卫生都是十分重要的,应引起高度重视。兽医在治疗用药时,不仅要有适当的用药计划,而且要遵守弃乳时间(表1-4)。

表1-4 奶牛临床用药的弃乳时间及停药时间

生理阶段	药物名称	给药途径	弃乳时间(h)	停药时间(天)
非泌乳期	土霉素	注射	–	15
	磺胺二甲氧嘧啶	口服	–	7
泌乳期	磺胺二甲嘧啶	口服	96	10
	磺胺二甲氧嘧啶	口服	60	7
	磺胺异噁唑	口服	96	10
	普鲁卡因青霉素G	注射	72	5

续表 1-4

生理阶段	药物名称	给药途径	弃乳时间（h）	停药时间（天）
	磺胺二甲氧嘧啶	注射	60	5
	磺胺二甲嘧啶	注射	96	10
	红霉素	注射	72	2~14
	青霉素及新生霉素	乳房注入	72	15
	青霉素 G	乳房注入	84	4
	邻氯青霉素	乳房注入	48	10
	呋喃西林	乳房注入	72	未定
	盐酸土霉素	乳房注入	72	未定
	新生霉素	乳房注入	96	30

● 使用药物时应注意的事项

(1)用药前,仔细阅读药物说明标签,按标签上注明的家畜种类用药。

(2)注意药瓶标签的有效期,特别是抗生素类药物都有失效期,过期者,不能再用。

(3)药物剂量是否能达到疗效。应根据奶牛的体重大小和生理状况(妊娠与否)选择适当的剂量。用药过量会造成残留量超标,有的还会引起中毒。

(4)药物作用不仅与剂量、剂型有关,还与给药途径有关。给药途径不同或采用错误给药途径,不仅使药物无效、产生不良反应或增加体内的药物残留量,还可能引起家畜死亡,故应采取正确的给药途径。

(5)注射用药时,应选择合适的注射针头和注射部位。所用针头和注射部位不正确,可引起家畜组织损伤、药效降低和药物残留量增高。

(6)使用添加药物的饲料时,要全面检查所有注意事项,特别要看标签说明。作为饲料中的添加剂,抗菌药物的浓度很小,但往往由于滥用,使饲料中的药物过多,既造成了药物的浪费,又增加了耐药菌株形成、药物残留和毒性反应的机会。添加药物的饲料,应有适当的停药时间,停药期间不能喂含有药物的饲料,以免造成高残留量。

(7)为了保证乳及乳制品的安全,不危害人体健康,牛乳和动物在上市和屠宰前应按规定停药。要准确计算屠宰前停药时间和弃乳时间,这一时间应从最后一次用药开始计算。

(8)对所用药物应有准确记录,并在每一次诊治时做详细病志。

第2章 奶牛的瘤胃消化

❶ 瘤胃内环境与微生物群

反刍动物的胃由瘤胃、网胃、瓣胃和真胃(皱胃)组成,前3个胃统称为前胃。瘤胃是消化道中体积最大的器官,成年牛瘤胃容量通常在100 L以上,其中生息着大量微生物群。在瘤胃微生物群作用下,饲料中70%~80%可消化干物质和50%粗纤维在瘤胃内消化,产生挥发性脂肪酸、二氧化碳、甲烷和氨,合成蛋白质和B族维生素。因此,瘤胃(包括网胃)在反刍动物的整个消化代谢中,占有特别重要的地位。瘤胃消化的实质是微生物消化。对反刍动物来说,瘤胃微生物群活性在消化代谢中起着极其重要的作用,而与消化有关的唾液腺、网胃、瓣胃等则发挥其特有的辅助性机能,真胃以下消化器官,大部分也与瘤胃的特有机能相适应。

瘤胃微生物群随瘤胃内环境而变化，而瘤胃内环境又因日粮供应、饲养制度、饲喂方法等变化而不同。往往由于突然变更饲料、不适当的日粮供应，使瘤胃内环境异常改变，而引起瘤胃微生物种群失去平衡，消化代谢发生紊乱，临床上出现消化不良、酸中毒等，引起奶牛患病，严重者造成死亡。因此，了解瘤胃内环境和瘤胃微生物群的变化，对于奶牛的合理饲养和疾病防治，都具有一定的实际意义。

● 瘤胃内环境

瘤胃内环境指瘤胃内容物的理化性质。饲料进入瘤胃（经反刍），在消化液、微生物及酶的共同作用下，被缓冲成接近中性的液状内容物。随着不断的采食，未被消化的残渣、代谢产物以及微生物等不断地向消化道后部移送。可以认为，瘤胃是一有厌氧微生物繁殖的高度有效的连续发酵罐。

1.瘤胃内容物 成年牛的瘤胃容量大，容积为 160 ~ 235 L，内容物量相当于体重的 10% ~ 20%。充分饲喂的成年牛，瘤胃内容物可达 30 ~ 60 kg。通过采食、反刍和饮水，食糜和水分相对稳定地进入瘤胃，以供给微生物群所需要的水分和营养物质。一般情况下，瘤胃内干物质量占 10% ~ 15%，水分为 85% ~ 90%。

瘤胃食糜具有层次性。摄入的精料较重，大部分沉入瘤胃底部或进入网胃，饲草的较粗颗粒，主要局限于瘤胃背囊。随采食后时间增长，瘤胃各部位干物质含量发生改变。

瘤胃内水分来源于饲料、饮水、唾液及瘤胃壁分泌。进入瓣胃的水分有 60% ~ 70% 被吸收。当奶牛处于缺水环境和长期禁饲时，瘤胃内的水分经血液运送至其他组织的作用加强，瘤胃液减少；但当大量采食精饲料，瘤胃液 pH 值降低，氢离子浓度升高时,血液中的水分又可通过瘤胃壁进入瘤胃中,瘤胃内容物含水量增多。

2.渗透压 牛瘤胃内容物渗透压接近血浆渗透压。渗透压的差异,受饲喂影响而变动。饲喂前,瘤胃渗透压低于血浆渗透压;饲喂后,由于饲料在瘤胃内释放电解质及发酵产生的挥发性脂肪酸、氨等浓度增加,其渗透压比血浆渗透压要高。饮水后渗透压降低,经约数小时后,渗透压又逐渐升高。

3.瘤胃液 pH 值 奶牛瘤胃液 pH 值变动范围为 6.5~7.5。其变化受下述因素影响:

(1)饲料种类。饲喂干草、稻草时 pH 值高;饲喂精饲料时 pH 值低。大量饲喂含碳水化合物的谷实类精饲料后,瘤胃液 pH 值显著降低。

(2)进食时间。通常情况下,进食后 1 h 瘤胃液 pH 值开始降低,2~6 h 降至最低值,空腹时升高。瘤胃液 pH 值的维持与大量唾液进入胃内(可补充重碳酸盐),瘤胃内挥发性脂肪酸的产生和瘤胃壁对氨的吸收有关。当瘤胃内挥发性脂肪酸含量升高时,pH 值降低;挥发性脂肪酸含量降低时,pH 值升高。可见,pH 值的升降主要与挥发性脂肪酸含量增减成反比。因此,瘤胃液 pH 值升降波动曲线,能反映出瘤胃内积聚的有机酸和唾液分泌的变化。

(3)乳酸含量。瘤胃液 pH 值与乳酸含量呈高度负相关。瘤胃内乳酸含量多,pH 值低;乳酸含量少,pH 值高。乳酸含量多少因饲料种类不同而异。饲喂干草时,乳酸含量不到 1%,饲喂高精料时,乳酸作为被消化饲料转换的中间产物,可占转化量的 17%,所以,饲喂精饲料远比喂干草时瘤胃液 pH 值低。

(4)饲喂次数、饲料颗粒和环境温度。增加饲喂次数时,pH 值降低。饲喂颗粒大的饲料比颗粒小的饲料,pH 值要高,原因是饲料粉碎后,发酵率升高,挥发性脂肪酸增多。在同样饲喂粗饲料的条件下，室内温度低时，瘤胃液 pH 值升高；室温高时，瘤胃液 pH 值降低。在饲喂高精料时，无论室温高或低，其瘤胃液 pH 值都降低。

4.氧化还原电位 瘤胃气体内二氧化碳占 50% ~ 70%，甲烷占 20% ~ 45%，氢、氮、硫化氢等含量较少，游离氧仅为 0.5% ~ 1%。瘤胃气体组成可因采食情况和条件变动，氮、氧来源于空气并随饲料进入瘤胃，由于嗜氧性细菌对氧的直接利用，故瘤胃内处于厌氧状态。

瘤胃氧化还原电位常用来表示瘤胃的活动程度，其值变动范围为 -250 ~ -450 mV。其值为负时，则表示发生了较大的还原作用，瘤胃处于厌氧状态；其值为正时，则表示氧化作用或瘤胃处于一种需氧环境。

瘤胃液的氧化还原电位与其 pH 值相关。pH 值高时，氧化还原电位高；pH 值低时，氧化还原电位低。

5.缓冲能力 瘤胃有比较稳定的缓冲系统，其缓冲能力与饲料、唾液和瘤胃壁的分泌有密切关系，并受 pH 值、二氧化碳分压控制，直接受瘤胃内重碳酸盐、磷酸盐和挥发性脂肪酸总含量及相对含量影响。在 pH 值 6.8 ~ 7.8 时，重碳酸盐和磷酸盐起重要作用，其缓冲能力良好；在 pH 值降低时，挥发性脂肪酸所起的作用较大，其缓冲能力显著降低。

6.温度 瘤胃内温度一般为 39 ~ 41℃，比直肠温度稍高。瘤胃内温度受饲料性质影响，采食易发酵的饲料，如苜蓿干草，因发酵产热可使瘤胃内温度升高。饲喂易发酵产热的饲料愈多，愈易引起瘤胃内温度升高。饮水可使瘤胃内温度降低，如水温为 25℃，饮后瘤胃内温度可降低 5 ~ 10℃。

7.表面张力 通常瘤胃表面张力往往受饮水、饲料种类和饲料颗粒大小等因素影响而发生变化。饮水能降低表面张力，饲喂精饲料和颗粒小的饲料，能使瘤胃内容物黏度升高，表面张力增加。当表面张力和黏度同时升高时,可造成瘤胃泡沫性臌胀。

综上可见,奶牛摄取的饲料的性质是引起瘤胃内环境变化的重要因素。然而,微生物群发酵,唾液流入,瘤胃壁的渗透、吸收和食糜的排空等作用,使瘤胃内容物的理化性质保持着动态平衡。在正常饲养条件下,瘤胃内环境处于相对稳定状态之中。

● 瘤胃微生物群

1.瘤胃微生物群的种类与作用 瘤胃内饲料成分的分解及合成过程,称为“瘤胃发酵”。在瘤胃发酵过程中,微生物群起着重要作用。

瘤胃微生物群包括细菌和原生动物2大类。每克瘤胃内容物中,有50万~100万原生动物和100亿以上细菌。微生物群的体积约相当于经滤过瘤胃液体积的3.6%,大体是50%为纤毛虫,50%为细菌。由于日粮种类、饲喂时间、个体等不同而微生物群各异,在相同日粮条件下,同种动物不同个体之间也有显著差异。

(1)瘤胃原生动物。主要是纤毛虫,体长为40~200 μm。根据纤毛虫周身纤毛,体形,核的大小、形状,收缩泡及运动速度,可将其分为全毛目和贫毛目。

①全毛目。全身有纤毛,分密毛虫属和均毛虫属。前者体形较小[(46~75)μm×(22~44)μm],后者较大[(80~160)μm×(50~100)μm],纤毛长而密,呈纵行排列,有核带。

②贫毛目。种属多,虫体复杂,Noirot-Timothee 将贫毛目头毛科定为6个属和6个亚属,其中内毛虫属、前毛虫属、头毛虫属和双毛虫属最为常见,这4个属的主要特征见表2-1。

一般认为,纤毛虫具有捕食作用。当饲喂多量精饲料时,瘤胃中某种纤毛虫增多,而特定细菌则出现减少现象。故瘤胃内

表 2-1　奶牛瘤胃中常见纤毛虫的种类与特征

类别	形态特点	虫体大小	纤毛特征	骨板	收缩泡	大核	尾刺	其他
内毛虫属	虫体扁平	中、小型,体长 20～100 μm	口部有一列环状纤毛带	无	1个,位于虫体前端背中部	棒状、带状、筒状	多数无,少数有 1～3 根	饱食后,有碘液染的淀粉颗粒
前毛虫属	圆筒状,左右侧不对称,有一定弯曲度	较大 15 μm×60 μm	有2个纤毛带,背部纤毛带位于虫体前端 1/4 处	宽大,3个以上,骨板间部分有相连	2个	棒状	0～5根	食青草时虫体有叶绿素
头毛虫属	纤毛间隔比前毛属宽	体大 160 μm×100 μm	有2个纤毛带,背部纤毛带位于虫体前端 1/3 处	3块骨板紧靠	7～15个散在		尾部有2～4根	–
双毛虫属	虫体椭圆或两侧扁平	中等大小	有2个纤毛带,背部纤毛带略低于口部纤毛带,两纤毛带间有一柱状突起	有的有,有的无	2个以上		多数无尾刺	碘液染成淡黄色

纤毛虫的存在，对瘤胃内微生物群的分布起调节作用。也有人认为，纤毛虫对反刍动物并非必不可缺少的，因为当清除瘤胃内纤毛虫后，反刍动物的健康和生长速度并没有明显变化。尽管如此，在粗饲料比例较高的日粮条件下，瘤胃内纤毛虫数量明显增多。可见，纤毛虫在改变消化率，提高饲料利用率，加快增重等方面，对机体起着积极有益的作用。

(2)瘤胃细菌。细菌在瘤胃内饲料分解和营养成分的合成过程中起着重要作用。Bryante(1953)等从各种饲养条件下的牛瘤胃中分离出896株细菌，其中98%为厌氧性细菌。Hangate(1966)根据细菌对瘤胃内养分的消化和发酵代谢产物的不同，将其分为纤维素消化菌、半纤维素消化菌、淀粉分解菌、糖利用菌、蛋白分解菌、脂肪分解菌、氨产生菌、甲烷产生菌、维生素合成菌等。这些细菌能够分泌相应的酶，分别作用于相应的底物，最终产物为挥发性脂肪酸，成为反刍动物的营养，供机体吸收利用。

瘤胃细菌群在饲料种类、饲喂方式、瘤胃内环境等条件基本恒定的状况下而保持着相对稳定。通常，采食后细菌增殖加强，经过一定时间后，又恢复到采食前状态。因此，只要限定饲料，微生物群几乎没有变化，仅呈现在一定范围内的变动。

2.瘤胃内纤毛虫与细菌之间的相互关系 饲养管理条件固定，瘤胃内环境稳定，则瘤胃微生物群也相对稳定。纤毛虫与细菌之间保持着动态平衡，构成了瘤胃微生物群的生态系统。一方面纤毛虫与细菌之间存在着拮抗作用。在瘤胃内，纤毛虫数量增多时，细菌数量减少；纤毛虫数量减少时，细菌数增多。其原因可能是：纤毛虫与细菌相互竞争食物；纤毛虫具有捕食细菌的作用，瘤胃内细菌被纤毛虫捕食后，便成为纤毛虫蛋白质的主要来源，其酶系统也有助于纤毛虫的营养代谢。另一方面，纤毛虫和细菌之间又具有相互协同的作用。纤毛虫的生长繁殖有赖于瘤胃细菌；由于纤毛虫体内含有不被高温、高压破坏，并能促进细菌生长繁殖的刺激素，故纤毛虫具有刺激细菌繁殖的作用。

● 瘤胃内环境对微生物群的影响

稳定的瘤胃内环境为微生物群提供了赖以生存的有利条件，因此瘤胃内环境的变化将影响微生物群的变化(表 2-2)。

表 2-2　不同日粮条件下奶牛瘤胃内环境的变化及其对微生物群的影响

项　目	羊草＋玉米*	青贮＋玉米*	羊草＋混合料**	测试方法
pH 值	6.74	6.9	6.5	试纸法
乳酸含量***(mg/dL)	3.26	6.16	6.30	Barker 与 Summerson 法
细菌数($\times 10^{11}$/mL)	31.95	24.89	31.65	稀释培养法
纤毛虫数($\times 10^{4}$/mL)	32.98	5.17	15.4	计数法
细菌数(%)				
阳性	11.3	8.6	14.76	常规法
阴性	88.16	91.5	85.2	

* 玉米用量 3 kg/天；** 混合料用量 6 kg/天；*** 1 dL = 100 mL。

由表 2-2 可见，不同日粮条件下，瘤胃内纤毛虫数、细菌数、pH 值和乳酸含量各不相同。

(1)日粮性质是影响瘤胃内环境变化的主要因素，日粮中又以精饲料饲喂量对瘤胃内环境影响最大。当大量饲喂精饲料后，瘤胃液 pH 值降低，乳酸含量增多，纤毛虫数减少。

(2)奶牛瘤胃液 pH 值呈中性偏酸(pH 值 6.2～7.1)，饲喂以干草为主的日粮时，乳酸含量低，pH 值高，纤毛虫数多。

(3)青贮饲料属生理碱性饲料，饲喂后不会使瘤胃液 pH 值降低，但见细菌数显著增多，纤毛虫数明显减少。

(4)瘤胃细菌数呈相对稳定(除饲喂青贮外)，在瘤胃液 pH 值为 6.2～7.1 时，瘤胃内革兰氏阴性菌百分数大于革兰氏阳性菌百分数。

❷瘤胃内碳水化合物的消化

反刍动物以食草为主,饲料中的碳水化合物占奶牛日粮的60%～70%,是奶牛日粮中的主要能量来源,日粮中的碳水化合物不能被消化成葡萄糖而吸收,而是在瘤胃中经微生物群发酵——瘤胃内发酵,一方面为微生物群生长繁殖提供营养物质,另一方面发酵生成的丁酸、丙酸、乙酸等挥发性脂肪酸后被吸收,为反刍动物主要的营养物来源。

饲料碳水化合物分为结构性碳水化合物和非结构性碳水化合物2种。结构性碳水化合物是由纤维素、半纤维素和木质素组成;而非结构性碳水化合物的成分是淀粉、单糖、蔗糖等。

●瘤胃内饲料糖的消化

1.结构性碳水化合物的消化

(1)纤维素。纤维素是植物细胞壁的主要成分,是植物体的结构物质,为分布最广的多糖。反刍动物本身没有消化纤维素的能力,但是在瘤胃微生物群分泌的纤维素分解酶的作用下,纤维素逐渐被降解成为葡萄糖和纤维二糖,再经糖利用菌的作用,继而转变为丙酮酸和乳酸,最后生成挥发性脂肪酸(如乙酸、丙酸、丁酸)、二氧化碳和氨等。通常情况下,90%的纤维素在瘤胃中消化,10%的纤维素在大肠内消化。

(2)半纤维素。半纤维素是多缩戊糖和多缩己糖的聚合物。木聚糖是饲草半纤维素的主要成分,在瘤胃微生物群分泌的半纤维素分解酶的作用下,被分解为戊糖和己糖,继而在糖利用菌的作用下生成挥发性脂肪酸。

(3)木质素。干草内含量为8%～12%。木质素与纤维素、半纤维素以及其他成分之间有着各种类型的化学结合,妨碍微生物群对纤维素等的分解作用，因而木质素的存在可降低粗饲料的消化率。

2.非结构性碳水化合物的消化

(1)淀粉的消化。指由支链淀粉和直链淀粉分子组成的复杂多糖，是植物细胞的主要储藏物质。它既是供能的营养物质，又是生糖的前体。在瘤胃微生物群的淀粉酶的作用下，约90%的淀粉在瘤胃内分解，最终产物是挥发性脂肪酸和甲烷。淀粉分解产生的能量供瘤胃微生物群繁殖，某些纤毛虫和细菌将淀粉及其分解产物可溶性糖转变为支链淀粉储存于体内，长时间均匀地发酵，可防止新鲜饲料进入瘤胃时突然暴发强烈的发酵。

瘤胃内淀粉的消化与日粮中谷物种类、含量、比例及其加工有关。当日粮中玉米和干草各占50%时，有65%～70%的淀粉在瘤胃内消化；如在日粮内增加谷物或干草比例，有80%～85%的淀粉被消化。整粒大麦在牛瘤胃内淀粉消化率为70%，碾压后增至90%；粉碎高粱在瘤胃内消化率为42%，蒸煮后增加至83%。

(2)可溶性糖的消化。饲料内的可溶性糖有葡萄糖、蔗糖、麦芽糖、木糖和纤维二糖等，约占饲料干物质的30%；可溶性糖可由纤维素、半纤维素、淀粉等分解产生。反刍动物对可溶性糖消化率达90%，几乎全部为瘤胃微生物群迅速发酵，最终产物是挥发性脂肪酸、二氧化碳和甲烷等气体，供微生物群繁殖或转变为支链淀粉储存于体内。

● 瘤胃中的挥发性脂肪酸

饲料进入瘤胃，各种碳水化合物在瘤胃中发酵分解生成挥发性脂肪酸(图2-1)，包括甲酸、乙酸、丙酸、丁酸、异丁酸、戊酸和微量的C_6、C_8酸等。各种酸的物质的量的比例分别为，乙酸占50%～65%，丙酸占18%～25%，丁酸占12%～20%，异丁酸、

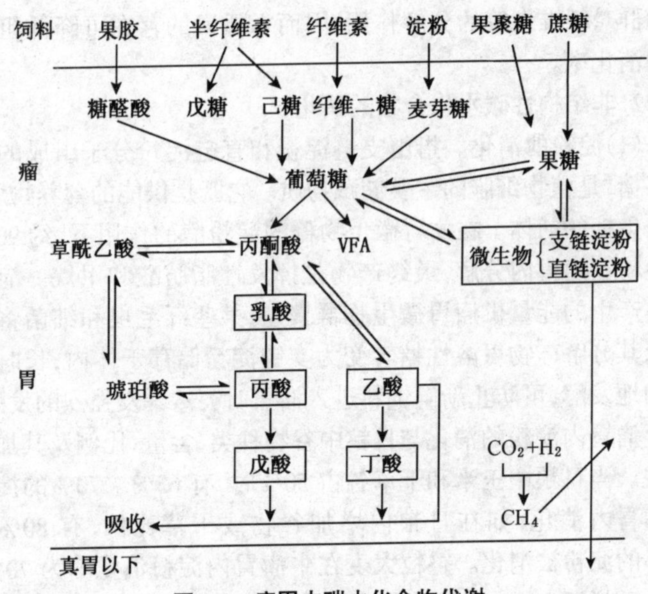

图 2-1 瘤胃内碳水化合物代谢

异戊酸含量较少。

瘤胃内挥发性脂肪酸的总含量和各种酸的分量，随日粮组成、饲喂制度、饲料加工方法等而变化。

(1)饲喂易发酵的饲料、幼嫩青草，微生物活动增强，脂肪酸含量增多。

(2)日粮内富含淀粉及可溶性糖时，瘤胃液 pH 值降低，有利于产丙酸微生物繁殖，丙酸含量增多；饲喂青贮、苜蓿、干草多的日粮时，乙酸比例增大。

(3)饲料经粉碎、蒸汽处理或压成颗粒后饲喂，瘤胃中丙酸含量相对增多。

瘤胃内碳水化合物经瘤胃微生物群分解产生的挥发性脂肪酸，直接由瘤胃壁迅速吸收，各酸的吸收率顺序依次为丁酸 > 丙

酸 > 乙酸,吸收后通过不同代谢途径为机体利用。

● 糖代谢的最终产物与奶牛代谢的关系

饲料中糖在瘤胃内发酵后,所产生的最终产物——挥发性脂肪酸被吸收,有一部分直接参加瘤胃壁的代谢;进入血液中的挥发性脂肪酸,一部分进入肝脏转化,40%~70%直接为组织利用,作为机体自身维持与生长所需要的能量。各种挥发性脂肪酸的性质及其对机体的功用是不同的。

1.乙酸 乙酸是形成乳脂的前体。瘤胃吸收的乙酸有40%~70%被乳腺利用,参与乳脂的合成。乙酸的含量受日粮组成、饲料加工等因素影响,当饲喂高精料日粮时,由于丙酸含量增多,乙酸含量减少,故牛奶乳脂率降低(表2-3)。因此,在饲养过程中。为了提高乳脂率,日粮中应该注意干草、青贮等粗饲料的供应量,按干物质计,粗饲料不能低于日粮的35%。

表2-3 不同日粮对挥发性脂肪酸比例及乳脂率的影响

(Kook and Shaw,1961) %

日粮组成	瘤胃中挥发性脂肪酸的比例				乳脂率
	乙酸	丙酸	丁酸	较高级酸	
苜蓿干草+谷物	65	21	11	3	3.6
干草+蒸玉米颗粒	60	25	10	5	2.2
苜蓿干草颗粒+蒸玉米	50	33	10	7	1.4
干草粉+蒸玉米	46	42	8	4	1.5
干草粉+玉米	39	38	10	13	1.5

2.丙酸 通过瘤胃壁时,约有65%的丙酸在瘤胃上皮内转变为乳酸和葡萄糖,其余部分随血液进入肝脏,转变为葡萄糖和甘油。在挥发性脂肪酸中,丙酸最易合成为葡萄糖(25%~38%)。

丙酸为糖的前体,具有使血糖含量增多、减少血中酮体含量的作用。当瘤胃内丙酸产生量增多时,可以防止酮体的生成,故丙酸有抗生酮作用。

3.丁酸 丁酸具有高的能量价值,为乳腺合成乳糖和酪蛋白的原料。丁酸被吸收后可变为 β-羟丁酸,经乙酰乙酸的脱羧基作用产生丙酮,有较强的生酮作用。乳脂中约 60%的低级脂肪由 β-羟丁酸转变而成,故丁酸又有合成乳脂的作用。

乙酸、丙酸和丁酸之间是可以相互转变的,这是瘤胃内发酵时微生物相互作用之缘故。一种酸能被这一微生物利用,也可被另一微生物利用。例如,两分子乙酸可缩合为一分子丁酸,丙酸可由乙酸生成。不仅如此,各种酸之间尚有明显的协同作用:乙酸和丙酸同时使用,则能提高乙酸的效率,丙酸能促进丁酸的利用。然而乙酸和丁酸同时使用时,没有协同作用。

❸瘤胃内含氮物质的消化

●瘤胃内含氮物质的来源

经离心处理的瘤胃液总含氮量为每 100 mL 8.3~20.2 mg,其中氨占 15%,肽氨占 14%,氨基酸占 8%,残余氮占 63%,游离氨基酸含量甚微,为每 100 mL 0.1~1.0 mg。瘤胃内容物中主要含氮化合物有蛋白质、核蛋白和非蛋白氮等,其来源有以下几方面:

1.饲料 饲料是瘤胃含氮化合物的主要来源。饲料内含氮物质因饲料种类、收获季节等不同而变化。玉米含粗蛋白8%~12%,青贮料含非蛋白氮多达 60%~75%。禾本科、豆科牧草的非蛋白氮主要是游离氨基酸、肽、酰胺、硝酸盐和胆碱。豆科的子实、油饼、鱼粉、肉骨粉都含有丰富的蛋白质,是奶牛含氮物质的主要来源。

2.瘤胃微生物群 瘤胃微生物群含氮量占瘤胃内容物的63%~81%。

3. 内源性氮 由牛体本身提供的氮。唾液中含有粘蛋白和尿素，血液中含有游离氨基酸等，通过瘤胃壁的渗透，这些成分进入瘤胃，成为瘤胃内容物的成分，被微生物群消化后供机体利用。

● 含氮物质的消化

1. 蛋白质的消化 瘤胃内的细菌、纤毛虫都含有分解蛋白质的酶，均有分解蛋白质的能力。此外，饲料内还含有分解蛋白质的植物酶，如羧基肽酶。在瘤胃微生物群作用下，部分蛋白质被降解，产生氨、挥发性脂肪酸、二氧化碳及其他代谢产物。这种被降解的蛋白质平均占 60%，另外约有 40% 的饲料蛋白质未被降解直接进入后部胃肠道，称为过瘤胃蛋白质。这种蛋白质在皱胃和小肠内经消化腺分泌的蛋白酶作用下，分解为氨基酸，然后被肠壁吸收进入血液循环，合成体组织蛋白(图 2-2)。饲料种类不同，饲料蛋白质在瘤胃中的降解率也不同(表 2-4)。

表 2-4 各种饲料蛋白质在瘤胃中的降解率 %

饲料种类	降解率	饲料种类	降解率
酪蛋白	90	青贮*	85
花生饼	63 ~ 78	小麦草	73 ~ 89
棉仁饼	60 ~ 80	黑麦草	59 ~ 70
葵花饼	75	红三叶草	66 ~ 73
大麦	72 ~ 90	苜蓿干草	40 ~ 60
豆饼	39 ~ 60	禾本科干草	50
玉米	40	玉米青贮	40
白鱼粉	50	白三叶草	47
秘鲁鱼粉	30	玉米蛋白	28 ~ 40

*为禾本科青草制作的青贮。

瘤胃中蛋白质降解率与蛋白质溶解度、分子结构和在瘤胃中滞留时间有关。溶解度较大的蛋白质，在瘤胃中的降解率高，反之则低;蛋白质末端有氨基或羧基的,其降解率高,而蛋白质末端缺乏氨基或羧基的如卵清蛋白,其降解率很低;饲料在瘤胃中停留时间越长,则经发酵而降解的蛋白质越多。

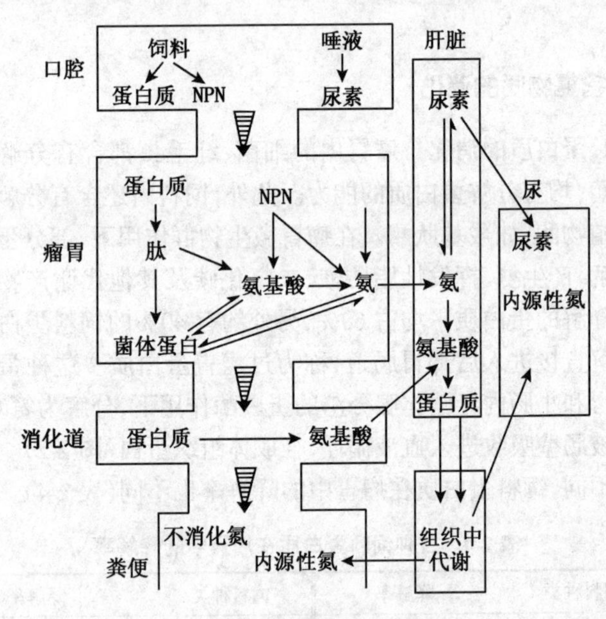

图 2-2　瘤胃内蛋白质代谢

为了避免优质蛋白质通过瘤胃时被大量降解,造成营养上的损失,促进蛋白质后移,增加进入后部胃肠道蛋白质——过瘤胃蛋白质的比例,可以采取各种物理、化学方法等保护措施。

(1)蛋白质加热处理。可降低蛋白质在瘤胃中的降解速度,提高氮的利用率,但加热过度会降低蛋白质总消化率和某些氨基酸的可利用性。

(2)鞣酸处理。处理植物性蛋白质,如花生饼、亚麻仁饼等,可抑制蛋白质分解,改进氮的利用性,但对动物性蛋白质处理效果不好。

(3)甲醛处理法。本法能降低蛋白质溶解度并可能抑制瘤胃微生物群对蛋白质的分解作用。如经甲醛处理的酪蛋白,其溶解度从85%~90%降至4%~8%。植物性蛋白质经甲醛处理虽降解率降低,但对动物生长力无显著效益。

(4)胶囊保护。限制性氨基酸加入日粮时,为避免其在瘤胃内分解,采用胶囊保护饲喂,能提高反刍动物的生长速度和生产性能。

(5)抗生素处理。饲喂蛋白质饲料时,如加喂一些抗生素,能减少瘤胃蛋白质分解和脱氨基作用,如用氯霉素后,瘤胃内氨含量减少。

2.瘤胃内非蛋白氮的分解 瘤胃中非蛋白质含氮物主要为尿素和硝酸盐。

(1)尿素的分解。瘤胃中的尿素来源于饲料、唾液和血液。瘤胃内微生物群分泌的脲酶活性高而稳定。分泌脲酶的细菌主要有丙酸杆菌、牛链球菌、瘤胃球菌和厌氧乳酸杆菌等。在脲酶的催化作用下,尿素在瘤胃内迅速水解。研究指出:每100 g瘤胃内容物在1 h内可水解尿素100 mg。水解产物是氨和二氧化碳,其中氨被用于合成细菌蛋白。

(2)硝酸盐的分解。牧草中含有多种非蛋白氮,其氮含量较多,约占总氮的20%。禾本科、豆科牧草的非蛋白氮,除了游离氨基酸、肽和酰胺外,尚有硝酸盐。日粮中的硝酸盐,经瘤胃细菌迅速还原为亚硝酸盐。当瘤胃蓄积多量的亚硝酸盐时,亚硝酸盐经瘤胃壁吸收入血,将血红蛋白氧化成高铁血红蛋白,后者失去携氧能力,致使氧和二氧化碳的交换障碍,造成全身组织细胞缺氧,将会导致奶牛窒息死亡。

● 瘤胃内氨的产生

瘤胃内蛋白质降解产生的氨基酸,在pH值6.5~6.9的条件下,少量被细菌利用,其余被细菌迅速脱氨基而生成氨、二氧化碳和挥发性脂肪酸。

瘤胃中许多细菌含有氨基酶,在适宜的条件下可水解氨基产生氨;有些纤毛虫也具有水解氨基产生氨的作用。氨通过瘤胃壁吸收入血,进入肝脏转化成尿素,其中一部分通过唾液返回瘤胃,一部分经肾脏排出,可见,瘤胃中的氨是瘤胃氮代谢的中间环节。

瘤胃内容物中氨的含量变动很大,氨含量一般为 10~50 mg/dL,瘤胃中氨含量受日粮成分,饲喂时间,含氮物的可溶性、分解速度和利用率等因素影响。饲喂苜蓿干草时约有 23%的氮转变成氨,饲喂颗粒饲料时有 17%的氮转变为氨;在饲喂后1~1.5 h,瘤胃内氨含量最多;当吸收率高时,氨含量少,反之,则多。瘤胃中氨含量与利用率应保持相对平衡,以维持瘤胃中氨含量的相对稳定。

瘤胃内氨的吸收速度与瘤胃内氨含量、瘤胃液 pH 值有关。当瘤胃液 pH 值低于 6.5 时,氨呈离子状态存在;当瘤胃液 pH 值在 6.5 以上,氨含量超过 0.4 mmol/L 时,氨的吸收速度迅速增加。

● 瘤胃内氨基酸和蛋白质的合成

1.微生物群的合成作用 瘤胃微生物利用氨、氨基酸和肽能合成蛋白质。其合成速率极高,例如,奶牛瘤胃合成蛋氨酸的速率为每天每千克体重 30~60 mg。在氮源充足的条件下,微生物蛋白质的合成量依赖于日粮中的有用能含量。即除了原料氮外,蛋白质合成还需要碳架和能源。糖、挥发性脂肪酸、二氧化碳都是碳的来源,为了最大限度地合成支链氨基酸,如缬氨酸、亮氨酸和异亮氨酸,则需要额外供给异丁酸、2-甲基丁酸。

瘤胃微生物群因有固定空气中氮的能力,能直接利用氮来合成蛋白质。

2.瘤胃微生物蛋白质成分 瘤胃微生物粗蛋白含量中细菌占58%~77%,纤毛虫占24%~49%。日粮不同,微生物蛋白质的含氮量不同,但氨基酸的变异较小。由于瘤胃微生物群能合成奶牛体内所必需的一些氨基酸,因此在饲喂品质低劣、含氮源较少的日粮时,可提高饲料的营养价值。试验证明:瘤胃微生物蛋白质的品质颇好(表2-5),消化率为77%以上,生化价值为66%~87%,因而为奶牛重要的蛋白质来源。

表2-5 瘤胃细菌、纤毛虫、酪蛋白、大麦叶蛋白和苜蓿叶蛋白的氨基酸含量

%

项目	酪蛋白	大麦叶蛋白	苜蓿叶蛋白	细菌	纤毛虫
天冬氨酸	6.64	9.57	9.70	6.7~6.8	7.4~8.4
苏氨酸	4.20	5.07	4.99	3.5~3.8	3.1~3.7
丝氨酸	5.75	4.40	4.22	2.5~3.0	2.6~3.2
谷氨酸	21.46	11.28	11.55	6.6~7.5	7.9~8.7
脯氨酸	10.29	4.98	4.55	2.1~2.8	1.9~2.9
甘氨酸	1.66	6.53	5.40	5.9~6.3	4.7~5.7
丙氨酸	2.54	6.45	6.27	6.4~6.5	4.1~4.6
胱氨酸	0.33		1.54	0.7~0.8	1.1~1.3
缬氨酸	7.53	5.64	6.45	4.4~4.5	3.6~4.1
蛋氨酸	2.99	2.11	2.05	1.5	1.1~1.4
异亮氨酸	6.31	5.03	5.21	3.6~3.8	4.3~4.9
亮氨酸	9.51	10.04	9.43	4.5~4.7	5.0~5.7
酪氨酸	5.20	4.19	4.73	2.0~2.2	2.0~2.4
异丙氨酸	5.09	6.85	6.11	2.3~2.5	2.8~3.3
组氨酸	2.77	2.0	2.45	2.6~3.0	2.6~3.4
赖氨酸	7.74	5.23	6.83	7.5~8.2	10.6~12.6
精氨酸	3.76	6.33	6.77	8.6~9.3	8.0~10.2
氨			1.75		

4 瘤胃内脂肪的消化

● 脂类在奶牛机体内的作用

1.饲料营养中脂类的作用

(1)脂类是构成机体组织的重要成分。机体各种组织器官如神经、肌肉、骨骼和血液等均含有脂肪，主要为神经脂、卵磷脂、脑磷脂和胆固醇。组织细胞是由脂肪和蛋白质按照一定比例构成的。

(2)脂类是热能的重要来源。饲料中的脂肪被消化吸收后可氧化生热，供机体利用，多余的脂肪则可转变为体脂储存。

(3)脂类为幼犊提供必需脂肪酸。幼犊体内有些脂肪酸不能合成，必须由饲料中供应，如亚麻油酸、次亚麻油酸及二十碳四烯酸(花生油酸)。这些酸是细胞膜的主要成分，广泛分布于生殖器官及其他激素组织成分中，对幼犊具有重要作用。如缺乏时，犊牛皮肤鳞片化、生长停止、水肿，进而发生营养缺乏症，故必须从饲料中供应。

(4)脂类是脂溶性维生素 A、维生素 D、维生素 E、维生素 K 的溶剂。缺乏时，这些维生素因不能被溶解而不能被机体吸收，可引起营养缺乏症。

(5)脂肪能防止热的散失，具有保温功能；组织器官周围的脂肪，能固定器官位置，具有保护器官的作用；脂肪为乳汁组成成分，乳汁中含脂肪 1.6%～6.8%。

2.脂肪对瘤胃发酵的影响

(1)饲喂过多的脂肪对瘤胃微生物具有毒性作用，致使瘤胃消化机能减弱，引起消化紊乱。

(2)由于脂肪对肠道激素和肝脏的脂肪氧化的影响,常常会导致干物质采食量下降。当脂肪含量在日粮中超过7%时,将影响瘤胃纤维消化,使瘤胃纤维消化率降低。

● 脂肪的消化

奶牛的饲料中脂肪含量为1%~5%,其种类多种多样。牧草中含有的脂肪多为亚油酸、亚麻酸等不饱和脂肪酸以及与半乳糖结合的复合脂质——半乳糖基甘油酯。

瘤胃内微生物群对饲料中的脂质作用主要有以下几种:脂质的加水分解;不饱和脂肪酸的氢化作用或异化反应;脂肪水解生成半乳糖和甘油。进入瘤胃内的脂质分解为半乳糖、甘油和长链脂肪酸。半乳糖和甘油经微生物群作用变为挥发性脂肪酸,而长链脂肪酸则水解或进行异化反应。

饲料中的脂肪,含有饱和脂肪酸与不饱和脂肪酸,以不饱和脂肪酸为主,而饱和脂肪酸较少。青牧草中不饱和脂肪酸占脂肪酸总量的4/5,饱和脂肪酸仅占1/5。在瘤胃内容物和微生物体脂肪中的饱和脂肪酸比例增多。例如,饲喂牧草时,饲料中只有1%的硬脂酸、56%的亚麻酸;但饲喂后,构成瘤胃内容物中的硬脂酸比例增加到30%,而亚麻酸的比例减到12.6%。这类饱和脂肪酸的增多,是由于瘤胃内细菌使不饱和脂肪酸氢化,生成转化型饱和脂肪酸的缘故。

饲料中脂肪在瘤胃内微生物群作用下,通过水解作用,移送到真胃以下消化道内,在消化酶的作用下再进行消化吸收(图2-3)。牛体脂肪和牛乳汁中饱和脂肪酸含量比饲料中的含量要多,这主要是在瘤胃中的不饱和脂肪酸饱和氢化过程所致。

瘤胃微生物群以丙酸、戊酸为原料,能合成长链脂肪酸,新合成的脂肪酸为14~16碳脂肪酸。它们在合成脂肪酸的同时,也形成微生物体脂肪。

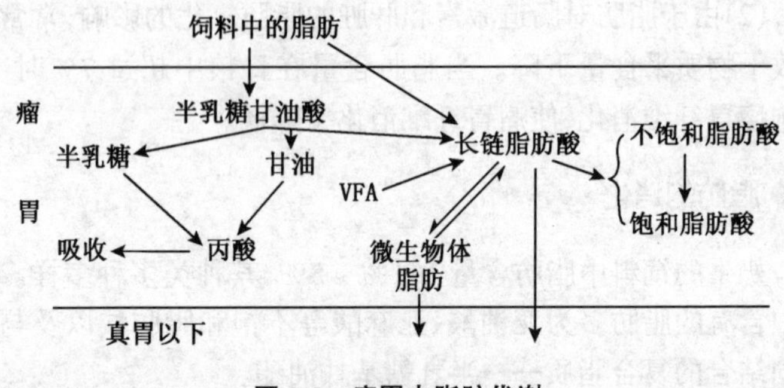

图 2-3 瘤胃内脂肪代谢

⑤瘤胃内维生素的合成与矿物质利用

●瘤胃内维生素的合成

瘤胃内细菌能合成 B 族维生素(维生素 B_1、维生素 B_2、维生素 B_3、维生素 B_6、维生素 B_{12}、泛酸、叶酸、生物素、肌醇等)、维生素 E 和维生素 K。因此,即使饲料中缺乏 B 族维生素,也不会引起成年奶牛 B 族维生素缺乏症。

瘤胃内容物中 B 族维生素含量比饲喂饲料中的含量要高,如维生素 B_1、维生素 B_2、烟酸的含量比每天摄取饲料中的含量多,而其他 B 族维生素含量与饲料含量相等或稍低,有的 B 族维生素能被瘤胃壁吸收,而烟酸、核黄素、叶酸和维生素 B_{12}等则不能被瘤胃壁吸收。

虽然瘤胃中能合成某些维生素,但有的维生素不能被合成,因而尚需从体外供应或在合成中提供一定的条件。因此,在实际工作中应注意以下几点:犊牛因瘤胃发育尚未完全,合成机能不全,易出现维生素缺乏现象,应注意从饲料中供应;饲料中钴缺乏时，可使维生素 B_{12}合成受阻；维生素 A、维生素 D 不能被合成，日粮中要补加；维生素 C 能在体内合成，但经口而进入瘤胃中的维生素 C 能被分解破坏，欲补充维生素 C 时，则不能由饲料中补加或内服。

● 矿物质的利用

饲料中的矿物质与有机物以各种形式结合而存在，在消化道中则变成可溶性物质为机体吸收利用。矿物质不仅为奶牛机体所需要，而且对瘤胃微生物群正常生命活动的进行也是必不可少的。瘤胃微生物群在繁殖过程中，需要有适当量的矿物质。当矿物质缺乏或过多，微生物群对纤维素的分解能力及蛋白质和维生素的合成能力都会降低。例如，当矿物质钴、硫缺乏时，将会引起维生素 B_{12}、含硫氨基酸缺乏。

矿物质在机体内的代谢处于动态平衡之中，它能反复被机体利用。例如，奶牛唾液中含有一定量的钠、磷、钙等，当唾液进入瘤胃内，这些物质不仅被重吸收，还有助于微生物群活性的提高。

瘤胃内矿物质的吸收、利用受多种因素影响，这不仅与矿物质含量、成分与瘤胃液 pH 值等有关，也与矿物质间的比例有关。一种矿物质含量多少，常常会直接影响到另一种矿物质的吸收、利用。例如，饲料中钼含量过多可导致铜缺乏，钾和氮含量过多可引起镁缺乏。

6 瘤胃消化在奶牛饲养中的实践意义

● 瘤胃消化的营养意义

瘤胃内发酵过程中所产生的挥发性脂肪酸、微生物蛋白质及维生素等，是维持奶牛生长发育、繁殖、泌乳等生命活动所需营养的主要来源,是全部生命活动的基础。

瘤胃内的挥发性脂肪酸供牛体利用的可消化能占53%,固定微生物蛋白的可消化能约占20%,甲烷损失能占9%,发酵热和消化吸收消耗的能占11%。可见,饲料的可消化能约有73%由瘤胃内发酵转变为挥发性脂肪酸和微生物蛋白质而加以利用(表2-6)。

表 2-6　饲料能量的利用　　%

饲料能量的转换	对饲料能的比	对消化能的比
作为挥发性脂肪酸	31	53
作为甲烷	6	9
作为热能	7	11
瘤胃微生物体	12	20
饲料中脂肪	5	7
合　计	61*	100

*相当于消化率值,剩余的39%作为不消化物排出。

饲料给奶牛提供能量,瘤胃则是饲料能量转换的场所,瘤胃内发酵是饲料能量转换的惟一途径。一旦正常瘤胃内发酵破坏,其营养作用减少或消失的同时,通常瘤胃内异常发酵产物不仅对机体不利,严重时还会引起奶牛自体中毒的发生。

● 瘤胃消化在畜牧和兽医上的实践意义

瘤胃内由于微生物群发酵、唾液流入和瘤胃壁的渗透、吸收及食糜的排空等作用,使其内环境保持着相对稳定。在理化性质相对稳定的条件下,瘤胃成为微生物群生息极好的环境,从而保证了消化机能的正常进行。饲养管理是影响瘤胃内环境改变的关键因素,瘤胃内环境的改变可导致瘤胃微生物群的改变,瘤胃微生物群的异常变化将导致消化机能紊乱。可见饲养管理、瘤胃内环境、微生物群和消化机能之间具有密切的关系。因此,保持瘤胃内环境及瘤胃发酵的正常进行,在奶牛保健和疾病诊治中都有重要的实际意义。

1.在畜牧饲养上 俗话说,"养牛得养胃(瘤胃)"。意思是说,要保证牛的健康必须要保证其瘤胃的健康。为能保持瘤胃内发酵正常、使奶牛食欲旺盛,应加强饲养。

(1)饲料供应。奶牛饲料应保持相对稳定,不能随意变更。饲料安排要统一计划,改变饲料应逐渐进行,克服有啥喂啥的盲目性,为能增加瘤胃兴奋性和提高微生物活性,日粮中应保证有充足的粗饲料的比例。

(2)精饲料喂量。在饲养奶牛的实践工作中,能量需要是制定饲养方案的基础。通常在满足能量需要的基础上,再补充其他养分使日粮达到平衡,而能量主要来源于精饲料。

精饲料不足,日粮的有效能量过低,则青年牛生长缓慢、性成熟推迟,泌乳母牛泌乳期产奶量偏低。

精饲料过多,易引起瘤胃中乳酸蓄积、pH 值降低。当过多乳酸经瘤胃壁吸收,血中乳酸含量增多,碱贮降低时,则奶牛发生酸性消化不良。瘤胃液 pH 值降低与精饲料喂量呈正相关,即精饲料喂量越大,pH 值降低越显著。当 pH 值降低到 5.0 以下,瘤胃微生物群显著异常,呈现出纤毛虫消失,细菌由原来的革兰氏阴性菌占优势转变为革兰氏阳性菌占优势,则瘤胃中内毒素(细菌毒素、组胺)含量增多,使奶牛发生内毒素中毒,临床表现为酸性消化不良症候群、瘫痪、休克和死亡。为防止精饲料喂量过大所造成的不良后果,应严格控制精饲料喂量,饲喂标准应根据奶牛营养需要供应。随着奶牛生理阶段不同,精饲料喂量亦应及时调整,防止为单纯追产奶量而片面增加精饲料喂量现象。变更日粮类型时,应逐渐进行,避免突然变更。

(3)合理使用尿素。瘤胃微生物群能利用无机氮合成自身蛋白,而成为奶牛主要的蛋白质来源。据报道,瘤胃微生物群含氮量占瘤胃内容物氮量的 63%~81%。由于微生物群能利用氨合成蛋白质,奶牛场内常用尿素喂牛以提供蛋白质。其转化途径是:

$$O=C(NH_2)_2 \xrightarrow[\text{尿素酶}]{\text{微生物}} NH_3 + CO_2$$

$$\text{碳水化合物} \xrightarrow[\text{酶}]{\text{微生物}} VFA + \text{酮酸}$$

$$NH_3 + \text{酮酸} \xrightarrow[\text{酶}]{\text{微生物}} \text{氨基酸} \xrightarrow[\text{酶}]{\text{微生物}}$$

$$\text{微生物蛋白质} \xrightarrow[\text{酶}]{\text{真胃、小肠内}} \text{游离氨基酸} \longrightarrow \text{牛体蛋白}$$

值得注意的是:在脲酶的作用下,尿素在瘤胃内分解迅速,尿素分解产生氨的速度为瘤胃中氨被同化速度的4倍。瘤胃液pH值超过6.5时,氨吸收速度加快。当每100 mL血液中氨氮值在2 mg以上时,即引起严重中毒;若为5 mg以上时,可引起奶牛死亡。

2.在兽医治疗上 日粮性质是影响瘤胃内环境的主要因素。瘤胃内环境的改变,必将引起瘤胃内微生物群的变化,当瘤胃内环境和微生物群发生异常时,前胃(包括瘤胃)的消化机能将会发生紊乱,因此,这就要求兽医工作者在诊治前胃疾病时,充分了解饲养和发病之间的密切关系,同时应注意以下几点:

(1)关于纠正瘤胃pH值问题。舍饲奶牛,普遍存在着青贮、精料喂量过大而粗饲料特别是优质干草饲喂量不足的问题。在大量饲喂含碳水化合物精料的情况下,瘤胃pH值降低,因此,在通常情况下,奶牛临床表现的消化机能障碍都属酸性消化不良症候群,治疗时,多以碱性药物为主,以缓冲瘤胃酸性环境。

(2)关于瘤胃臌气治疗问题。瘤胃张力和瘤胃内容物黏度升高是瘤胃泡沫性臌气的主要原因,因此治疗的关键在于,加强饲料保管,防止霉败,不将谷实饲料粉碎过细,投服能降低表面张力和瘤胃内容物黏度,消除泡沫的药物,如投服植物油、硅油,用水洗胃。

第3章　奶牛的饲料

奶牛在生命活动中需要营养，饲料即是为奶牛的生命提供赖以生存的营养的物质，其中包括经适当调制后有营养价值的天然的或人工的任何产品。

一个奶牛群，个体之间产奶量的差异，大约有25%决定于遗传因素，而其余75%决定于外界因素，如环境、气候条件，饲料品质和种类，管理技术水平等，其中饲料是最主要的因素。饲料在奶牛场占生产费用的最大部分，因此要经营好一个奶牛场，选择质优、价廉的饲料，开发对粗饲料的利用等都是十分必要的。

❶粗饲料

粗饲料是指粗纤维多于18%或细胞壁含量多于35%，营养价值较低的一类饲料，如干草类、秕壳类等，是奶牛的基本饲料。

粗饲料属结构性碳水化合物，其主要成分是纤维素、半纤维素和木质素。生产上使用的指标是中性洗涤纤维和酸性洗涤纤维。中性洗涤纤维含有纤维素、半纤维素、木质素、中性洗涤剂不溶蛋白；酸性洗涤纤维含有纤维素、木质素。在奶牛日粮中前者应含28%～33%，后者应含19%～24%。我国目前仍使用粗纤维指标，其含量在奶牛日粮中不应低于17%。

●粗饲料的营养特点

粗饲料是一种来源广泛的饲料，其营养特点是粗纤维含量较多，无氮浸出物难以消化，粗蛋白含量较少，含钙多、含磷少，富含维生素D。由于粗饲料种类、生长阶段和调制技术不同，其营养成分又各有差异。

1.干草 是指植物在生长阶段收获并干制保存而供日后应用的饲料，是奶牛的主要饲草。制作干草的要求有3个：一是保存成熟阶段作物的营养成分；二是干制，即使饲料含水量从65%～85%降至20%，能长时间保存；三是饲喂方便，可随时取用。

优质干草蛋白质含量应在12%，淀粉价为50%，消化能为3 000 kcal左右，根据这一标准，可以判定干草质量的优劣。禾本科植物调制的干草含蛋白质和钙少，豆科植物干草含蛋白质和钙较多，故豆科干草质量要优于禾本科干草。

2.秸秆 是指作物收获子实后的茎秆、枯叶，来源广泛，如稻草、麦秸、玉米秸、高粱秸及各种豆秸。特点是：干物质中含粗纤维较多，为31%～45%；含木质素多，小麦秸约12.8%、燕麦秸约14.6%;硒酸盐含量多,灰分中硒酸盐占30%;秸秆中有机物质的消化率很低,牛、羊消化率在50%以下,消化能值比干草低,每千克约含消化能1 800 kcal。各种秸秆蛋白质含量少,豆科为8.9%~9.6%,禾本科为4.2%~6.3%,矿物质中以钾多,钙、磷含量少。

● 粗饲料在奶牛饲养上的应用

奶牛的饲料,除了注意其营养成分外,还应注意其适口性、多样性、容积、疏松程度、成本和是否影响牛奶气味等因素。

粗饲料中的秸秆饲料虽然营养价值较低,但为了保持奶牛正常的消化机能、牛奶质量,配合奶牛日粮时应考虑粗纤维给量,不可缺少。

(1)粗饲料具有较大的容积,与牛消化器官容积相适应,可填充瘤胃容积,给牛以饱的感觉。

(2)粗纤维可刺激瘤胃壁,引起瘤胃兴奋性增强,保持其正常的消化机能。

(3)粗饲料经瘤胃细菌分解,产生挥发性脂肪酸,被机体吸收,供给机体能量。

(4)精饲料过高,常引起瘤胃pH值降低,乳酸蓄积,瘤胃微生物群改变。粗饲料的饲喂,对于pH值正常,保持瘤胃内环境的稳定,防止酸中毒的发生等,都有一定意义。

(5)提高乳脂率。奶牛利用乙酸合成乳脂,当粗饲料占日粮的70%时,瘤胃中乙酸比例增大,可使乳脂率提高。

● 粗饲料的加工调制

粗饲料的加工调制的目的是应用机械的、化学的或生物学方法,对粗饲料进行适当处理,改善其适口性,增大采食量,促进瘤胃微生物群对其的充分分解,从而提高粗饲料利用率,使机体获得粗饲料最大的潜在营养价值。

1.切短 用稻草、谷草喂牛时,常切成3~4 cm长的草段,再拌以精饲料,可增加适口性、采食量。奶牛场称这种喂法为"以精带粗"。也可制成3.2 cm×3.2 cm、长为5~7.6 cm的干草饼干,喂牛后,每天采食量比饲喂干草时增加20%左右。

2.粉碎 即用机械方法将粗饲料(稻草、谷草)粉碎,粉碎后的粗饲料质度变软,适口性提高,如再与精饲料混合饲喂,可增加采食量,并能提高消化率。

3.浸泡 将切短的粗饲料(稻草、玉米秸)用水洒湿或浸泡在0.2%食盐水中,经约24 h后,质度变软,若与混合料、糠麸混合,可改变适口性,提高采食量。经食盐水浸泡的粗饲料,又可给牛补充食盐。

4.化学处理 使用氢氧化钠、石灰和氨等处理过的粗饲料,木质素、纤维素的膨胀力和渗透性提高,结构疏松,便于消化液与纤维酶的渗透,可达到增加采食量、提高有机物消化率的目的。

(1)碱化法。

①碱液浸泡法。用1.5%氢氧化钠8份,秸秆1份,浸泡12~24 h后,用水冲洗到无碱性为止。本法可使消化率由40%提高到70%,但用碱量和用水量过大,花费劳力太多,且干物质随水损失达20%~25%。

②碱液喷洒法。即将秸秆切成3~4 cm长,将1.6%氢氧化钠溶液均匀地喷洒在秸秆上,使之湿润,堆放几天后,取出直接喂牛。碱的用量以4%~8%为最好,用量过多过少效果都不好(表3-1)。

(2)钙化法。用1%生石灰或3%熟石灰的石灰乳浸泡秸秆,即每100 kg石灰乳可泡8~10 kg秸秆,浸泡12~24 h,取出直接喂牛。取100 kg切短秸秆,加3 kg生石灰(或4 kg熟石灰)

(内有 0.5~1 kg 食盐)和水 200~250 kg,将其拌匀后,在平地上或在木板上放置 24~36 h,直接喂牛。本法不仅可使纤维的结构疏松,并可提供一定量钙质,使消化率提高(表 3-2)。

表 3-1 不同浓度氢氧化钠对干物质消化率的影响

氢氧化钠(%)	采食量(g/天)	干物质消化率(%)	氮沉积(g/天)	粪中细胞壁(g/天)
0	822	38	4.5	329
4	1 220	54	8	220
6	1 157	54	6.3	195
8	1 159	57	7.2	172

表 3-2 钙化对麦秸消化率的影响 %

麦秸	有机物	粗纤维	无氮浸出物
未钙化	42.4	53.6	36.6
钙化后	62.8	76.4	55.0

(3)氨化处理。有无水氨处理和氨水处理 2 种。

无水氨处理:将秸秆的含水量调到 30%~40%堆垛,在垛高 0.5 m 处加置塑料管,以备通氨。草垛用 0.2 mm 厚塑料薄膜密封覆盖,然后按秸秆重的 3%通入无水氨,最后抽出塑料管,封严即成。无水氨处理秸秆垛的密封时间因环境温度不同而异,气温在 20℃时,为期 2~4 周。开封后晒干,氨味消失后饲喂。

氨水处理:将切短的秸秆边往池(窖)里堆放时,边按秸秆重量 1∶1 的比例向窖内均匀喷洒 3%浓氨水,装满池后,用塑料薄膜覆盖、封严。密封时间应视环境温度而定:小于 5℃需 8 周,5~15℃需 4~8 周,15~30℃需 1~4 周,30℃以上需 1 周内。然后开窖将秸秆晾干饲喂。

饲料氨化处理,可提高粗饲料的蛋白质含量 4%~6%,每头牛每天平均增加采食量 15%~60%,并提高秸秆有机物消化率(表 3-3);缺点是氨损失量较大,开窖后约 2/3 氨逸失。

表 3-3　不同浓度氨处理对有机物消化率的影响　　%

麦秸湿度	未经氨处理的消化率	不同浓度氨处理的消化率		
		1%	4%	7%
15	38.2	49.5	59	60.7
28	38.2	53.2	64.8	63
41	38.6	49.2	66.8	66.6

(4)尿素处理。将秸秆切短后，按一定比例加入尿素溶液，堆垛后用塑料薄膜密封而成。

❷青绿饲料

青绿饲料是指天然含水量为 60%及 60%以上的植物性饲料，如树叶、非淀粉质的块根、块茎和瓜果类。包括人工栽培牧草、蔬菜类、作物茎叶及水生植物等。

● 青绿饲料的营养特点

1.含水分多　青饲料含水 75%～90%，水生植物含水约 95%以上，干物质含量仅为 5%～10%，营养价值较低。每千克鲜青饲消化能为 300～600 kcal；以干物质计算，每千克青饲消化能为 2 000～3 000 kcal。虽然热能营养价值比精饲料低得多，但与某些能量饲料如燕麦子实、麦麸近似。

2.蛋白质含量较多　禾本科牧草和蔬菜类含蛋白质 1.5%～3%，豆科含 3.2%～4.4%。按干物质计，前者含蛋白质 13%～15%，后者 18%～24%，并含有较多的赖氨酸，是奶牛优良的蛋白质饲料。青饲料中蛋白质含量除因饲料种类不同而各异外，尚受生产阶段影响，如生长旺盛时期，植物氨化物含量多，随着生长期延长，纤维素含量增多而氨化物含量减少。

3.含粗纤维、木质素少，含无氮浸出物多　青饲料中粗纤维、木质素、无氮浸出物含量随植物生长阶段而变化。随着生长期延长，青饲料水分减少，粗纤维、木质素含量增多，有机物消化率降低。

4.维生素含量较多　青饲料每千克含胡萝卜素50~80 mg，在正常采食青饲料的情况下，所获得的胡萝卜素量可超过家畜需要量的100倍；维生素B_1、维生素B_2、烟酸含量较多，维生素D含量较少。例如，每千克苜蓿中约含核黄素4.6 mg(比玉米含量高3倍)，含烟酸18 mg，硫胺素1.5 g。

5.矿物质　一般矿物质含量占青饲料鲜重的1.5%~2.5%。豆科植物钙多、磷少。由于青饲料中含矿物质元素种类较多，通常不会引起奶牛矿物质缺乏症。

● 影响青绿饲料营养价值的因素

1.土壤与肥料　青绿饲料中矿物质含量很大程度上与土壤中元素含量和活性有关。干旱盐碱地的钙很难被植物吸收、利用，泥炭土或沼泽地中钙、磷含量很少，生长在这些土壤中的植物含钙量也少。

施肥可以明显地影响植物中各种营养成分含量。给植物增加氮肥，植物生长旺盛，茎叶浓绿，不仅增加了植物产量，而且也使植物中粗蛋白、胡萝卜素含量增多。

2.植物生长阶段　幼嫩植物处在生长旺盛时期，木质素含量少，水分含量多，干物质含量少，干物质中的蛋白质含量多，粗纤维少。因此，青饲料在早期阶段消化率高，营养价值也高。随着生长阶段延长，植物水分减少，粗纤维增多，粗蛋白质减少(表3-4)，木质素增多，消化率和营养价值降低。

3.气象因子　阳光充足，植物能充分地进行光合作用，植物体内六碳糖、果聚糖含量增多；降雨量大，雨水冲洗土壤，造成土壤中钙质流失，植物含钙量减少，干旱地区植物体内钙含量较多。

表 3-4 青大麦(全干基础)不同阶段的各种化学成分

时间	干物质(%)	粗蛋白(%)	粗脂肪(%)	粗纤维(%)	无氮浸出物(%)	粗灰分(%)
5月上旬	15.69	1.96	0.49	4.71	6.88	1.65
5月中旬	16.44	1.46	0.49	4.86	8.23	1.40
5月下旬	30.80	1.39	0.74	7.64	13.70	7.33

●青绿饲料喂牛时应注意的问题

奶牛瘤胃对青绿饲料有很强的利用能力,同时青绿饲料本身具有酶、激素、有机酸,纤维含量少,有助于机体对饲料的消化和吸收,因此青绿饲料已为奶牛场普遍利用。饲喂中应注意的问题:

1.关于地区性营养缺乏症或中毒 青绿饲料中的一些矿物质含量受大气环境与土壤中元素含量及其活性影响,如泥炭土、沼泽土和干旱盐碱地生长的植物含钙少。"三废"即废水、废气、废渣处理不严,污染了空气、饮水和土壤,可引起该地区植物某种或某些元素含量过多或缺乏。在饲养过程中,要对本地区生态环境有所了解、掌握饲料成分及其矿物质含量,合理饲喂,防止地方性营养缺乏症和中毒的发生。

2.氢氰酸中毒 青饲高粱和玉米、木薯、亚麻子饼、苏丹草等植物含有氰苷配糖体,被牛采食到口腔后,在唾液和适当温度条件下,通过植物体内脂解酶的作用即可产生氢氰酸;在瘤胃中有瘤胃微生物的作用,即使无特殊酶的作用,氰苷和氰化物也能分解为氢氰酸。氢氰酸进入血液,氰离子能抑制细胞内许多酶的活性,对细胞色素氧化酶活性的抑制更为显著,使其传递电子、激活分子氧的作用丧失,从而破坏组织内氧化过程,引起机体缺氧症。

3.有机农药中毒 刚喷过农药的蔬菜、青玉米及水稻田的杂草都含有一定量的农药成分,不能立即用做饲料喂牛,否则可引起奶牛中毒。要经过一定时间(1个月)或下过雨后,药物残留量消失才能饲喂。

❸青贮饲料

●青贮饲料在奶牛饲养中的作用

青贮饲料为发酵饲料。它是用青玉米、青大麦、白薯秧、青高粱秸等青绿饲料为原料,经过青贮保存的一类饲料。

青贮饲料是饲养奶牛的主要饲料之一,由于青贮饲料本身具有很多优点,它已成为饲养奶牛的必备饲料。

(1)青贮饲料具有柔软、多汁、气味酸甜芳香的特点,牛适口性好,采食量多。

(2)能保持较多的原饲料的营养成分。饲料经青贮,其养分损失仅为10%~15%,蛋白质、胡萝卜素损失也少,饲喂后,能为奶牛提供较多的营养成分。

(3)对于适口性、品质较差的饲料,发酵作用能使其品质得以改善,提高奶牛的适口性,增加利用率。

(4)青贮饲料含有较多的有机酸,能促进消化腺的分泌,增进消化机能,提高饲料的消化率。

(5)青贮制作简便,青贮饲料不受气候因素影响,能保存较长的时间,可为奶牛提供充足的饲料来源;青贮饲料的储备,可补偿冬、春青绿饲料的缺乏,保证奶牛青绿饲料供应的稳定性。

(6)青贮所需空间小,可减少储存饲料中的占用地。

●青贮原理

青贮是利用乳酸菌对青贮原料进行厌氧发酵,产生乳酸,使其酸度达到pH值4.0以下,从而抑制其他微生物活动,达到储存的目的。

整个青贮过程需2~3周。在这一时期内,窖内发生的变化是:第一阶段为好气活动。青贮原料的细胞仍继续呼吸,消耗青贮原料间隙中存留空气中的氧,产生二氧化碳和水,并释放出热能。此期好气性微生物如酵母菌、霉菌大量生长繁殖。第二阶段为厌氧活动。随着饲料间隙中氧被耗尽,好气菌因缺氧而死亡,厌氧微生物如产酸菌(乳酸菌、丁酸菌)、蛋白分解菌等迅速繁殖,产生乳酸、醋酸及其他酸和醇,少量蛋白质被分解而产生氨、氨基酸及氨化物。由于乳酸含量不断增多,青贮窖内酸度不断增多,当pH值达到4.0时,细菌(杂菌及乳酸菌)的生长完全被抑制,pH值4.0以下,青贮窖内因乳酸菌生长抑制而使青贮过程结束。

● 优质青贮的调制条件

青贮制作时给乳酸菌的生长繁殖提供最适条件是保证青贮质量的关键。其中最主要的是无氧环境,青贮窖内愈密封,无氧环境愈好,对乳酸菌生长繁殖愈有利,青贮质量愈好。

优质青贮清鲜醇香,水分均匀,呈绿色或棕色,适口性好;反之,腐败、霉臭、黏稠,说明青贮品质不佳。为调制出质量好的青贮,应该注意以下几点:

(1)原料选择。青贮原料应在适宜青贮的刈割期收获。

(2)切的长度要适当。通常长3~5 cm,便于填充,可减少空隙内气体,造成厌氧条件。

(3)控制含水量。最适青贮含水量为65%~75%。含水量过多,可溶性营养物质易随渗出的汁液丢失,可将青贮原料晾晒使其凋萎,或加入干草、稻草、麸皮使水分减少。含水量过少,青贮时不容易压紧,青贮原料间空隙大、空气多,植物细胞呼吸作用持续时间长,产生热量多,窖内温度高,易使青贮变臭、发黏。

此时可向原料上喷洒水,或与青嫩、新收获的植物如块根类的胡萝卜、白薯等交替填装。

(4)使用添加物或防腐剂。青贮料内加入添加剂或保护剂可提高青贮的保存时间和饲用价值。常用饲料添加物,如磨碎谷物、玉米穗粉、糖蜜和乳清;化学添加剂,如甲醛、甲酸、乳酸、丙酸钠等。

(5)装窖要快。青贮填装速度要快,以2~3天装完最好,时间不应拖得过长,以免在青贮装满与密封之前发生腐败。

(6)装匀、压紧。各种青贮饲料制作时要求的密闭条件为压实后,最上层覆盖聚乙烯薄膜,薄膜上再覆盖8~10 cm厚的沙土。其目的是为了使原料间气体尽量排出,造成厌氧条件,促使乳酸菌的生长繁殖(青贮制作要求见表3-5)。发酵时间为21天以上。

表3-5 青贮饲料制作要求

项 目	麦类青贮	全株玉米(或高粱)青贮	块根、块茎类青贮
最佳收获期	黑麦为抽穗期,大麦、小黑麦为乳熟期至糊熟期	玉米为蜡熟初期 高粱为蜡熟期	全熟期
原料处理	铡成长1~2 cm	长2 cm以下	洗净后粉成直径为3 cm大小的碎块,制作时加10%麦麸,5%~8%的草粉
窖内压实密度	475 kg/m³	650 kg/m³	750~800 kg/m³

● 青贮制作方法

青贮制作方法很多。在窖的形式上,有地上窖、地下窖、半地下窖、青贮塔等;在窖的结构上,有土窖、砖窖、水泥窖、塑料袋、塑料薄膜覆盖等。各地可根据具体条件而定。有的地区,由于土地少,不能解决青贮窖用地,也可采用塑料薄膜水泥地坪上青贮，方法是将切短的原料，堆放在水泥地上，外用两层塑料薄膜盖严，再盖一层草袋，草袋外用绳网攀严，并牢固地固定住。塑料与地坪相接的四周基部，应压上泥土。该法制备的青贮质量、适口性与用地窖制备的青贮相似。但应注意：塑料薄膜应无毒、牢固，薄膜之间的缝隙应粘牢靠；薄膜外应用草袋、泥土遮盖，以防暴晒老化；薄膜应固定、压实，防止被大风刮开；随时检查薄膜有无裂口并及时修补；在青贮中，由于产生气体使薄膜鼓起，可在薄膜基部掀开小口，排气后再用泥土密封好。

● 半干青贮与尿素青贮饲料

1.半干青贮 又叫低水分青贮料。在青贮料入窖前将水分含量风干至40%～55%后，再切短入窖而制成。由于水分低，腐败菌、乳酸杆菌及其他细菌的生命活动受到抑制，并因密闭，氧气可迅速耗尽，植物细胞呼吸产生的二氧化碳蓄积于窖内，故具有防止饲料植物细胞呼吸而氧化产生过高的热能及微生物对营养成分分解破坏、发霉、变质的作用。半干青贮比一般青贮的干物质、营养价值高，因此，奶牛能得到比青贮高的干物质和净饲料价值。

2.尿素青贮饲料 其制备方法是估测青贮原料量，按0.5%～1%的比例将尿素均匀地撒在原料上，也可将尿素配成一定浓度的溶液，均匀地喷入原料中。由于尿素会随青贮原料在封存时产生的汁液渗入下层，故在加尿素可采取下层少用，上层尿素量逐渐加大的方法，致使青贮窖内上下层青贮的尿素含量较为均匀。

据报道，在填装玉米青贮物时，每吨青贮原料中添加10磅(1磅=0.453 6 kg)尿素，按湿重计，粗蛋白由2.3%提高到3.7%，按干物质计，粗蛋白由8.3%提高到13.3%。青贮中非蛋白氮用量如表3-6所示。

表 3-6 青贮时非蛋白氮的添加水平

(M·E·恩斯明格,1985)

来 源	形式	氮(%)	添加量*
尿素	固体(干)	45	10
磷酸铵	固体(干)	11	20
预混氨水	液体	20~30	25
商品氨水	液体	13.6	60
尿素-糖蜜	液体	6	80
无水氨	气体	81	6

* 每吨青贮所用非蛋白氮的量(磅);1 磅 = 0.453 6 kg。

● 青贮的质量标准与饲喂时应注意的问题

1.青贮品质的鉴定 见表 3-7。

表 3-7 青贮饲料品质鉴定标准

项 目	等 级	
	一级	二级
pH 值	3~4	4
干物质含量	>25%	25%
嗅觉	酸香、芳香,无丁酸臭味	芳香味弱,有丁酸臭味或具较强酸味
结构	质地柔软,茎、叶保存良好,块根具固有结构	湿润,茎、叶结构保存较差,块根具固有结构
色泽	与原料相似,绿色或略带棕色	略有变色,呈黄色或黄褐色

2.青贮饲喂的注意事项 由于青贮饲料具有芳香略带酸味、湿润、质地柔软、易保存、牛爱吃等优点,已成为奶牛的主要饲料,不少养牛场都采用全年饲喂青贮的方法,并因饲料相对稳定而在保持产奶量的稳定性上收到了一定成效。但因青贮本身的固有特性,在饲喂时应注意以下几点:

(1)青贮的喂量。青贮属生理碱性饲料,饲喂后不会降低瘤胃 pH 值,但青贮能产过多的乳酸,往往因喂量过多而限制干草的进食量，从而导致瘤胃酸中毒，故一定要控制青贮喂量。通常成年牛每头每天喂 15 ~ 20 kg，干奶牛每头每天喂 10 ~ 15 kg，育成牛每头每天喂 10 ~ 20 kg，3 ~ 6 月龄犊牛每头每天喂 5 ~ 10 kg。

(2)保证优质干草的喂量。在饲喂青贮、混合精料的日粮中，要充分重视饲喂干草的重要性。通常干草喂量不限，有的牛场除了采用全混日粮饲喂法外，在运动场内架设干草架，令牛自由采食，这不仅保证了奶牛优质干草的进食量，还对防止瘤胃酸中毒的发生起到了明显作用。

(3)加强青贮饲料的保管。青贮制作时要及时压实、封顶，严防漏水、漏气，严格保管，防止发霉变质；已出窖的青贮，应避免日晒、雨淋，并在 24 h 内喂完；已霉败、变质的青贮，严禁饲喂。

4 能量饲料

能量饲料是指含无氮浸出物和总消化成分多，粗纤维含量少于 18%，蛋白质含量少于 20% 的饲料。主要包括禾本科谷实类植物的子实及其加工副产品，块根、块茎及其加工副产品。

● 谷实类饲料的营养特点

禾本科谷实类植物的子实含有大量的碳水化合物，是奶牛日粮的主要成分，在日粮中常用量为 40% ~ 70%，包括玉米、高粱、大麦、小麦等。其营养特点是：含无氮浸出物多，占干物质的 71.6% ~ 80.3%，含纤维素在 30% 以下，消化率高。这类饲料中淀粉占 82% ~ 90%，蛋白质占 8.9% ~ 13.5%，脂肪占 2% ~ 5%，含钙少(0.1%)，含磷多(0.31% ~ 0.45%)，维生素 A、维生素 D 及胡萝卜素含量少。谷实类饲料的营养成分的含量因品种、产地不同各有差异。

1.玉米 奶牛饲粮中,玉米的含量水平大于任何一种谷实类饲料。玉米含淀粉较多,易消化,但粗蛋白质含量少,平均为8.9%,赖氨酸、蛋氨酸与色氨酸缺乏,主要成分是玉米醇溶蛋白质。玉米中脂肪主要为不饱和脂肪酸,故磨碎后的玉米粉易于酸败变质,不宜长久储存。但未经加工的玉米直接用来喂牛,不能被完全消化,有18%~33%从粪水排出而浪费,因此常将玉米随粉碎随饲喂。

2.高粱 高粱喂牛的代谢能值为玉米的90%~95%,蛋白质量稍高于玉米,为8%~16%,平均为10%。高粱含有单宁,具有苦涩味,影响牛的适口性,不能饲喂过多,只是在日粮中作为配合料搭配饲喂。

3.大麦 大麦是奶牛较好的饲料。大麦粗纤维含量高,一般为7%,无氮浸出物低,其能值仅次于玉米。大麦含蛋白质多,一般为12%~13%,蛋白质质量也好,含蛋氨酸、赖氨酸和色氨酸较多。因大麦外层有质地坚实的粗纤维外壳包裹,故整粒饲喂时,常常因消化不全而从粪便中排出,营养价值不能发挥,应粉碎后饲喂。

4.麸皮 麸皮是小麦加工的副产品。它具有比重轻、体积大的特点,可用来调节日粮的能量浓度。麸皮具有轻泻作用,故产后母牛常喂麸皮粥,以调节消化机能。麸皮(麦麸)的化学组成见表3-8。

表3-8 麸皮(麦麸)的化学组成 %

名称	来源	干物质	蛋白质	粗脂肪	纤维素	无氮浸出物	粗灰分	钙	磷
麸皮	北京	88.03	18.8	3.70	11.11	61.00	5.38	0.06	0.92
麸皮	山东	88.17	15.76	4.70	11.63	62.21	5.70	0.19	1.10
麸皮	甘肃	88.93	16.30	4.50	9.12	65.91	4.17	–	0.73
麸皮	河南	88.96	18.79	4.77	10.52	60.61	5.28	0.17	0.96
麦麸	浙江	86.08	16.47	2.79	6.41	70.54	3.79	0.99	0.84
麦麸	河北	91.64	18.53	4.47	9.56	61.80	5.64	0.10	1.17

● 块根、块茎类饲料的营养特点

块根、块茎类饲料包括马铃薯、胡萝卜、甘薯、木薯、甜菜、饲用甜菜、芜菁等。含水量多，一般为75%～90%，干物质少，消化能为0.43～1.12 Mcal/kg，属大容积饲料；含淀粉多，纤维少，纤维素中不含木质素，能值与禾本科子实类相似；含钙、磷少，含钾多；蛋白质含量为1%～2%；维生素含量因种类不同而异，如胡萝卜含胡萝卜素多。块根、块茎类饲料适口性好，牛爱吃，含糖分多，故奶牛场常用其来提高产奶量和补充维生素。

1.胡萝卜 含水量89%。容积大、多汁，富含的胡萝卜素为母牛、幼犊及公牛重要的胡萝卜素来源。胡萝卜含蔗糖和果糖，适口性好，常将稻草与其一起蒸煮，以改善日粮口味，增加粗饲料的采食量，提高泌乳牛的产奶量。

2.甘薯 含水量70%～75.4%。粗纤维含量少，能量价值高，消化能3.3 Mcal/kg，粗蛋白质含量为3.3%～4.5%。饲喂时应切成片状或块状，大小应适中，防止引起食道梗塞。也有将甘薯蒸后饲喂的，即制作成甘薯粥倒入槽中与青贮拌后饲喂。黑斑病甘薯不要喂牛，防止发生黑斑病甘薯中毒。

3.甜菜 生产上多用制糖工业的副产品——甜菜渣。甜菜渣的粗纤维消化率较高，约为80%，消化能为3.2 Mcal/kg，并含有较多的钙(0.91%)。甜菜渣疏松，适口性较好，适于喂牛。饲喂时应注意：因甜菜渣中含有大量的游离脂肪酸，能刺激胃肠黏膜，如饲喂过量，易引起拉稀。干甜菜渣吸水性很强，为防止喂后在消化道内吸水膨胀，应先用水浸泡后再喂。甜菜渣含钙0.91%，含磷0.16%，如大量饲喂时，应补加含磷的矿物质饲料，以防止钙多磷少引起钙、磷代谢失调。

● 能量饲料的加工

由于谷实类饲料种皮、颖壳致密、坚实，不易透水和软化，奶牛对其咀嚼不完全而直接进入瘤胃，同时完整的子实不易被消化酶和微生物作用而直接从粪中排出。因此，子实类饲料的加工目的是破坏其结构，便于消化酶和微生物的作用，以提高其消化率与利用效率。

1.磨碎 是利用机械的手段将玉米、小麦、高粱等子实粉碎。磨碎程度以粗碎粒为宜，直径为 1～2 mm，过细糊口，牛不爱吃。

2.蒸煮 对子实加热，如对玉米、大麦和高粱进行蒸煮处理，可使淀粉粒破裂、部分胶化，提高利用率。北京地区的一些奶牛场，将日粮中的玉米粉、高粱粉抽取 1/10，放入适量水中加热煮成粥料。熬粥时，可同时加入一定量的胡萝卜、白薯，煮成糊状，凉后倒入饲槽内与青贮一起饲喂，既可提高青贮的采食量，又有增加产奶量的效果。

3.水浸 将水加入饲料中，加水量根据需要而定，如拌混合料时加水量控制在饲料不呈粉尘状。压碎的谷物常呈粉尘状，加入适量的水能改进牛的适口性。

饲喂胡萝卜干、甜菜渣时，可将干燥的胡萝卜干、甜菜渣，浸泡 10～24 h 后饲喂。

每班饲喂的精料，应随拌随喂。不能早上拌的中午喂，中午拌的晚上喂，晚上拌的第二天喂。特别在夏天炎热时，更应注意，以防用水拌过的精料因存放时间过长而变质。

4.发芽 将玉米、大麦用水浸泡，置于 18～25℃，90%湿度条件下，使芽胚萌发，一般经 6～8 天即可食用。短芽：长 0.5～1.0 cm，富含维生素 E 和各种酶，能促进食欲；长芽：长 6～8 cm，富含维生素(胡萝卜素)。发芽后子实中，糖、维生素 A、维生素

B、维生素 C 与酶增加，具有清爽甜味，可补充高产牛、幼犊的维生素不足，特别是在营养贫乏的日粮中，添加发芽饲料收效甚大。

● 能量饲料在饲喂时应注意的问题

能量饲料是奶牛进行生理过程的能源基础，是充分发挥其生产性能的保证。

(1)能量饲料应按奶牛不同生理阶段合理饲喂。泌乳高峰时，应喂高能日粮。因为若此期日粮能量水平低，不能满足奶牛能量需要，易造成能量负平衡，不仅使产奶量降低，也易引起营养缺乏性酮病。泌乳后期或干奶期，如能量水平过高，易引起母牛体脂肪沉积，造成能量浪费，也易使母牛过肥，导致产后瘫痪、妊娠毒血症、酮病和瘤胃酸中毒的发生。

(2)大量饲喂高能精饲料，可使瘤胃内挥发性脂肪酸中丙酸比例增大，乙酸降低，乳脂率下降，故应注意粗饲料的供应。

(3)块根、块茎类饲料含水量多，如果喂量过多，能减少胃和小肠内的容积，从而限制干物质采食量，造成干物质进食量不足，故应控制饲喂量。

5 蛋白质饲料

蛋白质饲料是指在绝对干物质中粗纤维含量少于 18%，而粗蛋白质含量为 20%及 20%以上的饲料，如豆类、饼粕类、动物性饲料。

根据来源不同，蛋白质饲料可分为植物性蛋白质饲料、动物性蛋白质(哺乳动物、禽类和水生动物)饲料、非蛋白氮和单细胞蛋白质饲料。

● 蛋白质饲料对奶牛的营养作用

(1)蛋白质在奶牛机体内分布广泛。它是许多组织(包括保护组织)如骨骼、韧带、被毛、蹄壳、皮肤、肌肉、神经、血液、酶、激素、抗体、乳的主要成分,是奶牛生命活动(生长、发育、妊娠、泌乳)的物质基础。瘤胃微生物群具有分解饲料蛋白质和将其转化为自身蛋白质的能力,因此蛋白质饲料还能为反刍动物瘤胃微生物群合成蛋白质提供氮源。

(2)在新陈代谢过程中,细胞不断死亡,新的细胞不断增殖,蛋白质可作为修补组织器官的物质原料。

(3)机体内碳水化合物及脂肪不足时,蛋白质在机体内分解、氧化释放能量,以满足奶牛能量的需要。

● 植物性蛋白质饲料

1.营养特点 家畜日粮中80%以上的蛋白质由植物提供。奶牛所需要的氨基酸主要来自植物性蛋白质饲料,如豆科子实、油饼等。其营养特点是蛋白质含量丰富,为20%~40%,无氮浸出物含量较少,为28%~62%。植物性蛋白质饲料的种类、来源、加工方法不同,其营养特点也各不相同。

(1)豆类子实。蛋白质含量丰富,消化能偏高;脂肪含量较多,能量价值高于玉米。因赖氨酸含量较多(1.8%~3.09%),故为植物性蛋白质饲料中品质最好的一类。维生素 B_1 和维生素 B_2 含量多,含磷多,而含钙少。豆类子实蛋氨酸含量少,低于动物性蛋白质饲料。

(2)豆饼。是奶牛重要的植物性蛋白质饲料。蛋白质含量为40%~50%,品质好,约含赖氨酸2.5%,但蛋氨酸的含量少。粗纤维5%,灰分6%,钙、磷含量都较多。

(3)棉子饼。蛋白质含量为33%~40%,因品种和加工方法而变化，其中赖氨酸、蛋氨酸含量少。棉子饼的粗纤维含量较多，加之其含有的棉酚可与蛋白质结合，故对蛋白质和碳水化合物的消化吸收有一定影响。

(4)花生饼。含蛋白质38%～43%，赖氨酸1.5%～2.1%，蛋氨酸少；含粗纤维7%～15%，因带壳多少而异。花生饼适口性好，牛爱吃，是优良的饼类饲料。

(5)亚麻饼(胡麻饼)。蛋白质含量34%～38%，赖氨酸1.2%～1.4%，粗纤维约7%，钙约0.4%，磷0.83%。胡麻饼为奶牛的一种优质饲料，它所含的黏性物质，可以吸收大量水分而膨胀，延长饲料在瘤胃中的停滞时间，有利于瘤胃微生物群对饲料进行充分消化，提高饲料利用率。这些黏性物质能润滑胃肠壁，对胃肠黏膜起保护作用，防止胃肠黏膜机械损伤和便秘。

(6)葵花饼。不去壳的葵花饼含蛋白质17%，含粗纤维39%；去壳较多的葵花饼含蛋白质28%～44%，粗纤维9%～18%，赖氨酸1.05%～1.16%，蛋氨酸0.75%～0.88%。与其他饼类饲料配合喂牛，可提高葵花饼的利用率。

2.饲喂植物性蛋白质饲料应注意的问题 植物性蛋白质饲料中，有的含有一定的抗营养因子，由于未经加工调制或加工调制不当，或饲喂量过多，或因保管不当而发霉变质等，饲喂牛后，饲料在瘤胃中微生物群或在胃肠道消化酶的作用下，其所含有害因子可呈现毒性作用，引起奶牛中毒，故应引起注意(表3-9)。

表3-9 植物性蛋白质饲料对奶牛的毒性作用与处理办法

名称	抗营养因子	毒性作用	处理办法
大豆	蛋白酶抑制剂、致甲状腺肿素、生氰素、抗维生素、金属结合因子、植物血凝素	影响牛的适口性、消化性和生理过程，腹泻，增重缓慢	加热如烹煮、热炒，发芽，发酵，可减少毒性

续表 3-9

名称	抗营养因子	毒性作用	处理办法
大豆饼	低温下制饼,可存在尿素酶、胰蛋白酶抑制因子	影响牛的适口性、消化性和生理过程,腹泻,增重缓慢	加热 110℃ 3 min 可使活性消失
棉子饼	棉酚和环丙烯脂肪酸	引起牛棉子饼中毒,表现腹泻、黄疸、目盲、脱水、死亡	控制喂量,增加日粮蛋白质水平;加热,蒸、炒 1 h;补硫酸亚铁,维生素A,钙
亚麻子饼	亚麻苦苷	亚麻苦苷 $\xrightarrow{\text{亚麻苦苷酶}}$ 氢氰酸,引起组织缺氧,牛流涎,肌肉震颤,腹痛,臌胀,腹泻	喂量不要过大;亚麻子饼浸泡后再煮熟10 min
花生饼	易为黄曲霉菌所寄生,可产生黄曲霉毒素及促进中毒和致癌的亚硝胺,抑制体内合成蛋白质,干扰新陈代谢	过食后引起泻下,毒素对幼畜毒害大,可以通过牛乳危害人体,有致癌性质	加强饲料保管,防止霉变,低温、干燥,加入化学防霉剂,防止霉菌污染
蓖麻子饼	蓖麻毒素、蓖麻碱	引起牛中毒性肝炎、肾炎,出血性胃肠炎,流产,呼吸中枢、血管运动中枢麻痹	加强蓖麻子实保管;加热 60 ~ 70℃;10%食盐浸泡 6 ~ 10 h 后再喂;中毒牛的乳含有蓖麻毒素,不能饮用
菜子饼	硫葡萄糖苷经芥子酶水解成异硫氰酸盐和噁唑硫烷酮	毒害肝脏和甲状腺,牛流涎,不安,胃肠炎,腹泻,心力衰竭,死亡	控制喂量;日粮中补加磷;中毒者可用葡萄糖、抗生素和镇静剂

● 动物性蛋白质饲料

动物性蛋白质饲料包括肉类加工副产品、禽和禽类加工副产品、乳与乳品加工副产品和鱼加工副产品,通常有鱼粉、血粉、肉骨粉和蚕蛹粉等。

1.营养特点 蛋白质含量多,除乳品、肉骨粉外,动物性蛋白质饲料蛋白质含量为55.6%~84.7%,含赖氨酸多,蛋氨酸少。含碳水化合物少(乳品除外),粗纤维含量几乎等于零。粗脂肪多,能值较高,因此不易保存,易酸败而使饲料适口性降低,使其中所含的维生素A、维生素E等被氧化破坏。灰分含量多,其中钙、磷含量均多,比例合适,利用率高。维生素中以核黄素、维生素B_{12}含量较多。

2.几种常用的动物性蛋白质饲料

(1)鱼粉。由于鱼粉的来源、加工方法不同,其质量差异颇大。

①优质鱼粉。蛋白质含量53%~65%,灰分15%~22%,脂肪在10%以下,盐分在4%以下,钙3.8%~4.5%,磷2.5%~3%。赖氨酸、蛋氨酸、胱氨酸、色氨酸、维生素A和B族维生素含量多。

②等外鱼粉。蛋白质含量40%,灰分27%,脂肪4.6%,钙约6%,磷少,盐在4%以下。

③劣等鱼粉。蛋白质含量20%,灰分35%,盐分15%,并有沙门氏菌。

(2)肉骨粉。蛋白质含量多,消化率高达82%,赖氨酸多,蛋氨酸、色氨酸少,泛酸、核黄素、烟酸、维生素B_{12}含量多,维生素A和维生素D缺乏。

3.饲喂动物性蛋白质饲料应注意的问题

(1)鱼粉内脂肪含量较多,如果饲喂过多,能使乳汁中出现鱼腥味而影响鲜奶品质,因而饲料用鱼粉脂肪含量不宜超过9%,在日粮中,鱼粉饲喂量不能超过10%。

(2)鱼粉适口性较差,用量过多容易引起奶牛腹泻。

(3)新蚕蛹含水分多,不易保存;干蚕蛹含脂肪多,容易腐败变臭,影响适口性。

(4)动物性蛋白质饲料价值昂贵,成本高,故应尽量利用植物性蛋白质饲料来满足奶牛对蛋白质和氨基酸的需要。

（5）值得注意的是，由于疯牛病的发生，现在规定，动物性饲料如肉骨粉等，不能用来喂牛。

6 矿物质饲料

● 矿物质饲料的生理作用

（1）矿物质是机体组织的重要成分，占体重的4%～5%。钙、磷、镁是骨骼、牙齿、毛、蹄、角、肌肉、血液的组成成分，铜、锌、锰、钴是酶、激素和某些维生素的组成成分。

（2）能调节体液（血液、淋巴液）的渗透压，保持体液的稳定，从而维持细胞正常的生理活动。

（3）维持血液酸碱平衡。血液中的缓冲物质（碳酸盐、磷酸盐）能中和酸、碱，维持血液pH值的稳定。

（4）激活酶活性，增进消化。

（5）维持神经、肌肉的兴奋性。

● 奶牛常需的几种矿物质

1.钙

（1）分布。钙是畜体灰分的主要成分，占70%，机体总钙量的99%以羟基磷灰石的形式存在于骨骼中，1%的钙存在于血浆和软骨中。血钙是恒定的，北京黑白花奶牛血钙含量为8～12 mg/dL，通常以游离钙（占60%）、蛋白质结合钙（占30%）和与有机酸、无机酸结合的化合物状态如磷酸钙、柠檬酸钙（5%）等3种形式存在。

正常情况下，成年奶牛骨组织含灰分25%～30%。其中，钙占36.5%，磷占17%，钙、磷比约为2:1。

（2）影响钙、磷吸收的因素。其一，胃肠道内容物的酸碱度。

酸性环境下,钙、磷溶解度增强,易于吸收;碱性环境下,钙、磷溶解度降低,吸收率也降低。其二,饲料中钙、磷的含量与比例。当饲料中钙含量多,多余的钙可与磷酸根结合形成磷酸钙而发生沉淀,或饲料中磷含量多,多量的磷与钙结合也会形成不被吸收的磷酸盐,结果使磷或钙吸收率降低。饲料中钙、磷含量多,而比例不当,虽然其绝对吸收量增多,但吸收率降低;饲料中钙、磷含量较少,而比例适当,虽然绝对吸收量减少,但吸收率升高。

(3)与维生素 D 的关系。维生素 D 具有转运钙的功能,它能使钙与蛋白结合形成蛋白结合钙,促进其吸收。当维生素 D 不足或缺乏时,所形成的蛋白结合钙减少,则钙的吸收出现障碍。

(4)钙对机体的影响。钙含量不足或过多都会引起机体的钙、磷代谢紊乱,致使骨骼发生病理变化。犊牛表现为佝偻病,成年牛发生骨软病。饲喂过量含钙丰富的饲料,能抑制瘤胃微生物群的活性,因而降低了日粮消化率。干奶期日粮含钙量过多,会抑制甲状旁腺的分泌机能,因而,由于骨中钙不能及时释放,同时消化机能减退,对饲料中钙的吸收量减少,分娩后,往往发生产后瘫痪。

(5)几种常用钙补充料。奶牛场内常用的钙制剂有碳酸钙和骨粉。碳酸钙(石粉)中纯钙含量达 38%左右,是补充钙质营养最简单、最便宜的矿物质饲料,按混合料的 2% ~ 3%补加。骨粉含磷 11% ~ 12%,钙 31%,日粮中用量为 1.5% ~ 2.5%。

2.磷

(1)分布。机体内有 80%的磷储存在骨骼和牙齿中,其余 20%的磷以核蛋白的形式存在于细胞核中。黑白花奶牛血浆磷的含量:犊牛为 3.2 ~ 7.1 mg/dL,成年牛为 5.1 ~ 6.9 mg/dL。肌肉中的磷以磷酸肌酸、三磷酸腺苷 2 种磷酸化合物的形式存在。

磷是磷脂的组成物质,磷脂与蛋白质结合成为细胞膜的组织成分；磷是一磷酸腺苷、二磷酸腺苷、三磷酸腺苷的组成成分，在高能磷酸键中储存能量，供机体生命活动所需；磷是酶，如辅酶Ⅰ、辅酶Ⅱ、磷酸吡哆醛等的组成成分。血液中的磷酸氢钙、磷酸二氢钙是重要的缓冲物质，在调节血液 pH 值中起着重要作用。

(2)磷不足或过量对奶牛的影响。缺磷奶牛呈现出食欲不振、废绝和异食，营养不良，母畜消瘦、发情异常、配种不孕、泌乳量降低，犊牛出现佝偻病，成年牛发生骨软症。磷过高会造成甲状旁腺机能亢进，引起严重的骨重吸收。

(3)几种常用的磷补充饲料。用于补充磷的饲料有骨粉、磷酸钙、磷酸氢钙和过磷酸钙。磷酸钙[$Ca_3(PO_4)_2$]，含磷 20%，含钙 38.7%。磷酸氢钙[$CaHPO_4 \cdot 2H_2O$]，含磷 18.0%，含钙 23.2%。过磷酸钙[$Ca(H_2PO_4)_2 \cdot H_2O$]，含磷 23.6%，含钙 15.9%。

3.钠

(1)分布。钠在牛体内大部分以钠离子(Na^+)状态存在于细胞外液中。组织器官中血钠含量最多。北京黑白花奶牛血钠含量为312～364 mg/dL。肾、骨骼、肌肉、脑等都含有丰富的钠。

(2)钠对奶牛的作用。钠在调节晶体渗透压、维持膜电位和神经冲动的传递等方面起主要作用。钠和氯是维持细胞外体液渗透压的主要离子，并参与水代谢；钠和其他离子一起参与维持肌肉、神经的兴奋性，使其兴奋性增强，调节心肌活动；钠能刺激消化道黏膜，反射性增强消化液分泌和胃肠蠕动，并具有调味作用，能改善饮水和饲料口味，增加饮水量和增进食欲；唾液中钠离子以重碳酸盐形式进入瘤胃，能中和瘤胃中过量的酸，使瘤胃 pH 值处于稳定状态，为瘤胃微生物群的活动创造适宜条件。

(3)钠不足或过量对奶牛的影响。缺钠时，饲料利用率降低，奶牛生长迟缓，成年母牛产奶量降低、体重减轻。当缺水时如食入较多的食盐,可引起食盐中毒。高浓度食盐能刺激胃肠道黏膜,易引起胃肠炎、脑水肿和神经症状。

(4)钠的补饲。植物性饲料含钠和氯的数量较少,而含钾较多。奶牛随奶排出大量的钠,故钠在体内储备较少,因此日粮中应补加钠。食盐含钠 36.7%,补加量为精饲料的 2%,可与精饲料混合饲喂。为能满足其需要,很多牛场在运动场内设置食盐池,内放食盐,任牛自由舔食。

● 微量元素在奶牛饲养上的应用

1.添加微量元素时应注意的问题 奶牛每天采食的饲料品种较多,有粗饲料(秋白草、东北羊草)、青贮饲料、糟粕类饲料、青饲料(白菜、青草)和混合精饲料等。长期以来,在奶牛饲养过程中,日粮中未加微量元素,也未发现异常现象。近年来,随着对微量元素重要性的认识不断加深,除了在日粮中补加钙、磷、食盐之外,在全价平衡日粮中补加铁、锌、锰、钴、硒、铜、碘等微量元素也逐渐增多。为了充分发挥微量元素的生理作用,合理使用,防止盲目性,使用时应注意以下几点:

(1)动物需要的微量元素,主要来源于植物性饲料,植物中微量元素的含量又受土壤、水中微量元素的影响,故其缺乏症或过多症是地方性的。因此,应对本地区土壤、植被、饮水等的微量元素含量进行调查,做到心中有数。

(2)添加微量元素,应该做到缺什么、补什么,如无缺乏现象不宜补加。

(3)机体内各种微量元素的含量处于相对平衡的状态之中,补充时,应考虑各种微量元素之间的相互关系,防止一种元素增多而引起另一种元素的缺乏。

(4)已查明本地区存在着微量元素缺乏或过多,同时又出现了地方性营养缺乏症或过多症的地区,应及时采取相应防制措施，尽快消除其对生产造成的不良影响。

2.几种主要的微量元素

(1)钴。钴是维生素 B_{12}的组成部分。随饲料进入瘤胃的钴，被微生物利用合成维生素 B_{12}。维生素 B_{12}吸收入血，对代谢有重要影响。维生素 B_{12}通过转移甲基，合成蛋氨酸、胆碱等物质，减少肝细胞的脂肪沉积；维生素 B_{12}可参与丙酸代谢，将丙酸转变成葡萄糖，为机体提供能量；维生素 B_{12}可加强红细胞的生成。钴缺乏时，牛表现出慢性消耗性疾病，其特征是食欲缺乏，贫血，体重减轻。死亡病畜呈现脂肪肝、脾含铁血黄素沉着和骨髓萎缩。

(2)铜。饲料中的铜经小肠吸收，与血浆清蛋白结合，分布到各组织器官，到达肝脏的铜被肝实质细胞吸收和储存，牛肝(湿重)正常含铜 30～100 μg/g，低于此值为铜缺乏。日粮中铜缺乏时，血铜和肝铜含量减少。当血铜含量降到 0.2 μg/mL 时，造血机能受到干扰而引起贫血，牛呈现为低色素巨细胞型贫血，虚弱，关节肿大，毛色减退。

(3)锌。锌由小肠吸收入血与蛋白质结合，转运至各组织器官，并进入细胞内。分布于骨、肝、肾、横纹肌、心、胰、皮肤等。锌是硫酸酐酶、碱性磷酸酶、胰羧基肽酶的组成成分。缺锌时，核糖核酸聚合酶的活性降低，核糖核酸的合成减少，伤口愈合减缓，生长停滞，食欲缺乏，碱性磷酸酶活性降低，骨的致密度减低，骨的形成减慢，骨折不易愈合，骺生长面软骨细胞的分裂和增殖延缓，奶牛四肢易发生皲裂。

(4)碘。碘是甲状腺素和甲状腺活性化合物的组成成分。日粮中缺碘时，基础代谢降低，母牛发情不规律，妊娠母牛流产或胎儿死亡。产出幼犊体弱，甲状腺肿大，不会吃奶，皮下水肿，站不起来，体重小，生长缓慢，呈呆小症，种公畜精液品质下降，精液稀、活力差，或出现死精子。

(5)硒。在瘤胃微生物群的作用下,能将日粮中的无机硒变成硒代甲硫氨酸和硒代胱氨酸,由十二指肠吸收。吸收入血的硒与血浆蛋白结合,分布于肝、肾、肌肉之中。另外,红细胞、白细胞、核蛋白、谷胱甘肽过氧化物酶、细胞色素 C、醛缩酶等都含有硒。硒对机体生理机能的影响表现有:能保护细胞膜的正常生理功能,防止过氧化物对细胞膜的损害;促进抗体产生,增强机体免疫力,使免疫球蛋白 G(IgG)的水平升高;参与辅酶 Q 的合成,增强机体抗感染力;降低汞、铅、银、镉等重金属的毒性。饲料缺硒时,犊牛易发生营养性肌肉萎缩,以横纹肌、心肌变性和坏死为特征。成年母牛缺硒也会发生横纹肌变性,起立困难或不能起立。

生长于含硒量超过 0.5 mg/kg 土壤中的植物含硒量可达 4 mg/kg以上,饲喂家畜会引起硒中毒。

7 维生素饲料

维生素是维持奶牛正常生命活动所必需的一类特殊的有机营养物质。虽然它们不供给能量,不是机体组织的构造和修复的成分,但在维持生理功能上是不可缺少的物质。饲料中缺乏任何一种维生素都能引起特定的营养性疾病,即维生素缺乏症。现已知多数维生素是某些酶的辅酶或辅基的组成部分,在物质代谢中起着重要的催化作用。

在正常饲养管理条件下,自然界中新鲜的植物性饲料都含有大量的维生素或足够的维生素前体。奶牛物质代谢需要所有维生素,但是不一定所有的维生素都要从日粮中供给。由于奶牛瘤胃中微生物群能合成 B 族维生素和维生素 K,因此一般情况下不必从日粮中供给。

饲料种类、加工、储藏的条件不同,饲料中维生素含量变化甚大。往往因饲草品质较差、饲喂量不足，干草经阳光暴晒、雨淋，厩舍阴暗、阳光不足，饲喂大量玉米、青贮饲料等影响，奶牛仍有维生素缺乏发生，特别是维生素 A、维生素 D、维生素 E 的缺乏，应引起重视，奶牛生长发育不同阶段对维生素的需要量详见表 3-10。

表 3-10 奶牛生长发育不同阶段对维生素的需要量

类别	需要量		
	犊牛	成年牛	泌乳牛
脂溶性维生素			
维生素 A(IU/kg)	36~90	72~139	136~226
维生素 D(IU/kg)	8	6~8	6~8
维生素 E(IU)	30~40*	125~150*	125~150*
维生素 K(mg/kg)		瘤胃微生物群合成	
水溶性维生素			
维生素 B_1**(mg/kg)		瘤胃微生物群合成	
维生素 B_2(mg/kg)	0.035~0.045	瘤胃微生物群合成	
维生素 B_5(mg/kg)		瘤胃微生物群合成	
维生素 B_6(μg/kg)		瘤胃微生物群合成	
生物素(μg/kg)		瘤胃微生物群合成	
叶酸(μg/kg)		瘤胃微生物群合成	
维生素 B_{12}(μg/kg)	15~40***	肠胃内微生物群合成(离乳时)	

* 牛机体的需要总量；** 新生犊牛、小牛有时发生缺乏症；*** 每千克饲料干物质的需要量。

● 脂溶性维生素

本类维生素都可溶于脂类和常用的油脂溶剂，不溶于水。其吸收受各种因素所支配，如腹泻、胆汁缺乏时，脂溶性维生素的吸收大为减少。脂溶性维生素吸收后在肝、脂肪组织中可大量储存，当组织器官中的储存耗尽时，可出现缺乏症。

1. 维生素 A 绿色植物中富含类胡萝卜素。类胡萝卜素在消化道内经胡萝卜素分解酶的作用被消化吸收，并在肠细胞内和肝脏内转化为维生素A。维生素A具有多种生理作用,缺乏时可造成夜盲症,使上皮组织干燥和过度角化,导致干眼病,失明,下痢。母畜流产,胎儿畸形,繁殖障碍;幼畜生长缓慢,肌肉萎缩,骨骼厚度增加,运动失调,步态不稳和痉挛。

虽然植物中不含维生素A,但含有维生素A原。幼嫩苜蓿、胡萝卜、甘薯、优质干草都含有丰富的类胡萝卜素。

2.维生素D 植物中含有的麦角固醇及动物机体内含有的7-脱氢胆固醇,在日光和紫外线照射下可分别变为维生素D_2和维生素D_3。维生素D具有促进钙、磷吸收和在骨骼中沉积的功能,当缺乏时可导致钙、磷代谢紊乱,影响奶牛骨骼的正常发育,幼犊发生佝偻病,成年奶牛发生骨软症。维生素D食入量过多,易引起中毒,表现是由骨骼的钙化加速转变成溶骨现象加强,使骨骼疏松、变形和骨密度降低而发生骨折。干草、鱼肝油、动物性饲料都含有较多的维生素D。目前,已有人工合成的维生素D_2和维生素D_3。

3.维生素E 维生素E是一组有活性的酚类化合物,其中以α-生育酚的活性最高,极易氧化。它能改善氧的利用而促使组织细胞呼吸过程恢复正常。维生素E为天然的抗氧化剂,防止易氧化物质维生素A、维生素D、不饱和脂肪酸在消化道及内源代谢中氧化而失效,并能保护富含脂质的细胞膜不被破坏。维生素E对黄曲霉毒素、亚硝基化合物和多氯联二苯具有抗毒作用。

维生素E来源广泛,绿色植物、调制良好的干草、谷类子实、植物油(小麦胚油)和动物性产品都含有丰富的维生素E。

● 水溶性维生素

水溶性维生素包括B族维生素和维生素C。B族维生素分为2类:一类是"释放能量"维生素,其作用是作为食物在代谢过程中释放能量的辅助因素,有硫胺素、核黄素、泛酸、烟酰胺等;

另一类是“造血”维生素，其作用是核酸和红细胞形成的辅助因素，有叶酸和维生素 B_{12}。

反刍动物瘤胃内微生物群能合成B族维生素，其缺乏症多发生于幼犊。

维生素 B_1 缺乏，犊牛食欲不振、多发性神经炎。维生素 B_2 缺乏时口角、嘴唇破溃，食欲不振，脱毛，腹泻。犊牛缺乏泛酸时，表现食欲不振，皮炎，眼周围脱毛，坐骨神经和脊髓脱髓鞘。

8 添加剂饲料

添加剂饲料包括营养性添加剂和非营养性添加剂2种。营养性添加剂用于补充一般饲料中含量不足的营养成分，使饲料更臻完善。非营养性添加剂也称为生长促进剂，是一种辅助性饲料。其主要作用是保护饲料营养成分不受破坏，提高饲料保存质量，增进食欲，提高采食量和饲料利用率。使用添加剂饲料的目的是，促进生长，控制病原性感染，改善奶牛健康状况，增强抵抗力，充分发挥奶牛的生产性能。

● 营养性添加剂

1.微量元素添加剂 饲料不同，饲料中含有的常量元素及微量元素差异很大。在奶牛日粮中，不仅要注意常量元素钙、磷、食盐的供应量，还应考虑微量元素的供应量。干奶牛的微量元素需要量如下：每千克体重，铁(Fe)100 mg，钴(Co)0.1 mg，铜(Cu)15 mg，锰(Mn)60 mg，锌(Zn)60 mg，碘(I)0.6 mg，硒(Se)0.3 mg。

2.人工合成氨基酸 常用的有蛋氨酸锌和蛋氨酸羟基类似物。

蛋氨酸锌具有抑制瘤胃微生物降解的作用，添加后能提高产奶量,降低乳中体细胞数,并具有硬化蹄质和减少蹄病发生的作用。添加量为日粮干物质的0.03%~0.08%,每头每天5~10 g。

蛋氨酸羟基类似物具有提高瘤胃原虫数量,改善纤维消化,提高丙酸和乙酸的比例,促进脂蛋白合成的作用,故能提高乳脂率和校正奶的产量。当日粮精料水平高于50%,蛋白质水平低于15%时添加,用于产后100天内、日产奶量达23 kg的母牛,每头每天喂量20~30 g。

3.维生素添加剂 多系人工合成的各种维生素。添加量除依据营养需要的规定外,还需要考虑日粮组成,环境条件,饲料中维生素的利用率、稳定性及生物学效价。

由于饲料中含有的和瘤胃微生物的合成作用,维生素K和B族维生素数量一般可以满足奶牛产奶需要。饲料来源不同,烟酸数量变异很大,而且其生物学利用率低,特别是在泌乳早期,由于产后饲料成分和瘤胃内环境的剧烈变化,致使烟酸合成数量不足,需要由饲料补加。其作用是:改善泌乳早期奶牛能量平衡,提高干物质进食量,增进瘤胃微生物蛋白质合成,提高乳蛋白量。常应用于产奶量在8 000 kg以上的牛群及体重肥胖的干奶母牛。产犊前1~2周开始饲喂直到产后10~12周,以每天一次,每次6~8 g为宜。

● 非营养性添加剂

1.抗生素 抗生素对细菌具有抑制生长或杀灭作用;对机体有促进生长、提高饲料转换率、增进健康的作用。为了避免因畜禽使用抗生素对人体的影响,目前,四环素、青霉素等已限制在饲料中使用。新的畜禽专用的抗生素有杆菌肽、泰乐菌素、竹桃霉素、斑伯霉素、硫肽霉素和维吉尼亚霉素等。

2.防霉剂 饲料在收藏、保管时,由于受霉(真)菌污染而发霉、变质。污染了霉菌的饲料，营养价值降低，用这种饲料喂牛，常会影响奶牛食欲，使产奶量下降，重者可影响奶牛健康。为了防止饲料霉变，可使用防霉剂，如丙酸、丙酸钠等。

3.抗氧化剂 含脂肪量高的饲料如鱼粉、豆饼，易由于脂肪的酸败作用而氧化变质。为了防止其发生酸败氧化而失去营养价值，饲粮中可加入乙氧基喹啉、丁羟甲苯(BHT)、丁羟甲氧基苯(BHA)和乙氧基喹(山道喹)等。

4.调节瘤胃代谢药 瘤胃素(莫能菌素)是链霉菌菌株的一种发酵产物，可促进饲料转化为丙酸，提高饲料转化率，减少饲料消耗，促进体重增长。瘤胃素还能降低酮病、瘤胃臌胀的发病率，预防艾美耳属球虫病的发生。

5.缓冲剂 饲料中添加碳酸氢钠、氢氧化钙、氧化镁等缓冲物质，可防止瘤胃 pH 值骤然变化，保持瘤胃内环境的相对稳定性，使瘤胃微生物群不致因内环境的变化而改变，保持瘤胃消化机能，防止发生消化不良和瘤胃酸中毒。

碳酸氢钠常用于日粮中精饲料水平过高，玉米青贮喂量过多，干草进食量少，乳脂率过低及热应激等情况。其添加量按混合料计，用量为 1.5%～2.5%。饲喂后可提高产奶量、乳脂率(表3-11)。碳酸氢钠还有促进食欲，提高采食量的作用。在日粮为 50%精饲料、50%玉米青贮中加 0.8%碳酸氢钠喂奶牛，每天每头奶牛总进食量增加2.1kg。在泌乳初期，不仅能增进食欲，

表 3-11 添加碳酸氢钠、氧化镁对乳脂率及产奶量等的影响

项目	组别				$S\bar{x}$
	1	2	3	4	
增补碳酸氢钠(g/天)	0	91	182	272	
增补氧化镁(g/天)	0	45	91	136	
乳脂率(%)	2.78	3.22	3.36	3.63	0.12
产奶量(kg/天)	16.00	16.7	16.20	14.30	0.8
产脂量(kg/天)	0.42	0.52	0.54	0.49	0.05
精饲料消耗量(kg/天)	12.6	11.9	10.40	10.10	0.4

而且能促进消化。

6. 阴离子盐 阴离子盐是指由强酸和弱碱的金属元素所形成一类化合物，如氯化铵、硫酸铝、硫酸镁、硫酸铵、氯化钙等。添加阴离子盐能有效增加血液中游离钙的浓度。对于代谢病发病率高的高产奶牛群，阴离子盐具有以下几种作用：一是减少产后瘫痪、胎衣不下、真胃移位和乳房炎等疾病的发病率。二是提高产奶量。一个泌乳期可提高产奶量3.6%～7.2%。三是改善繁殖机能，使配种次数减少，受胎率提高，空怀期缩短。

奶牛阴、阳离子平衡用阴、阳离子之差表示，以每100 g干物质的物质的量表示。干奶牛日粮中阴、阳离子差通常为5～30 mmol，而理想的阴、阳离子之差应为－10～－15 mmol，由于高阴离子（Cl^-，SO_4^{2-}）水平的为酸性日粮，高阳离子（Na^+，K^+）水平的为碱性日粮，两者对奶牛所造成的反应不同，因此添加阴离子盐时应注意：

①阴离子盐常与酒糟、糖蜜或热处理大豆粕混合后制成阴离子添加料，再和其他饲料混合制成全混日粮饲喂。

②初产母牛不喂，只喂产前21天的经产母牛，每天喂量300～350 g，分2次饲喂。

③每周定期测尿液pH值，饲喂3天后尿液pH值应降低到6.2～6.7。

④必须了解饲料原料的矿物质含量。日粮中硫含量应达到0.4%，镁含量0.35%～0.4%，氯含量不超过0.8%，钙含量为1.0%～1.2%（干物质），磷含量为0.4%。

⑨ 饲粮配合

科学饲养奶牛就是以奶牛营养需要为基础，合理供应各类饲料，充分发挥营养物质的作用，以满足奶牛营养需要。为此，应按照奶牛饲养标准配合全价日粮供给奶牛，以达到充分发挥其生产性能，提高饲料转化率，获得明显的经济效益的目的。

● 日粮和饲粮

在饲养标准中，规定了在一定生产水平下所要供给每头奶牛的各种营养物质的数量，奶牛所需的这些营养物质均由饲料来提供。一昼夜内一头奶牛所摄取的饲料量，称为日粮。

实际上，在奶牛场内，奶牛的饲喂都是采用合槽群饲的形式进行的。因此，具体工作中通常采用的方法是为畜群配合大批饲料，然后按日分顿饲喂。这种按日粮需要，依不同饲料的百分比例配合而成的大批混合饲料，即称为饲粮。

● 饲粮配合的要求

(1)配合饲粮首先应以饲养标准为依据，即具有科学性。由于自然环境条件的差异对饲料品质的影响及奶牛生产水平和健康状况的差异，在实际应用中，应从本场具体情况出发，依饲养标准作相应调整。

(2)配合饲粮时，不仅需要一个合乎本场的营养需要量(或供应量)，而且还必须有一个合乎本场的饲料营养成分表。这是因为饲料营养成分表是能否配合一个全价平衡日粮的关键。饲料中各种营养成分的含量因地区不同而有差异。如果饲料营养成分表中饲料的营养成分含量与饲料营养成分实际含量相差较大，将导致日粮中营养成分与实际需要的差异。日粮营养成分不足，奶牛不能得到必要的养分，则代谢失调，影响生产；日粮养分过高，不仅造成饲料浪费，还会影响奶牛的健康。例如，给干奶牛饲喂营养水平高的日粮，因牛肥胖，容易引起产后酮病、脂肪肝的发生。

(3)日粮应具有适口性好、易消化的特点。饲料应多样化，防止单纯,严禁有发霉、变质饲料混入。

(4)饲料的选择应从消化特点出发。为了促进瘤胃内微生物群生长繁殖,可适量利用粗饲料。

(5)日粮要经济。为了提高经济效益,应选用既营养丰富而又价格低廉的饲料,以降低饲养费用。

● 饲粮配合的方法、步骤与示例

1.方法

(1)方形法。它是一种平衡某一营养需要的方法,多用于猪的日粮配合,不考虑维生素、矿物质以及其他营养物质的需要。

(2)试差法。为目前生产中所普遍采用的方法。它计算简便,容易掌握。

(3)电子计算机法。即利用电子计算机设计饲粮配方法。方法是,把各种饲料中所含的营养成分和单价,饲养标准所要求的各项营养素的需要量,输入计算机内储存,再输入计算机程序,即所谓线性规划,计算出各种营养素都符合营养需要的最低成本配方。

2.步骤 奶牛饲粮配合步骤如下:

①根据不同生理阶段选择有代表性的奶牛,以该牛的需要代表大群。

②从饲养标准中,查出并列举饲喂奶牛所需要的营养和营养供应量。

③确定现有饲料的各种营养成分。

④根据现有饲料的各种营养成分进行计算,并依此进行配合。

3.奶牛日粮配合举例 为一头体重600 kg,日产4%乳脂率牛奶15 kg的母牛配合日粮,每天饲喂的饲料有秋白草、玉米青贮、混合料。

第一步，从奶牛饲养标准查出体重 600 kg、日产牛奶(4%乳脂率)15 kg 的营养需要(表 3-12)。

表 3-12　奶牛营养需要量

营养需要	奶牛能量单位(NND)	泌乳净能(Mcal)	粗蛋白(g)	钙(g)	磷(g)
维持	13.73	10.30	524	36	27
生产	15	11.25	1 275	67.5	45
合计	28.73	21.55	1 799	103.5	72

第二步，以干草和青贮饲料来满足营养需要。给量按每 100 kg 体重喂干草 2 kg，3 kg 青贮代替 1 kg 干草计算。一般是每100 kg 体重喂 1 kg 干草和 3 kg 青贮，即体重 600 kg 的泌乳牛需干草6 kg、玉米青贮 18 kg。干草和玉米青贮可供营养物质见表3-13。

表 3-13　干草和玉米青贮可供营养物质

项　目	奶牛能量单位(NND)	泌乳净能(Mcal)	粗蛋白(g)	钙(g)	磷(g)
秋白草(6 kg)	6.42	4.80	408	24.6	18.6
青贮(18 kg)	5.40	4.05	240	15	9
合计	11.82	8.85	648	39.6	27.6
与需要比较	-16.91	-12.7	-1 151	-63.9	-44.4

不足的养分用精饲料供给，能量饲料的组成为，玉米 33%，高粱 33%，大麦 32%，骨粉 2%。经计算，每千克能量饲料中含 2.55 NND，粗蛋白质 91.4 g，钙 6.54 g，磷 5.7 g，1 NND 中含粗蛋白质35.8 g。

蛋白质补充料组成为，豆饼 50%，麸皮 48%，骨粉 2%。每千克蛋白质补充料中含 2.35 NND，粗蛋白 284 g，钙 8.4 g，磷 9.4 g，1 NND 含粗蛋白质 121 g。

第三步，计算补充能量和蛋白质饲料的数量。设需能量饲料 x 单位，蛋白质补充饲料 y 单位，则：

$$\begin{cases} x + y = 16.91 \\ 35.8x + 121y = 1\ 151 \end{cases}$$

解得：$\begin{cases} x = 10.51 \\ y = 6.40 \end{cases}$

则能量饲料需 4.12(算式为 10.51 ÷ 2.55) kg,蛋白质补充料需 2.72(算式为 6.40 ÷ 2.35) kg。

第四步,计算精饲料中的钙、磷含量(表 3-14)。

表 3-14 精饲料中的钙、磷含量 g

项 目	钙	磷
能量饲料(4.12 kg)	6.54 × 4.12 = 26.94	5.7 × 4.12 = 23.48
蛋白质补充料(2.72 kg)	8.4 × 2.72 = 22.85	9.4 × 2.72 = 25.57
合计	49.79	49.05
与需要量比较	− 14.11	+ 4.65

上述配合结果,钙缺 14.11 g,磷多 4.65 g,可通过碳酸钙补充钙。另外,日粮中还应供给食盐。食盐在精饲料中以 2% 的比例混合补加,在很多牛场的运动场内都设有食盐槽,奶牛可以自由舔食。

第4章 奶牛的饲养

奶牛饲养是指给奶牛提供充足的营养物质条件，采取科学的饲养方法以满足奶牛的营养需要，提高采食量，保证奶牛获得丰富的营养物质，使泌乳性能得到充分发挥，从而达到高产。

❶ 采食和采食量

● 采食与反刍

1. 采食　牛采食主要依靠灵活的长舌来完成，用灵活而有力的舌头卷食饲料和饲草，在下齿与上颌齿龈之间将其切断，并将粉碎饲料混合成食团送入胃中，摄取的饲料用臼齿磨碎。咀嚼次数可因饲料种类不同而异，咀嚼的作用是磨碎饲料，促进唾液分泌并与饲料混合,有利于吞咽。成年奶牛每个食块大小为140~160 g,其中干物质20~24 g,其余的是唾液和其他水分。

采食速度因饲料种类、形状、适口性等不同而异。切短的饲料比长干草采食要快,颗粒饲料比粉碎饲料采食快,秋白草要比稻草采食快。

2. 反刍 牛采食时,不经过细嚼就将草料咽入瘤胃。草料在瘤胃内被浸润和软化,经0.5~1 h,又被逆呕回口腔内,再仔细咀嚼后,再咽下,这一过程称为反刍。反刍的生理功能是使草料得到充分咀嚼,有利于消化。反刍时能于草料中混入大量的唾液,对瘤胃内因微生物发酵而产生的酸具有中和作用,同时有利于瘤胃内发酵所产生气体的排出,能促使食团通过网胃和瓣胃而移送到真胃。

● 影响采食量的因素

采食是反刍动物机体的本能,奶牛能否高产,除了本身的遗传因素外,与饲料的营养成分也有关系,更重要的是决定于对饲料的采食量。采食量多,从饲料中所获得的营养成分多,产奶量高;采食量少,从饲料中所获得的营养成分少,产奶量低。正常情况下,成年奶牛对干物质的摄取量,泌乳牛每头每天平均占体重的3%~3.5%,干奶牛约占2%。奶牛食欲调节机制和影响采食量的因素相当复杂(图4-1),目前有温热恒定说、葡萄糖或化学性质恒定说及脂质恒定说等,具体来讲采食量与饲料性质、机体状况、环境、内容物的性质和排空速度有关。

1. 饲料品质 饲料品质是影响采食量的主要因素。一般来说,饲料品质好、含能量高,采食量多;饲料品质差、含能量低,采食量有减少倾向。幼嫩、多汁、适口性好的饲料,采食量大;枯老、适口性差的饲草如秸秆、稻草,采食量少。新鲜饲料采食量大,发霉、变质饲料采食量少。饲料消化率越高,采食量越大,这是因为消化率高的饲料，能较快地由瘤胃内消失所致。日粮干物质的采食量与日粮含水量呈负相关，而随着日粮中性洗涤纤维含量的提高，干物质采食量下降。

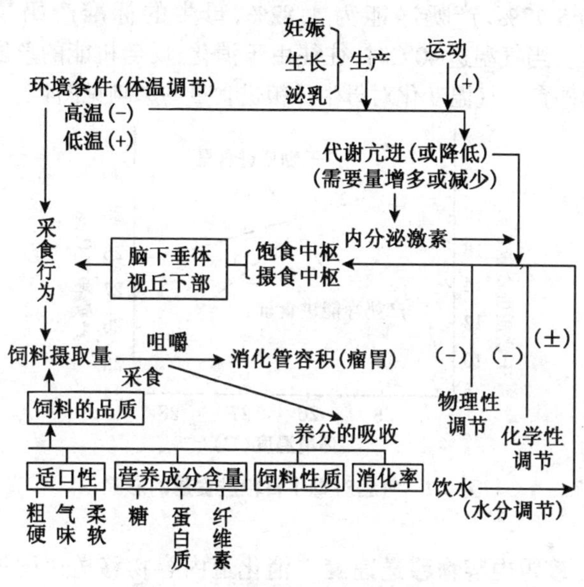

图 4-1　影响奶牛采食量的因素

2. 机体生理状况　机体生理状况不同采食量不同。奶牛在生长发育期、妊娠初期、泌乳高峰期，因所需养分增加，采食量增多；妊娠后期，因其养分需要减少，加之胎儿增大、瘤胃受到压迫，采食量减少。奶牛营养状况好，肥胖，体脂肪累积过多，采食量减少。疾病时，消化机能紊乱，食欲降低或废绝，采食量减少或停止；机体恢复时，消化机能逐渐恢复，采食量增多。

3. 环境温度　在低温环境下，反刍动物为了阻止体温下降而增加产热，故全身代谢加强，采食量增多；在高温条件下，奶牛通过水分蒸发降温困难，结果代谢热积累而体温升高，采食量减少。

据报道，当气温为26.66℃时，母牛体温上升，其生理机能和泌乳性能受到影响。试验证明，当气温超过25℃时，每升高1℃，母牛进食养分下降程度分别是，干物质为6.96%，总消化养分与消化能均为5.17%，产奶净能为4.82%，母牛的标准产奶量下降1.98 kg。当气温达40℃时，往往由于消化、反刍机能的急剧抑制而引起停食。气温变化对母牛日粮进食量的影响见图4-2。

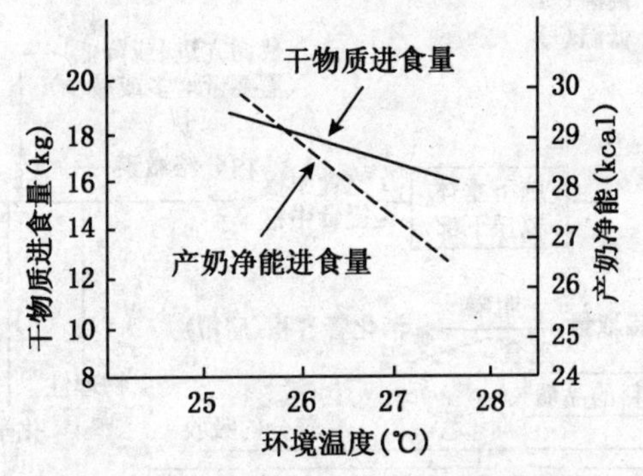

图4-2 气温对母牛日粮进食量的影响

4. 瘤胃内容物移送速度 消化道内容物移送速度可影响采食量，而移送速度又与饲料消化率直接相关。据报道，饲料中的不消化物部分，在采食后70~90 h出现，将不消化物完全排出体外需7~10天。采食的饲料中的不消化物在消化道各部位滞留的时间分别为：瘤胃、网胃约61 h，瓣胃约8 h，真胃约3 h，小肠约7 h，大肠约8 h。由于食物消化率不同，在消化道内滞留的时间不同，瘤胃内容物的移送速度也不同。长期饲喂未加工、粗劣、含纤维素多的难以消化的饲料，在消化道内滞留时间长，新的饲料进入瘤胃的量减少，采食量减少；将大麦秸秆加工调制，经粉碎或向饲料内加入尿素等氨源，其消化率增加，采食量增多。可见，内容物移送速度直接影响瘤胃及其他消化器官的充盈度，而采食量的多少受消化器官——瘤胃充盈程度制约。

5. 瘤胃内发酵产物 饲料在瘤胃内经微生物群发酵后，所生成的挥发性脂肪酸——乙酸、丙酸、丁酸的含量可影响采食量。乙酸含量增多，采食量减少；丙酸含量增多，采食量增多。因为，丙酸是糖的前体，能生成血糖，血糖稳定可促进食欲。乙酸含量增多而采食量减少，主要是由于血液中葡萄糖的含量增高受到限制的缘故。

6. 其他因素 拴系饲养采食量降低，自由采食可提高采食量；每天饲喂4次比每天饲喂2次采食量多；槽位宽松比槽位狭小的采食量高。

● 提高采食量的途径

提高奶牛采食量、减少各种因素对机体采食量的影响，这对奶牛场来说，是生产中值得充分重视的问题。这也是常说的"加强饲养"的具体内容。为了能增进奶牛采食量，应采取如下措施：

(1)加强饲草、饲料的收割、保藏，提高其品质。根据不同植物的生长发育时期，选择最适收割期收割，不能过早或过晚。过早，植物水分大，不易保存；过晚，因其生长期延长，植物枯老、变黄，品质下降。对已收获的饲草、饲料应加强保管，防止发霉、变质。为了提高饲料在瘤胃中的消化率，应做好饲料的加工调制工作，可采用粉碎、铡短、碱化及氨化等方法处理。

(2)根据奶牛不同生长阶段和生理状况，合理供应日粮。为防止母牛过肥而引起的采食量减少，应控制精饲料喂量、增加粗饲料进食量，减少体脂肪沉积。

(3)注意精粗饲料比例。在饲喂粗饲料时，应合理供应一定比例的精饲料，如玉米、胡萝卜、甜菜等。

(4)加强防暑降温设施，创造人工小气候，减少气温因素的影响，给牛提供舒适环境。特别在气温高时，更应注意。

(5)加强奶牛运动,提高机体抵抗力。

(6)使用全混日粮(TMR)饲喂,有利于提高采食量。过去惯用的精、粗料分开饲喂,使牛养成了挑吃精料而剩粗饲料的现象,致使精、粗饲料进食比例失调,而采用全混日粮饲喂后,由于日粮饲料完全充分地混合在一起,避免了牛挑食现象,提高了进食量。饲喂全混日粮可保证奶牛进食的饲料营养完善,提高饲料利用效率,防止因精饲料过高,粗饲料不足所引起的瘤胃酸中毒、肥胖母牛综合征等疾病的发生。

❷ 奶牛的营养需要

● 奶牛能量需要

1. 维持需要 所谓奶牛维持需要,是指奶牛在体尺、体成分都无变化时的能量需要,奶牛既不泌乳,也不繁殖。实际上这是不可能的,因为青年母牛仍在生长或处于妊娠状态,泌乳牛处于泌乳或妊娠状态。可见,维持需要只是一种理论值而已。

国内饲养试验表明,奶牛在中立温度下逍遥运动的维持需要 85 $W^{0.75}$(kcal)比较符合实际。在低温、高温环境中,能量消耗增加很多,这些增加的能量,可在维持需要中增加。由于第一、第二泌乳期奶牛的生长发育尚未停止,故可在其维持的能量需要基础上分别增加 20%和 10%。

2. 产奶需要 奶牛的主要生产性能是泌乳。乳汁中各种成分的形成,和泌乳有关的各种生理、生化过程都需要能量。产奶的净能需要是根据奶中的能量计算,乳脂率通常与乳的能量水平密切相关。

奶中能量(kcal/kg) = 9.27 × 乳脂量(g/kg) + 5.7 × 乳蛋白量(g/kg) + 3.86 × 乳糖量(g/kg)

按照上式推算,则平均每千克4%乳脂率的标准乳的能量为723 kcal。目前各国新标准中所采用的奶中能量不完全一致,英国、法国用750 kcal,美国用740 kcal。如按每千克4%乳脂率的标准乳的含能量为750 kcal计算,表明每产1 kg标准乳需要产奶净能750 kcal,这一数值不包括维持所需要的能量。因此,产奶量越高,每产1 kg牛奶所需的总能量就越少。

3. 体重变化与能量需要 当母牛日粮中能量不足时,机体就要动用体内储存的能量来满足产奶的需要,结果体重下降。当日粮能量过多时,多余的能量在体内储存起来,则体重增长。据Moe等(1974)对比屠宰试验,平均每千克增重或减重为6 Mcal。泌乳期间增重的能量利用效率与产奶相似,因此每增重1 kg约相当于需8(算式为6÷0.75) kg标准乳的产奶净能。减重的产奶利用效率约为0.82,故每减1 kg体重能产生4.92(算式为6×0.82) Mcal产奶净能,相当于6.56(算式为4.92÷0.75) kg标准乳。鉴于体重变化在饲养实践上有重要意义,在计算能量需要时应考虑体重的变化。

4. 奶牛不同生理阶段的能量需要

(1)生长的能量需要。生长时期的能量需要主要决定于增长速度,也与增长内容有关。由于年龄、增重速度及沉积的成分不同,每千克增重所需的能量差异较大。幼犊阶段,体重增加以蛋白质、水分、矿物质较多,脂肪较少;随着犊牛的生长,体内脂肪沉积的比例大于水分、蛋白质及矿物质的沉积比例。因此,随着家畜的生长,每千克增重所含的能量也不断增加(表4-1)。

其增重的净能需要可按下式计算:

$$\text{增重的能量沉积(Mcal)} = \frac{\text{增重(kg)}}{1 - 0.30 \times \text{增重(kg)}} \times [1.5 + 0.004\,5 \times \text{体重(kg)}]$$

表 4-1 不同月龄、不同增长速度牛每千克增重的能值 kcal

日增重 (kg)	月龄					
	3	6	9	12	18	24
0.8	2 992	3 300	3 700	4 090	4 990	5 900
0.45	2 400	2 600	2 400	3 300	3 590	4 180
0.34	1 892	2 000	2 200	2 290	2 900	3 190

(2)升乳期的能量需要。产后泌乳初期,母牛消化机能尚未完全恢复,食欲较差,能量进食量不足,机体为满足产奶需要,必将动员体脂分解来满足能量之需,故产后 15 天内,母牛体重减轻极为明显。在这一阶段内,应供应优质饲料,促进消化机能的恢复。在健康、采食量较好情况下,增加采食量,提高干物质的进食量。为促使泌乳高峰的尽早出现,可以逐渐加大精饲料喂量。

(3)泌乳后期及干奶期的能量需要。泌乳后期母牛处于妊娠后期阶段,此时,由于胎儿、胎衣、胎水及子宫的增长,其能量沉积明显增加(表 4-2)。因此,在维持需要的基础上应适当增加能量水平。Flatt 平衡试验表明,妊娠牛在妊娠最后 4~8 周,每天需额外增加 3~6 Mcal 的泌乳净能。法国 INRA 研究,应在妊娠第七个月增加 1.56 Mcal,第八个月增加 2.77 Mcal,第九个月增加4.50 Mcal产奶净能。能量过高或过低,都不利于母

表 4-2 牛妊娠各阶段子宫和胎儿的日营养沉积

项 目	妊娠时间(天)				
	141~169	169~197	197~225	225~253	253~281
日增重(kg)	0.24	0.32	0.43	0.54	0.67
蛋白质(g)	18.20	52.50	54.90	86.10	126.10
能量(Mcal)	0.11	0.20	0.35	0.61	1.03
钙(g)	1.00	1.90	3.20	6.20	7.90
磷(g)	0.60	1.10	1.90	3.10	4.70
乳腺的蛋白质沉积(g)			7.00	22.00	44.00

牛。能量水平过高,母牛过肥,影响繁殖率,产后母牛发情延迟,不育率高,产弱犊或易发生难产,乳腺内脂肪积存,泌乳能力降低,同时母牛产后酮病、瘤胃酸中毒、肥胖母牛综合征的发病率升高。能量水平过低,母牛得不到必需的能量,不利于体脂沉积,不仅影响体质恢复和体重增加,也直接影响到下一个泌乳期的生产性能的发挥。因此,合理地供应能量对奶牛具有十分重要的意义。我国试行的饲养标准指出,牛妊娠的代谢能利用率很低,平均为0.133。因此,1 Mcal 的妊娠能量所需代谢能为7.5 Mcal,即相当于4.87 Mcal 产奶净能。按此计算,妊娠6,7,8,9个月时,每天应在维持基础上增加1.00,1.70,3.00和5.00 Mcal 产奶净能。

● 奶牛蛋白质需要

1.成年母牛的蛋白质维持需要 由于机体蛋白质不断地新陈更替,处于动态平衡,因此,即使在饲喂饲料中不含蛋白质,粪、尿中仍排出稳定数量的氮。从粪中排出的氮称为代谢氮,来源于唾液、消化酶和消化道的脱落上皮细胞;从尿中排出的氮称为内源氮,来源于蛋白质降解产物和肌肉运动时肌酸转变来的肌酸酐。当尿氮降低到最低的恒定水平时,即可反映出机体维持状态时的蛋白质需要量。因此,可以看出,蛋白质维持需要量应是代谢氮和内源氮相加之和。国内氮平衡试验指出:维持的蛋白质需要为3.0 $W^{0.75}$时,平均每千克标准乳需要可消化粗蛋白质51 g,在此基础上加10%安全量,则每千克标准乳约需55 g可消化粗蛋白。按此计算,约为:

牛的维持可消化粗蛋白需要(g/天)= 2.84 $W^{0.75}$

2. 产奶母牛的蛋白质需要 产奶母牛的蛋白质需要以乳内蛋白质含量为确定依据,即根据乳蛋白含量和母牛利用可消化粗蛋白转成乳蛋白的利用率，估算出产奶的可消化粗蛋白需要量，并根据可消化粗蛋白需要量和消化率估算出粗蛋白需要量。据国外氮平衡试验，可消化粗蛋白质对维持和产奶的综合利用效率为 65%。由于乳脂率不同，牛奶中乳蛋白含量不同，产奶所需的可消化粗蛋白质量也不同(表 4-3)。

表 4-3 不同乳脂率和乳蛋白含量所需可消化粗蛋白

乳脂率(%)	乳蛋白*(g)	需可消化粗蛋白(g/kg)	需粗蛋白(g/kg)
3.0	27	41	66
3.5	29	44	68
4.0	31	47	72
4.5	33	50	77
5.0	35	53	82

*指每千克奶中乳蛋白含量。

由表 4-3 可见，如按每千克 4%乳脂率标准乳含蛋白质 31 g 计，每产 1 kg 标准乳需可消化粗蛋白 47 g，在此基础上加 10%安全量，即每千克标准乳需可消化粗蛋白约 52 g。

近年来研究指出，日粮蛋白质进入瘤胃后，经瘤胃微生物作用而被降解，未被降解的日粮蛋白(过瘤胃蛋白质)进入后部胃肠道消化。在满足合成菌体蛋白所需能量和氮源的条件下，菌体蛋白才能达到最大合成量。奶牛产奶量提高，所需蛋白质量增加，但因微生物蛋白质提供有限，故应有更多的非降解日粮蛋白质来满足奶牛的产奶需要。为了提高饲料中营养物质的利用率，使植物性蛋白质和非蛋白质含氮化合物合成营养价值较高的菌体蛋白，日粮中可添加限制性氨基酸。例如，奶牛日粮中添加蛋氨酸后，可增加体内氮的存留，提高产奶量和乳脂率。

3. 妊娠母牛的蛋白质需要 供应适当的蛋白质是保证母牛受孕和胚胎发育的重要条件。在妊娠母牛怀孕的最后 2 个月，胎儿和乳腺沉积的蛋白质增加很快，蛋白质需要量约比维持需要量高 80%。如果将可消化粗蛋白用于妊娠的效率按 65% 计算，小肠可消化粗蛋白质的效率按 75% 计算，在维持的基础上可消化粗蛋白的给量，妊娠 6 个月时为 50 g，7 个月时为 84 g，8 个月时为 132 g，9 个月时为 194 g。小肠可消化粗蛋白的给量，妊娠 6 个月时为 43 g，7 个月时为 73 g，8 个月时为 115 g，9 个月时为 169 g。

4. 生长母牛的蛋白质需要　反刍动物的生长为复杂生理过程，其生物化学的特点是合成代谢超过降解代谢。为了能培育出高产后代，生长期的营养条件特别是蛋白质的供应尤为重要。氮平衡试验表明，生长牛日粮可消化粗蛋白用于蛋白质沉积的利用效率因月龄、体重而不同。幼龄时效率较高，体重 40～60 kg 为 60%，70～90 kg 为 50%，100 kg 为 46%。其蛋白质维持需要因体重不同而异，200 kg 体重以下为每千克代谢体重 2.6 g，体重 200 kg 以上为每千克代谢体重 3 g。

生长牛每月增重的蛋白需要与维持蛋白需要之和即为所需可消化粗蛋白。也就是说，根据生长牛对蛋白质的利用效率与牛的日蛋白质沉积量，即可计算出增重所需要的可消化粗蛋白数量。

设增重的蛋白质沉积为 W_1，则

$$W_1 = \Delta W(170.22 - 0.1731W + 0.000178W^2) \times (1.12 - 0.1258\Delta W)$$

式中：ΔW 为日增重，kg；W 为体重，kg。

维持蛋白需要 $= 3 \times W^{0.75}$

日需可消化粗蛋白 = 增重的蛋白质沉积 + 维持蛋白需要

例如：体重 200 kg，日增重 500 g，日需可消化粗蛋白为：

维持需要 $= 3 \times 200^{0.75} = 160$(g)

增重需要 $= 0.5 \times (170.22 - 0.1731 \times 200 + 0.000178 \times 200^2) \times (1.12 - 0.1258 \times 0.5) = 75(g)$

总需要可消化粗蛋白 $= 160 + 75 = 235(g)$

● 奶牛钙、磷和食盐的需要量

1. 奶牛的钙、磷需要量

(1)产奶牛的钙、磷需要量。奶牛每天从奶中排出大量钙、磷。当日粮中钙、磷含量不足,钙、磷利用率过低时,常常会引起奶牛钙、磷代谢障碍,临床表现出骨质疏松症等。

根据冯仰廉等《奶牛营养需要和饲养标准》介绍,当进食钙与需要钙之比为 1.0～1.5 时,吸收率为 0.68;进食钙与需要钙之比为 2.0～2.5 时,吸收率为 0.41;进食钙与需要钙之比为 3.0～3.5 时,吸收率为 0.34;进食钙与需要钙之比为 4.5～5.0,吸收率为0.28。当进食磷与需要磷之比小于 1.5 时,吸收率为 0.58;进食磷与需要磷之比大于 1.75 时,吸收率为 0.39。根据国内平衡试验和饲养试验确定给量,则维持需要按 100 kg 体重给 6 g 钙和 4.5 g 磷,每千克标准乳给 4.5 g 钙和 3 g 磷可满足需要,即钙、磷比以(2～1.3)∶1 为宜。

(2)生长牛钙、磷需要量。维持需要按每 100 kg 体重给 6 g 钙和 4.5 g 磷,每千克增重给 20 g 钙和 13 g 磷,可满足需要。

2. 奶牛的食盐需要量 食盐的需要量,维持需要按每 100 kg 体重给 3 g,每产 1 kg 标准乳给 1.2 g,可满足需要。

③ 犊牛的饲养

● 犊牛消化机能的发育

1. 犊牛胃的发育 初生犊牛前胃(瘤胃、网胃、瓣胃)容积很小,机能极不发达。与此相比,皱胃占犊牛胃的最大部分,为消化的主要功能器官。吸吮反射使初乳或牛奶绕过发育不全的瘤胃和网胃经过食道沟直接进入皱胃,并在其中进行消化。随着犊牛月龄增长,并因采食固体物质(饲草、饲料)机械的刺激,瘤胃体积增大(表4-4)。同时,直接从环境中获得了瘤胃微生物群,使其消化机能趋向完善。

表 4-4 犊牛各个胃组织重量比的变化

(Warner and Flatt, 1965) %

组 织	周龄						
	0	4	8	12	16	20~26	34~38
瘤胃+网胃	38	52	60	64	67	64	64
瓣胃	13	12	13	14	18	22	25
真胃	49	36	27	22	15	14	11

瘤胃、网胃和瓣胃的发育受固体饲料影响较大,犊牛日粮仅用牛奶时,对前胃的发育几乎无何影响。由于固体饲料的物理性刺激以及瘤胃内发酵过程所产生的挥发性脂肪酸等化学性物质对瘤胃的刺激作用,才促使前胃发育。

物理性刺激可引起瘤胃容积及其肌层的增长,化学性刺激则促进了瘤胃上皮绒毛的发育。瘤胃内产生的挥发性脂肪酸中的丙酸、丁酸对绒毛发育有促进作用,而乙酸的作用较小。

早期断奶犊牛,由于停止饲喂牛奶和液态饲料,固体饲料进入瘤胃早,因而前胃的发育远比长期哺乳犊牛要快。用干草和人工乳饲喂的早期断奶犊牛,其瘤胃发酵机能发育大约在5周龄时完成,瘤胃内容物的移送机能大约在10周龄以后才能完成(表4-5)。

2. 微生物群的定栖 幼龄犊牛瘤胃内微生物群,从较早时期就已稳定,也受饲料和与母牛接触程度的影响。Bryant(1958)应用牛奶、干草和谷类饲料饲喂犊牛,其微生物群的变化情况是:1～3周龄时,瘤胃内微生物群与成年牛有明显的差异;6周龄时其菌群在很大程度上与成年牛相似;9～13周龄时,其菌群基本与成年牛相等,菌数与成年牛相同。纤维素分解菌在生后1周龄已有生栖,3周龄时厌气性乳酸菌数目增多。由于犊牛与母牛或与其他成年牛接触,瘤胃内原生动物也开始生栖。

表4-5 早期断奶犊牛瘤胃机能发育表

(大森,1969)

项　目	瘤胃内成分变化及分解力基本稳定时期
瘤胃内挥发性脂肪酸含量	人工乳采食开始　4～5周
瘤胃内挥发性脂肪酸比例	人工乳采食开始　1～2周
瘤胃内乳酸含量	人工乳采食开始　5周
瘤胃内氨含量	人工乳采食开始　5周
纤维素分解能力	人工乳采食开始　5～6周
瘤胃内容物液体部分的移送	人工乳采食开始　4～6周
瘤胃内容物的移送	人工乳采食开始　8～10周
瘤胃组织重量(体积比)	人工乳采食开始　10周以后

3. 反刍　犊牛出生后1周龄便开始吃饲草或褥草,犊牛的反刍,在生后1周龄前后出现,随着固体饲料进食量的增多,其反刍次数和反刍时间延长,一天采食量达1～1.5 kg时,反刍时间基本稳定。约出生后5周龄时,唾液腺分泌唾液量急剧增多,唾液中的重碳酸盐含量也几乎接近成年牛的水平。

●犊牛的饲料

哺乳犊牛的饲养和管理对于犊牛的生长、发育和健康极为重要。恩斯明格(1985)认为,由于营养缺乏和管理不善,犊牛发病率和死亡率高达20%以上。近年来,我国的奶牛场内,犊牛发病率升高,其中犊牛腹泻发病率和死亡率高达30%以上。因此,合理提供营养,满足犊牛的营养需要,加强管理则是犊牛哺乳期的关键。犊牛饲料通常有3种,即初乳、常乳(或代乳品)和犊牛日粮。

1. 初乳 奶牛分娩后最初的7天所分泌的乳汁称为初乳。初生犊牛生后的最初几天，主动免疫机能极低，这时主要是从初乳获得大量免疫球蛋白及比较全面的各种营养物质，通过被动免疫机制来增强抗病力，以防止各种应激和疾病的发生。

(1)初乳和乳汁中的免疫物质。初乳和乳汁中的免疫物质有免疫球蛋白、免疫活性细胞、干扰素、补体(C_3,C_4)和溶菌酶。免疫球蛋白包含有IgG、IgA和IgM。初乳中免疫物质的含量因动物种类、泌乳时间的变化而不同。动物不同，初乳免疫物质含量各异(表4-6)，挤奶次数增加，免疫物质含量减少(表4-7)。

表4-6 不同动物初乳和乳汁中免疫球蛋白的含量 mg/mL

种类	血清抗体的被动转移		初乳			乳汁			资料来源
	胎盘	初乳	IgG	IgA	IgM	IgG	IgA	IgM	
人	+++	-	0.3	12.0	1.2	0.1	1.5	0.1	Mcclelland(1978)
猪	-	+++	62.0	10	3.2	1.4	3.0	1.9	Bourne(1973)
牛	-	+++	75.0	4.4	4.9	0.35	0.05	0.04	Mach(1971)

(2)初乳对犊牛健康的影响。初乳对新生犊牛起着两个重要作用，即营养作用和免疫作用。这主要是由于它含有大量的能量物质和生物活性物质所决定。

①初乳与普通牛奶(常乳)比较，其干物质、蛋白质、脂肪、矿物质的含量都多，但脂肪球比普通牛奶少。因此，初乳在消化道内有良好的吸收率，为犊牛极好的营养物质。

②初乳中的维生素含量多，以第一次挤出的初乳含量最多，为犊牛提供了丰富的维生素来源。

③初乳中矿物质盐的含量比普通牛奶高1.5~2倍，其中钙、镁为犊牛生长发育的必需常量元素。第一次挤出的初乳镁含量为35 mg/dL，由于犊牛能获得较多的镁盐，对细菌性传染病具有稳定的抵抗力。初乳中含有较多的、具有重要生物学作用

的微量元素,如锌、铜、钴、锰等。每千克初乳中含锌 12.1～13.8 μg,铜 319～332 μg,钴 10.1～36.3 μg。以上这些微量元素对犊牛生命活动有着很重要的作用,可以预防因其不足而引起的各种缺乏症。

表 4-7　母牛初乳中免疫球蛋白随挤乳次数的变化

项　目	挤乳时间	平均	± *SE*	范　围
挤乳量(kg)	第一次挤乳	3.82	0.582	0.85～9.75
	第二次挤乳	2.78	0.473	0.35～9.0
乳清(%)	第一次挤乳	58	2.4	43～70
	第二次挤乳	63	2.0	43～75
IgG(mg/mL)	第一次挤乳	43.7	3.8	24～76
	第二次挤乳	27.3	4.0	5.6～69
IgM(mg/mL)	第一次挤乳	9.4	1.0	1.9～15.9
	第二次挤乳	4.3	0.68	1.0～11.5
IgA(mg/mL)	第一次挤乳	4.5	0.5	1.4～7.3
	第二次挤乳	2.4	0.74	0.5～5.5

④初乳中氨基酸的成分接近于新生犊牛的组织成分,蛋白质含量可达 10%～20%,且含有多量免疫球蛋白,这与犊牛健康和抗病力都有直接关系。资料表明,腹泻的犊牛血清免疫球蛋白低于健康犊牛,由于病犊牛粪内所见排出的 IgG 显著增多,故可作为判定病情严重程度的指标。通常认为,犊牛败血症与 IgM 不足有关,IgG 和 IgM 不足与腹泻有关。

(3)初乳饲喂时应注意的问题。

①初乳饲喂时间。新生犊牛的抗病物质主要为初乳供给免疫球蛋白,这种由母源性免疫球蛋白产生的免疫称为初乳免疫。研究表明,犊牛出生后 24～36 h 内,能吸收初乳中的免疫球蛋白,其中以出生后 4～6 h 吸收能力最强,36 h 后消失。因此,初乳饲喂愈早愈好,最好在出生后 0.5～1 h 饲喂,这是降低新生

犊牛下痢发病率最好措施。

②初乳饲喂量。据Stote(1979)报道，饲喂2 L初乳，比饲喂1 L和5 L初乳的吸收速度都要快。因此，初乳喂量要适宜，不能过多，也不能过少。

③初乳酸度。初乳的酸度为45~50 °T，使胃液呈酸性，能抑制有害细菌的繁殖。Kabak(1982)检查830头奶牛初乳样品，其中33.25%母牛的初乳酸度正常，为50 °T，有28.8%母牛的初乳酸度高达61 °T。酸度正常的母牛所生犊牛的死亡率为1.4%，而酸度升高到60 °T的母牛所生犊牛的死亡率达4.8%。用高酸度初乳饲喂犊牛，喂后当天或第二天就会发生腹泻，犊牛无吸吮反射，不吃奶。在这种情况下用抗生素、磺胺类药物治疗无效。为了改变这种现象，对酸度高的初乳用下述方法进行中和处理后，仍可继续利用。配方是氯化钠10 g，氯化钾0.05 g，氯化锰0.05 g，氯化钙1 g，碳酸氢钠10 g，葡萄糖50 g，水1 000 mL。混合均匀后，取500 mL该溶液可与2 kg初乳酸度中和，使其酸度正常化。这种处理后的初乳能改善新生犊牛的新陈代谢，减少腹泻发生。

(4)初乳的保存。装罐冷冻是很好的初乳储存方法。研究指出，在-20℃时把初乳保存几年，其品质无明显的下降。保存时可在初乳内添加各种化学物质如甲醛、苯甲酸钠、乙酸钠、丙酸钠、山梨醇、苯甲酸等。其中以添加苯甲酸钠或苯甲酸效果最好，能维持初乳pH值稳定，抑制微生物群的生长，不影响初乳中营养物质的含量。当初乳不足，如母畜死亡、缺奶或多胎时，可供犊牛之需。

2. 常乳和代乳品 用于犊牛初乳过后到断奶前的一段时间内。

由于初生犊牛胃中缺少足够的酶，对于非奶品饲料如谷物、蔬菜、饲草不能有效地利用，因此除饲喂初乳外，还可用代乳品。优良品质的代乳品是由相当大量的乳副产品如脱脂乳、乳清所组成,并注意补充动物或植物类脂肪、维生素和矿物质(表4-8)。

表4-8 犊牛代乳品的成分

成分	含量	成分	含量
粗蛋白(不低于)	24.0%	水分(不高于)	5.0%
粗脂肪(不低于)	10.0%	维生素A	1 000 IU/kg
粗纤维(不高于)	0.25%	维生素D_3	4 000 IU/kg
灰分(不高于)	9.0%	金霉素	0.25 g/kg

3. 犊牛日粮 犊牛日粮由混合料、青贮料、优质干草组成。饲喂犊牛日粮的目的是加速流食饲料向固体饲料转化,提高粗饲料的进食量,以促进瘤胃的发育。混合料可由30%豆饼、35%玉米粉、30%麸皮、2%食盐和3%骨粉组成。

● 犊牛的饲养措施

现在犊牛喂奶量有200~300 kg和150 kg,前者称为常规奶量饲养,后者称为早期断奶饲养。

1. 常规奶量饲养措施 犊牛生后10~20天称为新生期。饲喂5~7天初乳后,要改喂常乳直到断奶。

(1)喂奶方法。喂奶可用桶喂,其方法是用洗净的手,将食指与中指放入犊牛口中,以手指将犊牛嘴带进桶内,使犊牛吸吮手指同时吸进奶水。经过2~3天训练,慢慢将手指从犊牛嘴内抽出,犊牛即能自行吸吮乳汁。

(2)牛奶饲喂。犊牛哺乳期为100天,喂奶量为250~350 kg。哺乳量多少和哺乳期长短根据犊牛的发育、体质强弱和对精饲料采食量而定。常乳喂量因犊牛月龄增长而减少。具体喂乳比例:第一个月时占总喂奶量的40%,第二个月占35%,第三个月占25%。

(3)精饲料饲喂。犊牛出生后1周可开始饲喂少量精饲料,此称开食料。开始试喂时,可以将少量混料抹入嘴内,或放于食槽内，令其自由采食，或将少量精饲料置于乳桶底，能吃就吃，其目的是锻炼犊牛采食能力。开食料应由品质好、适口性强的饲料组成。通常由玉米粉40%，燕麦粉25%，豆饼23%，磷酸钙1.85%，食盐和其他微量元素1%，抗生素和维生素A 1%等组成。含总消化养分75%，含粗蛋白16%~18%。

(4)粗饲料的饲喂。犊牛出生后1周可以开始饲喂少量干草。干草应新鲜、幼嫩、柔软和品质好。干草可放于食槽和运动场内的草架上，让犊牛自由采食。尽早让犊牛采食优质干草，可以促使瘤胃机能提早发育，增进犊牛体质健康。

(5)饮水供应。2周龄时犊牛就应自由饮水。使牛养成自由饮水习惯可防止一次性饮水过多，水分大量被吸收，引起血液渗透压改变，红细胞溶解，造成溶血性血色素尿。

(6)犊牛日粮。为了能满足犊牛的营养需要，北京规范化牛场研究组提出了犊牛日粮营养标准(表4-9)，并在10个规范化牛场内试用。

表4-9 不同月龄犊牛日粮营养需要

生理阶段	月龄	达到体重(kg)	奶牛能量单位(NND)	干物质(kg)	粗蛋白(g)	钙(g)	磷(g)
哺乳期	0	35~40	4.0~4.5	–	250~260	8~10	5~6
	1	50~55	3.0~3.5	0.5~1.0	250~290	12~14	9~11
	2	70~72	4.6~5.0	1.0~1.2	320~350	14~16	10~12
犊牛期	3	85~90	5.0~6.0	2.0~2.8	350~400	16~18	12~14
	4	105~110	6.5~7.0	3.0~3.5	500~520	20~22	13~14
	5	125~140	7.0~8.0	3.5~4.4	500~540	22~24	13~14
	6	155~170	7.5~9.0	3.6~4.5	540~580	22~24	14~16

2. 早期断奶饲养措施 所谓犊牛早期断奶是指给犊牛饲喂奶量少，提早停奶的一种饲喂方法。其目的是使犊牛尽早采食固体食物，促进瘤胃发育，减少喂奶量，降低培育成本。试验证明，早期断奶法培育的犊牛的利用年限、终生产奶量、平均每

胎产奶量与常奶量培育的母牛相比，不仅没有降低，相反还有增加的趋势。

(1)饲喂措施。

①初乳期间每天喂奶3～4次，常奶可改为每天2次。

②从7日龄时可用奶拌精饲料令其舔食，随喂奶量减少，使其对精饲料采食量增加，此时可给予品质好的干草、青贮或青饲以锻炼其采食。

③30日龄以后，除了在食槽中给予精饲料、青贮和干草外，运动场内可设置草架，内放干草，令其自由采食。为补充胡萝卜素不足，每头牛每天可给0.5～1.0 kg胡萝卜等块根类多汁饲料。

④供应充足饮水。冬、秋、春季上槽时饮35℃温开水至45日龄，夏季可喂到30日龄。以后运动场内可设水池，令其自饮。如饮水不足，会降低饲料利用率，使体重增加缓慢。

⑤加强运动，锻炼体质，促进食欲。

(2)日粮安排。见表4-10。

表4-10 早期断奶犊牛各阶段的饲料给量

(北京农业大学，1980) kg

日龄	日喂奶量	阶段奶量小计	日喂精料量	日喂青贮	日喂干草
1～7	9	63	–	–	–
8～10	5	15	训练	训练	训练
11～20	4	40	0.25	0.5	0.01
21～30	3	30	0.5	1.0	0.1
31～60	–	–	1.0～1.7	2.0	0.2
61～90	–	–	1.7～2.0	4.0	0.3
91～180	–	–	2.0	5～6	0.5
总计	–	148	287	–	–

●犊牛管理

1. 新生犊牛的管理 犊牛出生后立即用清洁毛巾擦去口、

鼻、耳内的黏液，擦干牛体。当犊牛呼吸微弱时，应施行人工呼吸。挤出脐带内潴留的血液，距腹壁基部约 5 cm 处剪断脐带，断端浸泡于 5% ~ 10% 碘酊中 1 min。出生后 30 ~ 50 min 喂给第一次初乳，喂量约 2 kg，喂 5 ~ 7 天。称重，填写出生记录。

2. 标记　准确地给母牛标记是配种、产奶记录，免疫接种的基础。标记分永久性和非永久性 2 种。永久性的有烙印（酸烙、碱烙、火烙及液氮冻烙）、照片、花纹图及耳印；非永久性的方法有颈圈、标记漆号。

3. 去角　目的是防止牛伤人或伤害其他牛。去角方法有：

（1）电烙法。对 30 日龄前的犊牛电烙去角。

（2）苛性钠（钾）灼烧法，用于 1 ~ 3 周龄的犊牛。

（3）对较大犊牛和成年牛可用凿子或锯去角。

4. 切除副乳头　有的犊牛出生后，除了正常的 4 个乳头外，还多出 1 ~ 2 个乳头，这些多出的乳头称为副乳头。它们不仅影响外观，还会造成细菌感染而发炎。有的副乳头与正常乳头基部靠得很近，影响挤奶，故国外常将副乳头切去。

犊牛达到 1 ~ 2 月龄时，可将副乳头切除。方法是先消毒乳房，然后用锋利的弯剪将副乳头从基部剪掉，创口用 5% ~ 10% 碘酊消毒，以防感染。

5. 单圈饲养法　即将刚出生后的犊牛在单独的犊牛饲养栏内饲养，是一种个体饲养方式，一头犊牛从出生直到断奶，始终在一个圈舍内饲养，其优点是：

（1）圈舍通风良好，空气新鲜，光线充足，运动自由，可增强犊牛体质，提高抗病力。

（2）犊牛始终单独饲养在一个牛栏内，避免了互相吸吮、接触，减少了病原微生物的传播，可降低犊牛发病率。

（3）保证犊牛的进食量，避免了相互抢食现象。

（4）便于发现病牛，便于治疗和观察，对发病犊牛能起到隔离的作用。圈舍较小,便于清扫和消毒,有利于对疾病的控制。

(5)圈舍结构简单,建设成本较少。一旦疾病暴发,圈舍被病原微生物污染,可将犊牛栏消毒后移置于新的场地,便于犊牛饲养地的更新。

实践证明,犊牛单圈饲养法对于控制犊牛大肠杆菌的发生,降低犊牛脐带炎等,都起着重要作用。

4 后备母牛的饲养

犊牛自断奶后直到第一胎产犊前总称为后备牛。其中从断奶后到配种年龄称育成牛,从配种怀孕到产犊期间称青年牛。后备母牛饲养好坏,直接影响到牛只的发育、第一次发情、配种、产后产奶量。从断奶到 6 月龄之间,饲料质量发生了较大的变化,由断奶前的高质量饲料过渡到断奶后的质量较低饲料,因此这段时间应加强饲养,供给优质饲草,增强粗饲料的采食能力,精饲料每天喂 2.5 kg,干草自由采食。

1.7～12 月龄后备牛　7～12 月龄是后备牛发育最快的时期,发育正常时后备牛 12 月龄体重可达 280～300 kg。此期精饲料每头每天可供给 2～2.5 kg,粗饲料给量为青贮每头每天 10～15 kg,干草 2～2.5 kg。此期应防止营养水平过高所致的过肥。

日粮营养需要:奶牛能量单位 12～13 NND,干物质 5～7.0 kg,粗蛋白 600～650 g,钙 30～32 g,磷 20～22 g。

2.13～18 月龄后备牛　饲养中 13～18 月龄后备牛体重应达 400～420 kg。此期,精料喂量每头每天为 3～3.5 kg。粗饲料给量是青贮每头每天为 15～20 kg,干草 2.5～3.0 kg。

日粮营养需要:奶牛能量单位 13～15 NND,干物质 6.0～7.0 kg,粗蛋白 640～720 g,钙 35～38 g,磷 24～25 g。

3.19 月龄至初产后备牛 此期,后备牛体重应达到500~520 kg。为防止其肥胖致使临产时发生难产或其他疾病,从初妊开始,饲料喂量不能过量。精饲料每头每天为 3~3.5 kg,粗饲料给量为青贮每头每天 15~20 kg,干草 2.5~3.0 kg。

日粮营养要求是:奶牛能量单位 18~20 NND,干物质 7~9.0 kg,粗蛋白 750~850 g,钙 45~47 g,磷 32~34 g。

4. 后备牛饲喂注意事项

(1)任何情况下,后备牛不能过量饲喂,但也不能营养不足。用营养不足的日粮饲养的小母牛,因不能得到必需的营养物质,生长发育受阻,表现为到配种年龄时体重过小,发情周期推迟;过度饲养,小母牛因过多能量以体脂储存而过肥,发情配种不易受胎或产犊时发生难产。

(2)气温对后备牛影响较大。当气温在 26℃时,后备牛生长发育受影响,故应做好防暑降温工作。

(3)妊娠最后 2 个月宜洗乳房。对有吸吮其他牛乳房恶癖的牛只,应从牛群中挑出或带上笼头,防止因乳房被吸吮而产犊后瞎掉(不出乳)。

5 泌乳母牛的饲养

在母牛遗传因素的基础上,优良的饲养条件和科学的饲养方法,是充分发挥其产奶能力、提高终生总产奶量和总的经济效益的根本保证。因此,在饲养奶牛过程中,应尽可能地创造有利于发挥奶牛生产性能的各种条件,提供优良的环境,供应平衡日粮以促进高产。在饲养上,既要重视群体饲养,又要注意高产奶牛的个体培育,保证奶牛稳产、高产和健康,以获得良好的饲养效益。

● 泌乳母牛的饲养方法

泌乳母牛在整个泌乳期内各阶段其生理变化不同,在泌乳过程中所受外界环境(季节变化)的影响不同,因此饲养方法亦不同。

1. 阶段饲养法 本方法是根据生理变化和正常泌乳曲线的变化,将泌乳母牛分成不同的时期(或阶段)饲养的一种方法。各个时期(或阶段)有其不同的饲养类型和饲养特点。通常分为4个时期。

(1)第一阶段——产房期。指母牛分娩至产后第15天。母牛产犊后,身体虚弱,消化机能、子宫及全身状况都需逐渐恢复,故此期为母牛体质恢复阶段。因食欲不良,采食量减少,体重剧烈减轻。为增加采食量,防止过度减重,要供应优质的粗饲料和精饲料,在产后6~15天,每天约加精饲料0.5 kg,以提高日粮营养水平。此期精饲料按每100 kg体重1 kg供给,日粮中粗饲料与精饲料之比,按干物质计为54:46。

(2)第二阶段——升乳期。指母牛产后15~100天。这一阶段总的趋向是迅速达到泌乳高峰的时期,又称泌乳盛期。此期又可分为升乳初期与泌乳高峰期。

升乳初期:产后15天至泌乳高峰前,由于产奶量的上升与母牛分娩后食欲的恢复不能同步进行,母牛不可能采食足够的能量以维持产奶的需要,母牛处于能量负平衡阶段。黑白花奶牛产犊后4~6周已出现泌乳高峰,但食欲恢复和采食量增多须在产犊后8~10周,表明食欲完全恢复出现在泌乳高峰之后,母牛必将动员体脂分解来供能量之需要。为了减少体脂的动员,要给母牛优质、适口性好的饲料。在食欲状况良好的前提下,要最大限度地增加采食量,提高日粮浓度和干物质水平。

泌乳高峰期:母牛出现最高采食水平,体重趋于稳定,为保证泌乳高峰持续较长时间，能量给量应稍高于需要量(表 4-11)。

(3)第三阶段——泌乳中期。指产后 101～210 天。此期产奶量逐渐平稳下降，母牛全身健康状况恢复，因产奶而引起的营养负平衡消除，食欲良好，此期饲料应有充足的干草与青贮饲料，精饲料喂量应视产奶量而定。

表 4-11　母牛产后升乳阶段的能量给量

(北京农业大学，1980)

产后天数	体重变化(kg/天)	维持的产奶净能量(Mcal)	产奶的净能给量(Mcal/kg)	干物质给量
1～15	−1.5	$0.085W^{0.75}$	0.48	$0.062W^{0.75}+0.25$ g
16～45	0～0.2	$0.085W^{0.75}$	0.80	正常

(4)第四阶段——泌乳后期。指分娩后 211 天至停乳。该时期是产奶量下降期，营养供应的水平应视奶牛的体况和产奶量而定。给低产奶牛喂高水平的精饲料日粮，不仅造成饲料浪费，也易使母牛变肥，但高水平日粮对高产母牛则将起到恢复体力的作用。已知泌乳期用于增重的能量利用效率较高，与产奶相似，因此在泌乳后期增加一定体重以供下个泌乳期之需是较经济的。为提高全泌乳期总产奶量，不要过早停奶。

2. 引导饲养法　也称“阶梯”饲养法。引导饲养法指从奶牛干奶期最后 2 周至产犊后泌乳高峰，喂给高能量水平的饲料，并逐渐提高精饲料给量，直到每100 kg体重饲喂 1～1.5 kg 精饲料。本饲养法的目的是在泌乳期内，通过提供充足的可利用能量来满足机体产奶之需，有助于维持体重，降低酮病发病率，并能使奶牛尽早达到泌乳高峰，提高产奶量。

(1)引导饲养法的措施。

①在干奶期的最后 2～3 周即产犊前 2～3 周，每天给母牛饲喂精饲料 2 kg，然后每天在此基础上增加 0.5 kg，直到每100 kg体重能得到 1～1.5 kg 精饲料。600 kg 体重的母牛，每天

可喂给 6~9 kg 精饲料。分娩前给母牛加"迎头料",使母牛得到了较高能量,而过多的能量以体脂形式储存于体内,可作为产犊后泌乳所需的补充能源。因此,引导饲养法能够激发母牛产后表现出较高的产奶性能。

②产犊后,根据产奶性能及时调整精饲料与产奶量的比例。母牛产犊后 2 周,根据产奶量作第一次产奶量与精饲料比例的调整,泌乳期其余时间,根据每月产奶量调整精饲料与产奶量的比例。坚持每天增加 0.5 kg 精饲料,直到能达到最高产奶量;每月调整精饲料一次,使其达到最经济的程度。对于增加额外精饲料反应好、产奶量上升的母牛可坚持使用;而对于那些因增补精饲料却反应不好、产奶量上升不明显或不大、经济效果不好的母牛,应及时削减日粮中精饲料水平。

(2)引导饲养法的优点。

①产犊前日粮中提高精饲料饲喂量,能使瘤胃微生物群在高精料环境中得到调整,并能使其逐渐形成消化高精料水平的能力。随着精饲料饲喂量的逐渐增多,母牛对精饲料已经有了适应过程,产犊后易保持精饲料的进食量,可避免因产后突然增加精饲料而引起瘤胃内环境和微生物群的剧烈变化,减少消化机能紊乱的发生。

②产犊后加喂较多的精饲料,为泌乳初期提供了充足、丰富的能量来源,有利于促使产后母牛泌乳高峰的尽早出现,保持全泌乳期有较高的产奶量。

③产后能量进食量大,减少了母牛体脂肪的分解,有助于缓解能量负平衡和体重的减轻程度,降低产后酮病的发病率,促进繁殖机能的正常化。

(3)引导饲养法存在的问题。

①用引导饲养法饲喂的奶牛群,虽然吃进了较多的额外精饲料,但不一定能获得高产,故造成了饲料的浪费。

②由于精饲料用量长期过多，致使瘤胃中 pH 值降低、乳酸蓄积，易导致母牛瘤胃酸中毒和妊娠毒血症的发生。

3. 分群饲养法 在超过 200 头的产奶母牛群中，根据生产性能和生理阶段的不同，将奶牛分群饲养的一种方法。通常可分为高产奶牛群、普通奶牛群和干奶牛群。高产奶牛群指胎次产奶量在 7 000 kg 以上、母代产奶量在 7 500 kg 以上的后备牛组成的牛群。这种牛群在生产上常称为“核心牛群”。高产奶牛群的标准可根据本场生产奶量而定。普通奶牛群指胎次产奶量一般(7 000 kg 以下)，尚未停奶的奶牛组成的牛群。干奶牛群即指将高产奶牛群、普通奶牛群中已经妊娠停奶的母牛集中饲养的牛群。分群饲养法的优点如下：

(1)便于合理安排饲料，提高饲料利用率。奶牛群不同，其饲料成分亦应不同。高产奶牛群应饲喂优良品质饲料组成的高营养水平的日粮，普通奶牛群和干奶牛群分别饲喂其各自的日粮，使母牛都能获得自己所需的营养成分，减少了饲料浪费。

(2)便于统一管理，避免混群饲养(高产奶牛、低产奶牛、干奶牛一起饲喂)使高产奶牛营养不足，低产奶牛或干奶牛因能量过剩、发胖而发生肥胖母牛综合征，减少难产、繁殖率低、低产、低干物质消耗和新陈代谢紊乱等现象的出现。

母牛生产性能、生理状况不断变化，因此要随时观察母牛的各种表现，根据产奶量、妊娠、分娩而随时变更牛群。

4. 季节饲养法 环境因素中的气象因子如刮风、下雨、寒冷、炎热等都能影响泌乳量。季节不同，气候也随之变化，母牛产奶量也受其影响。

所谓季节饲养法，是指根据季节变化而不断调整奶牛日粮营养水平，以求始终能满足母牛所需营养水平的饲喂方法。其主要目的是通过合理的营养供应，减少气温对奶牛的不良影响，促使母牛达到全年稳产、高产的目的。

(1)春季饲养。此期从3月中旬至5月下旬,平均气温10～15℃,为奶牛最适的季节。由于新陈代谢旺盛,机体换毛等生理特点,应适当增加日粮中的蛋白质和能量水平。

(2)夏季饲养。此期从6月上旬至9月上旬,平均气温为30℃。气温升高,对奶牛影响颇大,具体表现出:

①食欲减退。奶牛对精饲料和粗饲料的进食量减少。

②产奶量下降。据报道,北京黑白花奶牛,当气温由25℃再升高1℃,母牛标准产奶量下降1.98 kg,干物质进食量下降约6.9%。

③体温升高,气喘,也有的因散热障碍、体温过高,发生热射病而死亡。

鉴于气温升高对母牛的影响,除应加强防暑降温工作和完善防暑设施外,尚应采取:供给适口性好、品质优良的饲料,按产奶量适当增加精饲料比例,提高日粮能量与蛋白质浓度。对于日产奶量在25 kg以上的母牛,应加强夜班和早班饲喂,精饲料中班少给,早、晚两班多加,为能增加粗饲料的进食量,运动场内可架设草架、食盐槽,任牛自由采食,并供应充足清水。调整母牛产犊时间,产犊期应错开夏季。

(3)秋季饲养。从9月中旬至10月下旬,平均气温20～25℃,能量、蛋白质水平略低于夏季,调整粗纤维与干物质的比例,增加粗饲料的饲喂量,促进体质恢复。

(4)冬季饲养。从11月上旬至3月上旬,平均气温为-10～5℃。冬季气温较低,奶牛消耗能量多,吃进食物的能量很多要用于维持体温。另外,低温可影响干物质的消化率,Young研究指出:母牛在低温条件,日粮中干物质消化率有下降趋势,当温度平均下降1℃时,其消化率降低0.24±0.06。因此,在满足母牛营养需要的同时,应加强防寒保温工作,如饮水加温,牛棚门窗遮蔽,运动场勤垫褥草,架设防风障等。

● 泌乳母牛的饲养技术

胎次产奶量超过 6 000 kg 的成年泌乳母牛具有产奶量高,泌乳曲线上升至顶峰时间短(通常在产后 50~60 天),泌乳高峰期持续时间长(约 1 个月),泌乳高峰期后产奶量下降速度缓慢,新陈代谢旺盛,采食量大、饲料转化率高,对饲料及外界环境刺激反应快等特点,故对饲养技术要求严格。因此,在饲养过程中,应适应泌乳母牛这些生理特点,遵循以下技术原则进行饲养:根据母牛不同泌乳阶段饲喂不同的日粮类型,以保证其营养需要。日粮要平衡,饲料应质量好、适口性强、易消化。为保持母牛旺盛食欲,提高进食量,可增加饲喂次数。采用每天 3 次上槽,3 次挤奶。应将日粮配合成全混日粮饲喂,提高粗饲料的进食量,防止偏饲过多精料而造成精粗饲料的失衡。

1. 泌乳早期 也称恢复期。

产后 3 天内,母牛机体较弱,消化道功能尚未恢复,应保证有充分的优质干草,精料 4 kg,青贮 10~15 kg 和少量块根,以尽快促使瘤胃功能恢复。

产后 7 天,母牛食欲和消化功能逐渐好转,精料和多汁饲料可逐渐增加喂量。

按《北京奶牛场技术规范》的标准供应日粮。干物质 12~16 kg,奶牛能量单位 20~30 NND,粗蛋白 12%~17%,粗纤维 12%~16%,钙0.6%~0.8%,磷 0.4%~0.6%。

2. 泌乳盛期 即泌乳高峰期。此期特点是产奶量增加快,产后 4~6 周出现产乳高峰,但干物质采食量高峰出现于产后 12~14 周,产乳高峰与采食量高峰的不同步性,必然引起能量负平衡。所以,应加强饲养,尽可能减少体脂的动员和产奶量的

下降。具体措施如下:

(1)随产奶量的增加而增加精料喂量。日产奶 20 kg 给 7 ~ 8.5 kg,日产奶 30 kg 给 8.5 ~ 10.0 kg,日产奶 40 kg 给 10 ~ 12 kg 精料。谷物饲料最高喂量不应超过 15 kg。在含碳水化合物精料喂量过高时,为防止瘤胃内 pH 值的显著下降,可在日粮中加入 2%碳酸氢钠或 0.8%氧化镁(按干物质计)。

(2)供应优质的粗饲料。每头每天给青贮 20 kg,干草任牛自由采食,以维持瘤胃正常消化功能。

(3)多汁饲料。糟粕类饲料适口性好,能增进采食量。每天每头可喂块根类饲料 3 ~ 5 kg,糟粕类饲料最多不超过 12 kg。

(4)日粮中要注意矿物质、维生素的供应。精、粗比以 65:35 或 70:30 为宜。

(5)日粮标准。此期内日粮营养标准按《北京奶牛场技术规范》要求为:干物质 16.5 ~ 23 kg,奶牛能量单位 40 ~ 52 NND,粗蛋白 12% ~ 20%,粗纤维 18% ~ 20%,钙 0.7% ~ 1.0%,磷 0.46% ~ 0.7%。

3. 泌乳中期和后期 此期少数母牛产奶量开始逐渐下降,每月平均产奶量递减 7%左右。母牛怀孕,营养需要逐渐减少,为防止低产牛因采食过多饲料而造成饲料浪费,精料喂量应根据泌乳量而随时调整。

(1)精料喂量标准。日产奶 30 kg 给 7 ~ 8 kg,日产奶 20 kg 给 6.5 ~ 7.5 kg,日产奶 15 kg 给 6 ~ 7 kg。

(2)粗饲料喂量标准。青贮、青饲料每头每天给 15 ~ 20 kg,糟粕类饲料给 10 ~ 12 kg,块根多汁类饲料 5 kg,干草自由采食,但最少也应保证 4 kg 以上。

(3)日粮营养供应标准。可按《北京奶牛场技术规范》要求,其营养标准见表 4-12。

表 4-12　泌乳中后期母牛的营养标准

营养成分	泌乳中期	泌乳后期
干物质(kg)	16～22	17～20
奶牛能量单位(NND)	30～43	30～35
粗蛋白(%)	10～15	13～14
粗纤维(%)	17～20	18～20
钙(%)	0.7～0.8	0.7～0.9
磷(%)	0.55～0.60	0.5～0.6

● 饲养泌乳母牛应注意的问题

1. 精饲料饲喂量　精饲料饲喂量取决于饲草的品质、精饲料的质量和母牛的遗传生产力。饲草品质差，母牛生产性能好，产奶量高，精饲料饲喂量要多；饲草品质好，母牛产奶量低，精饲料饲喂量应少。实际生产中应根据母牛产奶量、乳脂率、体重变化并结合泌乳阶段来决定精饲料的饲喂量。通常认为，高精料日粮有高的产奶量，即精饲料增多，则产奶量也增加。但随着精饲料进食量的不断增多而产奶量增加的幅度不断减少，结果会造成精饲料的浪费。Van Horn(1976)在低纤维的平衡日粮中，分别加入 11.5%，13.0%和 14.5%蛋白质的饲喂奶牛，结果产奶量差异很小；相反，精饲料饲喂量减少，日粮营养水平低，不仅会使产奶量下降，而且乳蛋白含量也会降低(表 4-13)。

表 4-13　不同饲养水平对产奶量和乳成分的影响

饲养水平	母牛 1			母牛 2			母牛 3		
	产奶量(kg)	乳脂率(%)	无脂固形物(%)	产奶量(kg)	乳脂率(%)	无脂固形物(%)	产奶量(kg)	乳脂率(%)	无脂固形物(%)
低于标准	15.8	4.0	8.81	17.5	3.4	8.52	10.4	3.0	8.12
标准	17.2	3.8	8.87	19.2	3.2	8.59	11.3	2.6	7.92
高于标准	19.5	3.6	9.0	21.6	2.9	8.57	12.8	2.5	8.02

2. 粗饲料饲喂量 饲草是构成奶牛日粮的基础。粗饲料中的粗纤维不仅为增强瘤胃兴奋性,保持瘤胃正常的消化机能所必不可少,而且对牛奶质量也有很大影响。

(1)粗饲料饲喂过多。饲草质量好或者精饲料缺乏(供应不足),皆可促使奶牛对粗饲料进食量增多,致使日粮营养水平降低,奶牛所获取的能量水平不足,产奶量降低,但粗饲料多,瘤胃中乙酸比例增大,乳脂率增高。

(2)粗饲料喂量不足。日粮中精饲料供应量多,且因粗饲料品质低劣、适口性差等,奶牛对粗饲料进食量减少,使精、粗比例不当,日粮营养水平过高,纤维素含量过低,瘤胃消化机能受到影响,引起消化、代谢性疾病发生。

青贮饲料饲喂量过大可影响其他营养物质的进食量,应控制青贮饲喂量,通常按体重的3%~3.5%供给。例如,平均体重为600 kg的母牛,每天可饲喂18~21 kg青贮料,超过这个水平,不管采用什么类型饲料,奶牛对总营养物质的采食量都会减少。由于影响奶牛对粗纤维需要量的因素很多,其需要标准很难统一。国内外的试验和奶牛生产实践经验表明,粗纤维的饲喂量,以占日粮中干物质的15%~20%为宜,最低不能少于13%。

3. 防病 为了减少各种应激,每天饲喂时间、饲料品质、饲料饲喂量应保持相对稳定。为预防瘤胃酸中毒和产后酮病的发生,可在日粮中加入2%碳酸氢钠(按干物质计)混合饲喂。

6 干奶牛的饲养

在一个奶牛群内,母牛个体之间产奶量的差异,遗传因素占25%,外界环境因素占75%,其中饲料因素占绝大部分;在一头奶牛个体上,干奶期的饲养又将起着决定作用。

母牛在305天的一个泌乳期内,由于生产出大量乳汁,机体消耗严重,在下胎产犊前有一段时间(妊娠后期至产犊日期之间)停止产奶,即在两个泌乳期之间不分泌乳汁,此期称为干奶期。

● 奶牛干奶的目的

1. 恢复体质 母牛在泌乳期营养多为负平衡,机体营养消耗多。干奶能补偿营养消耗,有利于母牛体力蓄积和体质恢复,以供下一次产奶需要。

2. 促使乳腺机能恢复 奶牛在一个泌乳期产奶所分泌的干物质为体重的3.64~4.16倍。泌乳过程中,乳腺组织部分损伤、萎缩,干奶能使乳腺休整、恢复,利于新腺泡的形成和增殖。

3. 有利于胎儿发育 胎儿一半以上的生长是在泌乳期的最后2个月进行的,需要较多的营养供应,干奶能使母体内有足够的营养物质以供胎儿发育。

干奶期母牛的饲养不仅直接影响到本胎次体质的恢复,而且也影响母牛产后的泌乳生产性能的发挥,应该引起足够重视。

● 奶牛的干奶方法

1. 干奶方法 干奶就是停奶。在母牛产犊前2个月,将仍在泌乳的怀孕牛人为地强迫停奶。一般情况下,母牛干奶期为60天,而对一些高产牛、体质瘦弱奶牛可延长为70~80天;产奶量低、泌乳期短的母牛,可因自然停奶而出现干奶期延长。

停奶分逐渐停奶法和快速停奶法2种。

(1)逐渐停奶法。是指在预定停奶期前15天左右,减少挤奶次数,隔班、隔日挤奶。由正常每天3次挤奶改为2次到

1次;由原来的每天挤奶改为隔1天、2天、3天到隔5天,最后不挤奶。

(2)快速停奶法。是指在4~6天内使泌乳停止的方法。从停奶第一天起,先挤2次,以后每天挤一次,第六天挤奶后不再挤。

有的母牛产奶量多,不容易将奶停住,此时可减少精饲料、多汁饲料的饲喂量,限制饮水,增加干草饲喂量。

为防止产后乳房炎的发生,停奶时可向乳房内注入抗生素等干奶药物。

2. 干奶注意事项

(1)在干奶期饲喂过多的精饲料,对瘤胃有相当大的刺激。为此,应增加粗饲料特别是干草的饲喂量,而精饲料喂量以3~4 kg为宜。

(2)产前2周,要做好为母牛分娩和下一个泌乳期的准备工作,预防酮病、产后瘫痪和胎衣不下。

①产后酮病。产前8天加喂烟酸,每次4~8 g,每天一次内服,连服8天。

②产后瘫痪。产前7天用维生素D_3 10 000 IU,肌肉注射,每天一次,连续注射7天。日粮用低钙饲养法,可用Denclen方案:产犊前日粮钙、磷最适饲喂量分别为每天50 g和30 g,避免高钙日粮。

③胎衣不下。产前9天,每天肌肉注射孕酮100 mg。

● 干奶牛的饲养标准

1. 干奶牛日粮营养需要 由于长期泌乳,必须要有足够的营养供应,为能满足营养需要,瘤胃处于高度的紧张之中。因此,在干奶期应有一段时间使消化道自行恢复。日粮供应按《北京奶牛场技术规范》执行(表4-14)。

表 4-14　干奶牛日粮营养需要

生理阶段	干物质占体重(%)	奶牛能量单位(NND)	干物质(kg)	粗纤维(%)	粗蛋白(%)	钙(%)	磷(%)
干奶前期	2.0~2.5	19~24	14~16	16~19	8~10	0.6	0.6
围产前期	2.0~2.5	21~26	14~16	15~18	9~11	0.3	0.3

2. 其他饲料的供应标准　青贮、青草每头牛每天 10~15 kg,优质干草 3~5 kg,糟粕类(糖糟、豆腐渣)及多汁类饲料(甜菜、胡萝卜)每头牛每天喂量不超过 5 kg。

3. 矿物质的供应　极为重要,一定要保证。磷酸二氢钙是补充钙和磷的首选矿物质。

● 干奶期精饲料喂量过多的后果

在长期饲养奶牛过程中,干奶期的饲养水平是一个争论重点。曾有人为了使产后奶牛有一个高的产奶量,在日粮中加大了精饲料饲喂量,存在着以料催膘、以膘促乳的倾向。实践证明,干奶期精饲料饲喂量过多,不仅不利于高产,反而会给奶牛带来不良影响,具体表现在以下方面:

1. 消化机能减退　妊娠后期,胎儿的发育迅速增长,造成了腹压的增大和对瘤胃的压迫,使胃肠容积受到限制,采食量减少。日粮中精饲料饲喂量多,必将影响到粗饲料进食量,瘤胃消化机能减弱,食欲降低。

2. 体脂沉积而肥胖　干奶期能量过高,日粮中精饲料、玉米青贮饲喂量过多,能量供应量大于能量需要量,则过多的能量必将以脂肪形式储存体内,致使母牛变成"肥母牛"(fat cow)。Gardner(1969)指出:产前高能水平使母牛在分娩时体重增加,而肥胖母牛产犊后不能生产更多的奶。这是因为,产后的泌乳主要靠产后母牛体质及食欲的恢复和产后营养物质的摄取量,而不是依靠体脂肪的分解、转化。而干奶期精饲料饲喂量多,产后不能很快摄取较多的能量以供泌乳之需,机体必将动员体脂分解,故体重减轻。精饲料饲喂量愈多,母牛产后体重减轻愈明显(表4-15)。

表 4-15　干奶期不同精料喂量母牛产前、产后体重变化　kg

组别	头数	进产房重	分娩前重	共增重	天数	日增重	分娩后重	出产房重	共减重	天数	日减重
高料组*	5	678	703	25	49	0.51	662	576	86	36	2.4
中料粗**	5	644	668	24	44	0.55	616	564	52	39	1.33
低料组***	5	620	649	29	44	0.66	598	552	46	38	1.21

* 日喂精料 6 kg; ** 日喂精料 5 kg; *** 日喂精料 4 kg。

3. 发病增加　产奶是一种紧张的消耗性生产形式,分娩、泌乳是很大的应激。母牛肥胖,产前消化机能减弱,产后全身状况恢复较慢,采食量不能很快恢复正常,机体处于能量负平衡,致使产后母牛发病较多,常见的有乳热症、酮病、皱胃移位等。

4. 精饲料浪费　Gardner(1969)分别用 115%和 160%维持能量需要的日粮饲喂干奶牛,结果对母牛产奶量、牛奶成分无显著影响,这说明干奶牛日粮水平过高,将会造成精饲料的极大浪费。

7 围产期母牛的饲养

母牛在产前(干奶后期 21 天)、产后(泌乳的最初 2 周)这一时期称为围产期。北京大多数奶牛场都有产房,母牛临产前 14 天进产房,产后 10~15 天出产房。因这一阶段母牛很容易患病,故围产期是母牛的关键时期。

● 产房管理

产房是指专门饲养临产母牛和产后母牛的圈舍。产房管理水平高低,不仅直接影响母牛本胎次健康恢复和泌乳性能的发挥，下胎次的发情、配种及再生产，而且直接影响到新生犊牛生长发育的快慢、体重的增长速度和疾病发生。因此，对一个奶牛场来说，产房管理应是奶牛场的核心。

1. 产房要求

（1）产房卫生要求。产房要光线充足、通风、干燥。牛床要及时清扫，保持清洁、干净。每天刷拭牛体，用1%来苏儿刷洗后躯及牛尾，保持牛体卫生。牛舍地面每天应用清水冲刷1～2次，冲刷后，可向地面洒1%来苏儿。

（2）药品用具准备。常备脸盆、毛巾、助产绳、产包（抬胎儿用）、磅秤、来苏儿、碘酊、剪刀和棉花。

（3）产房应由工作细致、责任心强并具有一定饲养经验和助产技术的饲养员负责。

（4）产房应设专人值班，以便于及时对分娩牛采取接产措施，防止产后母牛产道出血、产后瘫痪等事故的发生。

2. 设置产房的优点

（1）对围产期母牛统一集中饲养管理，有利于对其进行监护，能及时发现分娩牛和病牛，便于及时采取措施。

（2）有利于胎衣、褥草的集中处理，防止产后微生物的扩散，减少一些由产道分泌物、褥草、胎衣引起的传染病的传播。

● 围产期母牛的饲养原则

临产母牛因临近分娩，全身营养代谢也发生显著的变化，表现为：甲状腺素、雌激素、糖皮质激素的起伏波动；胎儿营养需要量增加，甲状旁腺分泌增强和1,25-二羟维生素D_3受碱性饲料活性抑制而引起血钙浓度的降低；进食量减少所致的能量负平衡；雌激素和糖皮质激素升高，抑制免疫系统活动所致的全身免疫状况下降。因此，其饲养原则是：

（1）为防止产后能量负平衡，避免产后由于体脂的动用而发生酮病,产前 7~10 天逐渐增加精料喂量,以使瘤胃适应产犊后的高能量日粮。

(2)提高瘤胃非降解蛋白的供给,日粮中粗蛋白水平可提高到 15%~16%。

(3)为防止酮病、产后瘫痪的发生,促进免疫系统发育,日粮中可添加阴离子添加剂、尼克酸、丙二醇、维生素 A、维生素 E 和微量元素。

(4)对分娩后的母牛,应避免高淀粉日粮成分导致奶牛厌食,日粮中一定要有优质干草,每天喂量 1.4~2.3 kg,牧草不要粉的过碎。为了防止瘤胃酸中毒、酮病的发生,日粮中应添加碳酸氢钠、氧化镁、尼克酸(12 g/天)、丙酸钙(0.15 kg/天)或丙二醇等。

● 临产母牛的管理

临产母牛指距分娩 10~14 天的妊娠后期母牛。因其临近分娩,全身抵抗力降低,应加强管理。

(1)临产母牛生殖器官易受细菌感染,故应加强牛体和环境卫生。

(2)加强对母牛分娩前兆的观察。母畜妊娠期满,将发育成熟的胎儿及其胎水、胎膜等,从子宫中排出体外,完成这一生理过程时,有先兆出现。因此,应仔细观察,有分娩前兆表现的母牛,应从牛群中挑出,单独饲养,并做好助产的一切准备工作。

(3)做好临产母牛疾病的预防。根据实践得出,临产母牛易患产后瘫痪、瘤胃酸中毒,故可于产前 6 天,肌肉注射维生素 D_3 10 000 IU,每天 1 次,连续注射 6 次。将 2%碳酸氢钠(按精料干物质计),混合于精饲料中饲喂。对于高产牛,年老牛,有瘫痪、酮病病史的母牛,用 20%葡萄糖酸钙溶液,25%葡萄糖溶液各 500 mL,于产前 3~5 天开始静脉注射,每天 1 次,连续注射 2~

3次。

(4)为减少母牛在牛床上站立时间过长,可在牛吃完青贮料和精饲料后,将牛提前放于运动场内,令其自由运动。运动场内架设食槽,内放干草,任其自由采食。

●产后母牛的护理

母牛在分娩过程中,由于消耗大量体力,抵抗力降低;分娩后的一定时间内,子宫松弛,子宫颈尚未关闭完全,恶露不能由子宫内向外排出而滞留于子宫内。这些都为病原微生物繁殖和侵入提供了有利条件。因此,对于产后母牛要精心护理,促进母牛体质恢复,防止产后疾病的发生。

(1)加强产房和产后母牛的清洁卫生。产房应清洁、温暖、安静,牛床、运动场及时清扫,褥草及时清除,牛棚地面用2%来苏儿喷洒,母牛后躯、尾部每天用1%来苏儿刷洗。

(2)母牛产犊后20~30 min,应将其轰起,令其饮用1%食盐麸皮水。对于产后极度衰弱、不愿站起的母牛,可用葡萄糖生理盐水1 500~2 000 mL,25%葡萄糖溶液500 mL,20%安钠咖注射液10 mL混合,一次静脉注射。

(3)观察母牛全身变化,看有无努责,当母牛产后努责强烈时,用1%来苏儿彻底洗净术者手臂和母牛后躯,手伸入产道内仔细检查有无损伤、出血、胎儿等。当损伤面积较大时,应缝合,涂布磺胺类药膏、紫药水等;当出血量大时,应寻找出血部位,可采用结扎法止血;有胎儿时应拉出。当产道无任何异常,但仍见努责时,可用1%~2%奴夫卡因注射液10~15 mL,行尾椎封闭,以防止子宫内翻和脱出。

(4)胎衣在产后10~12 h后仍未脱落时,如胎衣粘连不紧,易剥离,可采用剥离法将其剥离,剥离后可向子宫内灌注抗生素。如粘连较紧、不易刮脱者,可行保守疗法,应用土霉素粉

2～3 g,金霉素 2 g,溶于蒸馏水 250 mL 中,灌入子宫内。隔日一次,直到子宫分泌物清亮为止。

(5)加强管理,促使机体恢复。母牛在产房期一要健康,二要高产。所谓母牛产后健康,就是有足够的再生产能力;所谓高产,就是为本胎全泌乳期的高产打下基础。为此,应采取如下措施。

①经常观察母牛的食欲和泌乳量。产后应尽快使母牛获得更多的营养物质,增加食欲,提高日粮浓度。

②定期进行尿液、乳汁酮体检测和补糖补钙。凡检测酮体阳性者,尽管尚未见有临床症状,也应静脉注射 25%葡萄糖溶液和 20%葡萄糖酸钙注射液各 500 mL。实践证明,合理的使用糖钙治疗,对于预防产后瘫痪,促进子宫恢复和胎衣脱落都有较好效果。

(6)及时检查子宫复旧和卵巢变化。产后 30～35 天进行直肠检查,若子宫和卵巢有病理变化,如卵巢静止、子宫炎等,无论其病情轻或重,均应及时治疗。当产后 50～60 天尚未表现有发情征候的母牛,可用己烯雌酚 15～20 mL 肌肉注射,以诱导其发情。

第5章 奶牛的繁殖管理

在奶牛场内,奶牛的繁殖直接影响到母牛的泌乳量高低和全场生产任务能否完成,并对奶牛生产性能的发挥及全场经济效益起着重要的决定作用。发情、怀孕、分娩和泌乳是奶牛正常的生理现象,而繁殖管理水平则是直接关系到这些正常现象能否正常进行的关键。牛场繁殖管理水平高,母牛就能按期怀孕、分娩和泌乳;反之,母牛就不能按期怀孕、分娩和泌乳。

牛群繁殖力受多种因素影响,犊牛成活率直接与繁殖管理水平有关。如果用 A 表示发情鉴定，B 表示母牛繁殖力，C 表示公牛(精液)繁殖力，D 表示人工授精(或自然交配)的时间和技术，E 表示疾病及难产情况，那么活犊牛可由下列公式表示：$A \times B \times C \times D \times E =$ 活犊牛。式中任何一项为零，其结果产品都为“零犊牛”。因此，加强繁殖管理、提高母牛的繁殖力，是奶牛场内一个十分重要的工作。

1 母牛的配种年龄

● 繁殖年龄

母犊牛出生后，随着月龄增长，身体也随之发育。待发育到一定年龄时，便开始出现性机能，外观表现出第一次发情，此时称为初情期。黑白花奶牛的初情期一般在出生后 6～13 月龄出现，平均为 9～10 月龄。由于月龄增大，母牛体格长大，体重增加，生殖器官也迅速增长。以重量计算，子宫增长 72%，卵巢增长 32%。初情期的母牛，虽然出现发情，但生殖器官仍在继续发育，机体发育尚未最后完成，尽管生殖器官开始具备了繁殖后代机能，但这并不意味着性成熟。初情期出现的早晚受饲养管理、健康状况、气候条件及其他因素影响。饲养管理优良、健康，初情期早；反之，就会延迟。

母牛繁殖年龄指机体发育完全，即体成熟的年龄。通常母牛在出生后 18 个月左右开始配种；如果出生后 15～16 个月，体重达375 kg，体高达 1.27 m，胸围达 1.46 m 时，也可提早配种。适时配种、怀孕，不仅对母牛本身发育生长无影响，对后代发育也无影响，并能按时产犊、泌乳，提高了利用年限，降低了饲养成本。

● 失时配种对母牛的影响

过早或过晚配种对牛都不利。

1. 配种过早 因母牛发育尚未完全,生殖器官也未发育完善,配种后对牛不利。母牛表现产后产奶量低,体重小,也易出现难产;所产犊牛出生体重小,身体衰弱,发育不良。

2. 配种过晚 配种期推迟,易使育成牛肥胖,配种更不易受孕,或者表现出发情持续出现,使之生殖激素平衡失调。由于发情后子宫颈开张,极易引起子宫内细菌侵入、感染而患子宫内膜炎,促使不孕,加长了产犊间隔而降低母牛利用年限和终生产奶量,增加了饲养费。

❷ 母牛的发情

● 母牛的发情周期

发情周期又叫情周期。指母牛从上一次发情到下一次发情出现(相邻 2 次发情的间隔)的时间距离。通常以 2 次发情开始的间隔天数,作为衡量发情周期长短的标准。奶牛的发情周期为 18~24 天,平均 21 天。青年牛比成年牛短一天。

● 发情持续时间

发情期通常指接受交配的时期。即母牛发情开始至发情结束之间的距离。母牛的发情期为 1~1.5 天,交配兴奋期持续 10~24 h,平均 18 h,发情结束后 10~14 h(或 3~18 h)开始排卵。由于母牛发情时所占的时间最短,故隐性发情也较多见。

● 奶牛分娩后第一次发情(即产后初次发情)

母牛产后35～50天出现产后发情,其出现早晚受饲养管理、产后护理、分娩季节、泌乳量、挤奶次数及机体健康状况等因素影响。奶牛以春、夏季产犊比冬季产犊后发情早;产后子宫复原快比复原慢发情早;每天多次挤奶比每天2次挤奶发情迟;高产奶牛常常产后初次发情延期,即使发情也常不明显;饲养管理条件好发情早;产后母牛患病,则发情推迟。母牛产后发情、子宫恢复程度直接影响到产后的输精配种(表5-1)。

表5-1　奶牛产后初次发情与子宫恢复情况　　%

项　目	产　后　(天)						
	30	45	60	75	95	105	120
初次发情率	54	82	92	96	99	99	100
子宫恢复率	6	44	75	87	96	99	100

表5-1显示,产后初次发情率和子宫恢复率随时间的延长而升高,发情率要比子宫恢复率升高得快。在产后45天,尽管发情率高达82%,然而子宫恢复率只有44%,故此时输精,受胎率将会受到一定影响。

3 母牛的诱导发情

诱导发情的实质是人工引起的发情,是指在母牛乏情期内,借助外源性激素诱导母牛正常发情,以便进行配种的技术。多用于产后长期不发情、一般乏情母牛及欲使之提前发情的母牛。其处理方法有以下2种。

● 阴道栓法

用一块直径10 cm、厚2 cm的柔软的泡沫塑料或海绵块,浸在70%酒精中消毒后，挤干酒精，再浸入到含 18-甲基炔诺酮 100～150 mg、甲孕酮 120～200 mg、氯地孕酮 60～100 mg、孕酮 400～1 000 mg 或甲地孕酮 150～200 mg 的植物油溶液中。泡沫塑料或海绵块拴上细线，用长柄钳将其送入靠近子宫颈的阴道深处，线的一端引至阴门外，一般放置 9～12 天后，牵引阴门外的引线将其取出，随即肌肉注射孕马血清促性腺激素 800～1 000 IU，2～4 天内母牛表现发情。

● 激素注射法

分子宫注入和肌肉注射 2 种。

(1) $PGF_{2\alpha}$ 10～20 mg，一次肌肉注射；氯前列烯醇 0.2 mg，子宫颈内注射。经过直肠检查，确诊母牛有持久黄体时，可以注射 $PGF_{2\alpha}$，以溶解黄体，促使母牛发情配种。

(2)促性腺激素释放激素(GnRH)及其类似物，用量 500 mg，一次肌肉注射，第七天时，用 15-甲基 $PGF_{2\alpha}$ 2 mL，一次肌肉注射，效果明显。

无论是孕激素还是前列腺素处理的诱导发情，在处理结束后，都要注意观察母牛的发情表现并及时输精。经过诱导发情的母牛，虽然一般能正常发情和排卵，但也有的母牛无明显的发情征兆和性行为表现，这就要求我们不仅要注意处理后的配种，同时要注意下个自然发情期的到来和输精。

4 母牛的发情鉴定

发情鉴定是提高受胎率的关键。研究表明，90%的所谓不发情牛并非是真不发情，而是由于发情鉴定疏忽造成的。

发情鉴定时要有耐心。每天进行 3 次(早上、中午和下午)。

多数奶牛在夜间发情，几乎有1/2的奶牛是在早上最先观察到发情，下午发情结束，因此发情检查应尽可能在接近天黑时和天刚亮时进行。

● 发情征兆

母牛平均21天发情一次，范围18～24天，正常母牛2次发情间隔时间是一定的。发情周期超过此范围(少于16天或多于24天)，则视为异常，对此尤应注意。

根据外部表现，发情期可分为以下阶段：

1. 发情早期 母牛刚开始发情，征兆是哞叫、离群，沿运动场内行走，试图接近其他牛，嗅闻其他牛后躯，爬跨其他牛，不愿接受其他牛爬跨，阴户轻度肿胀，黏膜湿润、潮红，产奶量减少。

2. 发情盛期 (持续约18 h)特征是站立接受其他牛爬跨，爬跨其他牛，哞叫频繁，兴奋不安，食欲不振或拒食，产奶量下降。

3. 发情即将结束期 拒绝接受其他牛爬跨，嗅闻其他牛，试图爬跨其他牛，食欲正常，产奶量回升，可能从阴户排出黏液。

4. 发情结束后第二天 可看到阴户有少量血性分泌物，当隐性发情牛有此征兆时，一般在16～19天后再次发情，这是观察某些母牛发情的最后征兆，应引起重视。

● 发情母牛的鉴别

牛群中一母牛与同群牛互相爬跨，被爬跨母牛不动，则被爬跨牛为发情母牛或两者都为发情牛；一奶牛后面常有2头以上奶牛跟随，被跟随奶牛为发情母牛；如一奶牛被其他奶牛爬跨，表现出不安，向前走动，极力摆脱，拒绝爬跨，该奶牛不是发情母牛，而爬跨的母牛是发情母牛。

● 发情鉴定的辅助方法

有的母牛发情表现不明显,要使用一些辅助方法鉴别。

1. 母牛尾根部粘上发情指示包 粘有发情指示包的牛被其他牛爬跨时,指示包破裂,使牛尾部染色。

2. 公牛试情 可采用阴茎异位术或结扎输精管及戴"颌下标记球"法。试情公牛每5天肌肉注射500 mg丙酸睾酮油剂1次,连续注射3次,再配上"颌下标记球",因标记球的贮液囊内有染液,公牛接触母牛时,即可将染液涂于发情母牛牛体。

5 奶牛人工授精

● 冻精的保存与解冻

1. 冻精的保存 颗粒精液保存方法有液氮罐保存和干冰保温瓶保存2种。

(1)液氮罐保存。即将冻精颗粒放于青霉素瓶(贮精瓶)内,瓶口不用加盖,直接浸于液氮中,瓶上拴细线,注明公牛号,挂于罐口。贮精瓶不能暴露于液氮面外,应及时向罐内添加液氮。取颗粒精液时,将贮精瓶置于罐颈下部,用长把镊子夹取,不能把贮精瓶拉出液氮罐口外。如欲转移贮精瓶时,动作越快越好,贮精瓶在空气中外露的时间不能超过3~5 s。

(2)干冰保温瓶保存。将冻精颗粒放入青霉素瓶(贮精瓶)内,封闭瓶口,埋于干冰(干冰置于保温瓶内)内。在保存中,夏天每天、冬天隔日往保温瓶内加干冰。取冻精颗粒时,戳开干冰,露出贮精瓶,将其拉向保温瓶口,打开贮精瓶塞,快速取出精液。取完后,封塞瓶口,将其埋于干冰下5 cm处。

2. 精液解冻方法 精液解冻必须在操作间进行,由液氮罐提取解冻精液时，冻精在液氮罐颈部停留不应超过 10 s，贮精瓶停留部位应在距颈部 8 cm 以下。

(1)颗粒精液解冻。取 2.9% 柠檬酸钠溶液 1 ~ 2 mL，置于干净消毒过的小试管中，水浴加温至(40 ± 0.2)℃，再向试管内投入颗粒精液一粒，振动至融化。

(2)细管精液解冻。将细管直接投放在(40 ± 0.2)℃温水中，当颜色改变时，立即从水中取出使用。

解冻后取一滴精液，滴在载玻片上，将其置于 38 ~ 40℃的温度下镜检，精子活率不低于 30%时，才可输精。

● 输精方法及输精部位

1. 输精方法 输精方法有阴道开张器输精法和直肠把握子宫颈输精法 2 种。

(1)阴道开张器输精法。这是一种老式方法。用消毒过的开膣器扩开阴道，借助于自然光线、手电等光源，照入阴道内，找到子宫颈外口，一只手握住开膣器，另一只手握住输精管，将其插入子宫颈内 1 ~ 2 cm，注入精液。优点是能直接看到子宫颈口，并能准确的将输精管插入。缺点是使用开膣器易引起母牛疼痛，表现骚动、努责、弓背，不便输精。往往因育成牛阴道狭窄，开膣器插入时引起黏膜损伤、出血。精液输入部位较浅，有的母牛输精后精液返流入阴道内，故受胎率低。

(2)直肠把握子宫颈输精法。其术式是用 1% ~ 2% 来苏儿洗净母牛后躯，术者一只手伸入直肠内，寻找并握住子宫颈，另一只手持输精管，借助进入直肠内的一只手的固定和协同作用，将输精管插入子宫内，将精液输入(图 5-1)。其优点是精液注入子宫颈深部，受胎率高，母牛无疼痛。即使阴道有炎症也可输精，操作方便，但应防止误给已受孕母牛输精而引起流产。缺点是需操作熟练，初学者不易掌握。

2. 输精部位 输精部位是影响受胎率的重要因素之一。输精管的尖端插入子宫颈后,再慢慢地向前伸入,插入右侧角的基部(距子宫颈内口前方 1 cm 左右),将精液推出后,受胎率最高,原因是右侧卵巢排卵机会较多(占 60%)。不要插得过深,以减少黏膜损伤和感染。

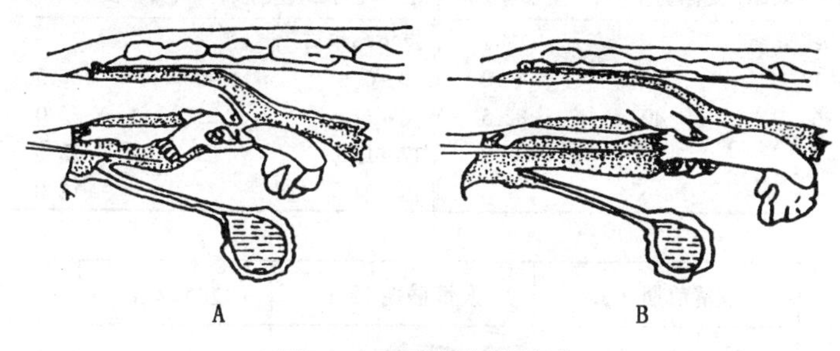

图 5-1 直肠把握输精法

A. 不正确;B. 正确

● 输精时间的选择

1. 最佳配种时间 大约 80% 母牛的发情盛期持续 15~18 h,发情结束后 10~17 h 排卵(表 5-2)。所以,一般认为母牛

表 5-2 发情结束后母牛排卵时间统计

时间(h)	排卵奶牛(头)	比例(%)
3~4	5	3.8
5~6	9	6.8
7~8	24	18.2 } 81.8
9~10	29	21.9
11~12	36	27.3
13~14	17	14.4
15~16	7	5.3

的正确配种时间应该是在发情结束或即将结束时(表 5-3 和图 5-2)。在实际工作中的经验是:早上发情的牛在当天下午配种,

下午发情的牛在第二天早上配种；年龄小的牛要早一点，老龄牛要晚一点。

表 5-3　配种时间对受胎率的影响

（约翰·赫恩克，1983）

配种时间(h)	受体奶牛(头)	受胎率(%)	配种时间(h)	受体奶牛(头)	受胎率(%)
发情结束前			发情结束后		
18～12	25	44.0	0～6	40	62.5
12～6	40	82.5	6～12	25	32.0
6～0	40	75.0	12～18	25	28.0
			18～24	25	12.0

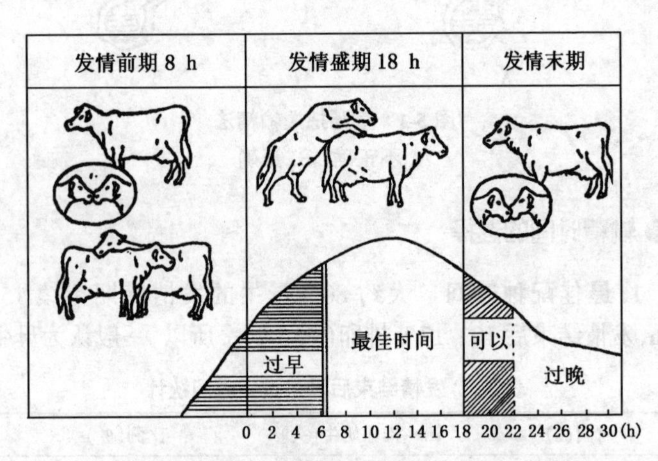

图 5-2　最佳配种时间

2. 产后最佳配种时间　长期以来，人们认为产后母牛生殖道恢复正常并可以配种的时间是 60 天。研究表明，这段恢复期并不必要，如果在产后 35～40 天第一个情期配种，可缩短产犊间隔。实行早期配种，第一次输精的母牛大约有 45%能够受胎（表 5-4）。为了下一个泌乳期，奶牛需要 60 天干奶期，产后早于 60 天受胎的奶牛虽然泌乳期会少于 305 天，但因泌乳高峰期在奶牛一生中所占的比例提高了,终生产奶量增加。

表 5-4　产后初配天数与受妊率、配种次数的关系

产后初次配种天数	第一次受妊率(%)	配种次数	产后初次配种天数	第一次受妊率(%)	配种次数
≤20	18.2	2.38	51~60	51.5	1.75
21~30	37.0	2.04	61~70	56.5	1.63
31~40	45.1	1.77	71~80	58.5	1.66
41~50	53.5	1.71	81~90	56.0	1.68

6 奶牛的妊娠诊断

● 妊娠期和预产期的推算

母牛从受精开始到胎儿产出这一生理过程叫妊娠。其间所经过的时间称为妊娠期。母牛的妊娠期因品种、年龄、胎儿数目、胎儿性别、环境因素的不同而稍有差异。爱尔夏牛为278天,乳用短角牛为282天,年老母牛妊娠期长,年轻母牛则短,双胎妊娠期比单胎的短,公犊比母犊长1~2天。营养水平差,妊娠期长;疾病和机械性损伤,妊娠期短。

黑白花奶牛妊娠期为276~285天,平均为280天,其计算是从母牛最后一次配种日期算起,到胎儿产出时为止。预产期推算方法是:配种月份减3,配种日数加10。例如,某牛9月5日配种,则分娩月为6,分娩日为15,即该牛预产期为翌年6月15日。

● 妊娠诊断方法

母牛输精后应进行2~3次妊娠诊断,第一次在输精后18~19天,第二次在输精后2~3个月。其目的是及早确诊未妊母牛,及时处置,促使其再发情、再输精,减少空怀率。妊娠诊断方法主要介绍以下几种。

1. 直肠检查法 为牛场所长期惯用的方法。术者手伸入直肠内，手在骨盆腔内向下，有时需左右、前后移动触摸，找寻纵行的似手指粗细、质度硬似软骨样感觉的子宫颈，手握住子宫颈向前移动，寻找子宫间沟，再向前伸，触诊子宫角、卵巢和子宫中动脉的变化(图 5-3 和表 5-5)。

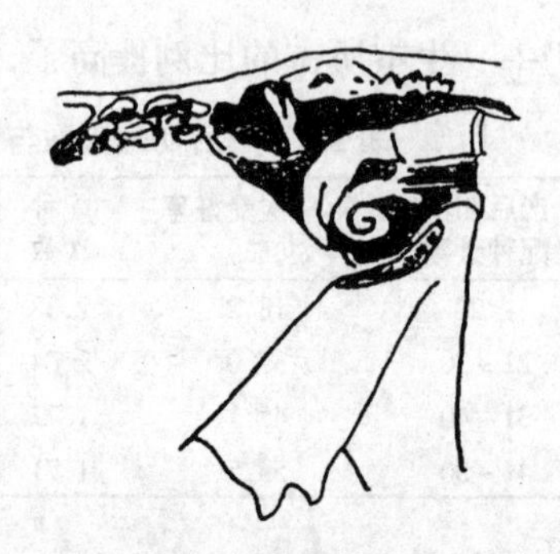

图 5-3 直肠检查法

表 5-5 妊娠母牛子宫角、卵巢、子宫中动脉的变化

妊娠情况	子宫位置	子宫角	子宫间沟	子宫收缩反应	卵巢	子宫中动脉波动
未妊	在骨盆腔内	绵羊角状，两角对称	明显	有	豆状，大小不等	正常
妊娠(天) 20～30	在骨盆腔内	妊角稍粗，质软，局部膨大	明显	有	妊角侧稍大	正常
60	前移	空角细，妊角掌大、质软有波动	有	弱	有妊娠黄体	正常
90	前移至耻骨前缘	妊角似篮球大，波动明显	分叉不明显	微弱	有妊娠黄体	微弱的怀孕波动
120	子宫垂入腹腔，子宫颈位于耻骨前缘	子宫轮廓不清，可摸到胎儿	无	无	有妊娠黄体	明显感到妊娠波动
150	垂入腹腔，子宫颈位于耻骨前缘	可摸到胎儿，胎盘鸡蛋大	无	无	摸不到	明显
180～210	子宫颈与子宫坠入腹腔	有时摸到胎儿，有时位置低摸不到	消失	摸不到	摸不到	明显
240～270	子宫颈与子宫坠入腹腔	摸到胎儿	消失	摸不到	摸不到	明显

2. 激素对抗法 妊娠时，主要作用于母牛生殖系统的激素

是孕酮。它可对抗适量的外源性雌激素,使之不起反应。因此,母牛配种后19天左右,注射适量的雌激素(己烯雌酚2~3 mL)后,如不出现发情,可初步确定该母牛已经妊娠。注入的外源性雌激素和卵巢分泌的雌激素共同作用,可使没有妊娠的母牛表现出明显的发情现象。

3. 超声波诊断法 用多普勒超声从阴道探测子宫动脉血流音或用多功能兽医超声诊断仪从直肠探测子宫波型,对60天妊娠母牛进行诊断,确妊率达90%。

4. 乳中孕酮测定 妊娠早期,牛奶中孕酮含量增加,未孕牛、性周期中的牛每毫升含孕酮4.22 μg,而孕牛每毫升中含孕酮量为18.55 μg,妊娠35~83天的母牛含量可达35.6 μg,妊娠后期下降,故可根据乳中孕酮判定妊娠。根据多勃生判定标准是:每毫升乳中孕酮含量大于8 μg为妊娠牛,小于5 μg为未孕牛,5~7 μg为可疑牛。

5. 硫酸铜法 取常乳和末把乳各1 mL,放入玻璃平皿中,滴入1~3滴3%硫酸铜溶液,迅速混合均匀,呈现云雾形状沉淀者为妊娠;反之,为未妊。

7 影响奶牛群繁殖力的因素

繁殖力是表示家畜繁殖性能的一种常用术语,通常用受胎率、不返情率、受胎指数、繁殖率、成活率、产犊指数等具体指标进行综合评定。

奶牛群繁殖力,即指整个牛群群体繁殖性能而言。奶牛群繁殖力的好坏,是通过每头繁殖母牛的繁殖性能的高低来体现的。如果每个个体的繁殖性能好,其群体繁殖力就好;反之,群体繁殖力就差。对于繁殖力需要实施的管理包括:良好的繁殖记录,精细的发情鉴定,适时的输精,精液在储存中和在母体生殖道内能得到保护，良好的饲养和管理条件。影响群体繁殖力的因素很多，现就其中几个主要方面简述于后。

● 产犊间隔

指2次产犊之间的时间，也叫“胎间距”。为奶牛群繁殖力判断的最合理标准。

1. 产犊间隔对产奶量的影响 产犊间隔不仅反映母牛的繁殖能力，也关系到产奶量的高低。产犊间隔的长短与产犊指数即母牛相邻2次产犊间隔时间内产犊数相关。正常产犊间隔约为360天，其间应产一头犊牛，即常说的“一年一犊”。产犊指数小，产犊间隔长；产犊指数大，产犊间隔短。少于或多于一年产一犊，即产犊指数大或小都会使产奶量降低。产犊间隔少于360天，泌乳期短，奶牛不可能有高的泌乳高峰，在泌乳时间短的情况下，结果产奶量低。产犊间隔超过12个月以上，产犊时间延长，不能一年一犊。虽然泌乳期延长，但305天泌乳期内的产奶量并没有增多，实际平均日产奶量低。这是由于母牛在泌乳曲线低的部分，花费了较多的时间，致使不能重新出现一个新的泌乳高峰期。牛一生中产犊数量减少，终生产奶量减少。

2. 产犊间隔与产后初次配种 产后初次发情配种因牛而异，有长有短，平均约为85天，与产犊间隔呈正相关。产后初配时间早，产犊间隔短；初配时间晚，产犊间隔长。各种研究认为，产后50～60天初次配种，将是减少产犊间隔最重要的方法。

3. 产犊间隔与发情表现 高产奶牛，产后发情出现延迟，且发情征兆不明显即所谓安静发情，常常因配种延迟而产犊间隔延长；低产奶牛，产后发情现象出现的早，发情征兆明显，易配妊，产犊间隔短。因此，应加强对高产母牛产后发情观察，及早发现发情牛只，及时配种，这是极必要的。

4. 产犊间隔与饲养管理 饲养管理是影响奶牛产后机体

恢复的关键。饲养管理条件好,机体体质恢复快,母牛健康,产犊间隔短;反之,则长。

● 发情鉴定

如果没有良好的、准确的发情鉴定,想要达到适时配种是不可能的。随着母牛群的扩大,发情鉴定已成为提高母牛受胎率的一项重要技术。因为通过它,可以发现母牛性周期中机能是否正常,并能确定适当配种的时间,达到有效配种。发情鉴定常用的方法有:

1. 外部观察法 即观察奶牛发情的外部表现,由于高产奶牛发情延迟,有的外部表现不明显,故应增加观察次数。据报道,每天观察2次,有75%～85%发情奶牛被发现;每天观察3次,有85%发情奶牛被发现;每天观察4次,有90%发情奶牛被发现。

2. 阴道检查法 对于发情外部表现不显著的母牛,可以用开膣器打开阴道进行检查。

● 饲养管理因素

饲养管理直接影响到牛群的繁殖力,饲养管理好,牛群繁殖力好;而一个奶牛群繁殖力的好坏,则又可以反映出饲养管理水平所存在的问题(表5-6)。如果母牛群中有10%以上母牛不孕,则可以认为这已是牛群的问题。

表5-6 饲养管理与牛群繁殖力的关系

项 目	饲养管理因素			
	优秀	良好	正常	低劣
平均配妊天数	100	100～115	116～130	130以上
配妊次数	1.5以下	1.51～1.8	1.84～2.0	2.0以上
产后90天内配种牛(%)	70以上	60～69	50～59	49以下
性周期正常牛(%)	95～100	85～94	75～84	74以下
平均产犊间隔(月)	12～13	13～14	14～15	15以上

● 输精技术

包括授精人员的技术水平、输精时间和输精次数。两次输精比一次输精更为实际和确切，受胎率高。

● 健康状况

奶牛的健康状况直接影响到母牛群的繁殖力。当母牛患生殖道疾病如子宫、卵巢疾病时，常常会影响受胎率。除此之外，流产也是影响繁殖力的重要因素之一(详见第13章)。

8 分娩

● 分娩前兆

分娩是母牛将发育成熟的胎儿、胎水及胎膜等，从子宫内排出体外的一个正常生理过程。临近分娩时，孕牛的生殖器官、乳房及全身状况要发生一系列变化，这些变化即为分娩前兆。具体表现：

(1)乳房增大、膨满，乳头肿大变粗，皱褶消失，有的奶牛从乳房内自行流出初乳。

(2)外阴部肿胀，阴唇水肿，皱襞展开，松弛柔软，阴门裂拉长，尾根与荐坐韧带间凹陷明显，行走时颤动。

(3)精神不安，回顾腹部，站立不稳，后肢频频倒步，食欲废绝。排尿、排粪频繁，每次量少，粪便稀软。阴道内排出透明、胶冻样长条状黏液。有的牛尾高举，后躯向两侧扭曲，或于运动场内乱跑，起卧不宁。

●助产

1. 助产准备 当确认母牛要产犊时,将牛置于平整、干燥、清洁的地方,产床应铺上干净、柔软的褥草,准备好接产用的脸盆、毛巾、助产绳、剪刀、来苏儿、碘酊、滑润剂等,应设专人看护临产牛并负责接产。

2. 助产方法 分娩是母牛的正常生理过程,通常无需人为干预便能自然顺利地产出犊牛。接产的目的是监护分娩过程,保护犊牛和母牛的安全和健康。当需要助产时,则应按下述方法进行:用1%来苏儿洗净母牛的会阴部和后躯,尾系于体躯一侧。当羊水流出而阵缩与努责微弱,胎儿已进入产道而产出延迟时,术者用手按压阴门上联合,助手拉住两前肢和胎头,配合努责,慢慢拉出胎儿。当阵缩和努责强烈,迟迟不见破水,或胎膜已破而迟迟不见胎儿显露或排出时,立即进行产道与胎儿检查,确定胎儿方向、姿势和位置,检查产道的松软扩张程度和骨盆变化,以判断是否有难产的可能,并采取适当术式,将胎儿拉出。一般采用牵引法助产。

牵引术是奶牛场常用的解救难产的基本助产方法,通过牵引胎儿的前置部而将胎儿从母体产道中拉出。

(1)适应症。常用于轻度的产道狭窄、胎儿过大、母体阵缩和努责微弱、胎位及姿势轻度异常而胎儿较小及经矫正胎儿异常后的助产。

(2)术前准备。术者1人,助手2~4人;准备好助产绳、来苏儿、脸盆和温水。

(3)操作方法。首先应用消毒液洗净母牛后躯,然后系助产绳。正生时,术者将助产绳拴于两前肢球关节上;倒生时,拴于两后肢跖关节上。也可将头固定,将助产绳由两耳穿过,绕过两侧面颊,绳结以单滑结在胎儿口中固定。术者用两手轻轻按压阴门上联合，保护会阴(图 5-4)，助手交替牵引助产绳，轻缓地将胎儿拉出(图 5-5)。

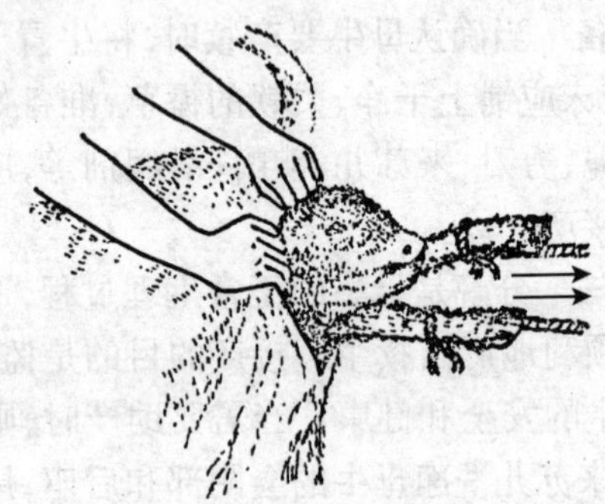

图 5-4　牵引时护住阴门

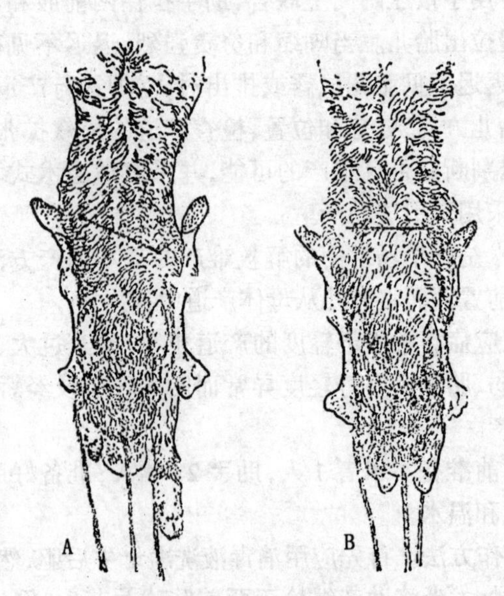

图 5-5　胎儿过大时牵引

A.正确牵引；B.错误牵引

(4)注意事项。

①充分润滑产道。胎水少，产道干燥，可向产道内注入大量液体石蜡、肥皂水或淀粉浆，以润滑产道。

②拉两前肢或两后肢时，不可同时用力拉紧两助产蝇，而应交替牵引，使胎儿肩胛或髋关节的宽度倾斜缩小，便于通过母体骨盆腔。

③胎儿通过困难时，应将两前肢送回产道内，将胎头拉出，当头娩出后，两前肢可通过胎颈和产道之间的空隙顺利拉出。

④牵引要与母牛阵缩、努责相配合，不能强拉。当整个胎儿将被拉出时，应缓慢牵引，防止子宫脱出。

⑤仔细检查产道开张情况和胎儿状况，做到心中有数，避免产道未完全开张而过早助产所造成的子宫颈口的撕裂、大出血等。

⑥胎儿牵出后，要检查产道和母体全身状况，有损伤、出血等，应及时处理，必要时要向产道内投入抗生素。全身状况较差，体力消耗较大者，可静脉注射5%葡萄糖生理盐水1 000～1 500 mL。

● 诱导分娩

诱导分娩即人工引产，是应用药物或物理方法使母牛在妊娠期满以前提早排出胎儿的方法。

1. 适应症

(1)妊娠期延长而终不见分娩的母牛。

(2)胎水过多、胎儿死亡、胎儿干尸化、顽固性阴道脱出的妊娠母牛。

2. 方法

(1)药物方法。使用药物而提早分娩，常用药物有：

①$PGF_{2\alpha}$ 30～45 mg，肌肉注射、皮下注射或子宫内注入，经

2～7天，母牛出现分娩表现。

②地塞米松10～20 mg，肌肉注射，1～5天内母牛出现分娩征兆。

(2)物理方法。在机械地扩张子宫颈前1～2天，肌肉注射雌二醇5 mg，等子宫颈口开张后再用手指扩张子宫颈，刺破胎膜。同时，可向牛阴道腔内注入大量45℃温水，重复灌注，以促使子宫颈松弛开张，引起阵缩，加速胎儿排出。

9 胚胎移植

胚胎移植又称受精卵移植，简称"卵移"，是20世纪60年代开始发展，继人工授精之后日益发展和完善的一种繁殖新技术。这项技术包括超数排卵，胚胎采集、鉴别和保存，胚胎移植等环节。

牛胚胎移植技术，是指对生产性能优良和遗传性稳定的母牛，经过超数排卵处理后，将多出自然排卵数几倍的受精卵取出，分别移植到受体母牛子宫内，使之产出优良后代的技术。

世界各国较为重视牛的胚胎移植，在养牛业发达的国家已有商业化的胚胎移植企业。我国在1978年以后，先后在上海牛奶公司、北京西郊农场试验成功，并获得了犊牛。

● 胚胎移植的实践意义

胚胎移植技术的实用价值主要是可以更好地发挥优良母畜的繁殖潜力和长期保存遗传物质。它不仅对动物遗传学和繁殖生理学的研究至关重要，而且对优良雌性配子的推广利用和畜群改良也能发挥重要作用。

(1)优良母牛的受精卵，在适当的保存下，有利于运输，减少了运牛的麻烦。

(2)受精卵输入受体母牛子宫或输卵管内发育成胚胎，产出的犊牛保持了优良母牛的遗传性，故扩大了良种数量，有利于育种。因非良种母牛也能产出优良的后代，加速了牛群的改良。

(3)对未达适繁年龄的母牛进行超数排卵和胚胎移植可以缩短世代间隔，有利于良种母牛的后裔测定。

● 供体牛和受体牛的选择

1. 供体牛的选择 供体牛应具备以下条件：

(1)具有较高的育种价值，品种优良，生产性能好，有完整的胎次产奶记录，谱系清楚，遗传性稳定。

(2)体质健壮，繁殖机能正常，全身健康，无任何生殖疾病及全身性疾病，无遗传缺陷和传染性疾病。

(3)被选牛只年龄在3~10岁，最好产过1~2头犊牛，对于15月龄的育成牛，要了解系谱情况，当了解其种用价值后，方可选入。

2. 受体牛的选择 受体牛应具备以下条件：

(1)体格健壮，拥有正常发情周期和繁殖能力，无繁殖疾病、无传染性和侵袭性疾病。

(2)年龄在3~10岁的非良种、廉价、产奶量低的青年牛或体型较大的黄牛。

(3)经产牛分娩在90天以上，产犊性能良好，无流产史，人工授精超过2次不孕的不能选做受体。

● 供体牛的超数排卵与人工授精

1. 超数排卵 也称“超排”。指经激素处理，使供体母牛发情并能排出数量较多的发育成熟的卵子，经合理的人工授精方法，以获得数量稳定的可移植的胚胎。

(1)用于超数排卵的激素。见表5-7。

表 5-7 用于超数排卵的激素

牛 只	激素名称	缩写	剂量(每头注射总量)
经产牛	促卵泡素	FSH	6~7 mg(国产) 300~400 mg(进口)
育成牛	促卵泡素	FSH	4~5 mg(国产) 200~300 mg(进口)
育成牛—成年牛	促黄体素	LH	100~200 IU
育成牛—成年牛	氯前列烯醇	PG(ICI80996)	0.8~1.0 mg(分2次)

(2)超数排卵的方法。以母牛发情之日作为发情周期的0天,在母牛发情周期的第九天,每天早、晚各注射一次促卵泡素(FSH),连续5天。第一天上、下午各0.7 mg,第二天各0.6 mg,第三天各0.9 mg,第四天各0.4 mg,第五天各0.3 mg。在第七次和第八次注射促卵泡素(FSH)时,同时肌肉注射氯前列烯醇,早上用量0.6 mg,晚上用量0.4 mg,第六天出现发情表现。

对经超排处理的母牛,应认真观察其发情表现,每天应观察2~3次。由于牛群中出现较多的相互爬跨母牛,为确保判断准确,可用开膣器检查,当子宫颈口充分开张,并有适量黏液流出时即为发情。当母牛接受其他牛爬跨时开始推算人工授精时间。

2. 人工授精 超排母牛的人工授精时间和授精次数报道不一,有在超排母牛发情后的12 h或24 h授精的,有在用氯前列烯醇处理后的48 h授精的。在授精次数上,有输精一次的,有输精3次(8 h,16 h,24 h)的。一般认为,增加超排母牛人工授精次数可以提高超排卵子的受精率。

● 胚胎的收集

1. 冲卵液的配制 冲卵所需的冲卵液也可用于受精卵的保存,通常使用较多的是杜氏磷酸盐缓冲液(PBS)(表5-8),配好的冲卵液需过滤灭菌、冷藏保存(4～ －5℃),pH 值为 7.2～7.6。

表 5-8 杜氏磷酸盐缓冲液(PBS) g/L

成 分	含 量	成 分	含 量
氯化钠($NaCl$)	8.0	丙酮酸钠	0.036
氯化钾(KCl)	0.2	葡萄糖	1.0
磷酸氢二钠(Na_2HPO_4)	1.15	青霉素	0.075
磷酸二氢钾(KH_2PO_4)	0.2	链霉素	0.015
氯化钙($CaCl_2$)	0.1	酚红	0.005
氯化镁($MgCl_2$)	0.1		

2. 收集胚胎 牛的胚胎收集也有的称为“采卵”,是利用冲卵液将早期胚胎(受精卵)从供体母牛的子宫角内冲出,并收集在器皿中的过程。胚胎收集的方法有手术法和非手术法2 种,现普遍采用的是非手术法。具体步骤是:通常胚胎采集的时间是母牛输精后 6～8 天。将供体母牛保定在六柱栏内,用 2% 奴夫卡因 5～10 mL,于荐椎和第一尾椎结合处,或第一、第二尾椎结合处行尾椎硬膜外麻醉。用扩宫棒扩张子宫颈,把带内芯的冲卵管慢慢插入子宫角。当冲卵管到达子宫角弯曲处时,拔出内芯 5 cm 左右,再把冲卵管往子宫角前端推送;当内芯再次达到子宫角弯曲处时,再向外拔出内芯 5～10 cm,直到冲卵管到达子宫角前端为止。向冲卵管气囊充气 8～12 mL,抽出冲卵管内芯,连接冲卵管和三通导管;用 50 mL 注射器每次吸取冲卵液 30～40 mL,钳住三通导管的输出管,将冲卵液从输入管注入子宫角,然后钳住输入管,使回收液从输出管流到 500 mL 量筒(集卵杯)内,反复多次,每个角用冲卵液 300～400 mL;把量筒内的回收液置于室温下(18～22℃)静置 20～30 min,通过集卵漏斗慢慢将上清液除去,最后剩回收液 30～50 mL,摇动量筒将其倒入直径 10 cm 培养皿内,用 PBS 液冲洗量筒筒壁 2～3 次,将冲洗液倒入集卵漏斗。另一侧子宫角回收液做同样处理。集卵漏

斗最后保留的液体约 20 mL,将其倒入另一个直径10 cm平皿中,最后待镜检。

●胚胎的质量鉴定

1. 胚胎的形态鉴定 用非手术方法采集胚胎时,把盛有冲卵回收液的培养皿放在立体显微镜下,从左向右、从上到下仔细检查,将检出的胚胎放入盛有保存液的直径 35 mm 培养皿中。卵子受精后随日龄的增加,处于不同的发育阶段。所以评定胚胎的质量,一定要注意胚龄。

供体母牛在输精后 6~8 天,胚胎应达到桑葚期或囊胚期阶段。

紧缩桑葚胚:卵裂球总数为 16~32 个,卵裂球隐约可见,彼此粘连,形似桑葚,细胞团的体积几乎占满卵周间隙。

早期囊胚:细胞团内出现透亮的囊胚腔,细胞开始分化为发暗的内细胞团和透明并包围囊腔的滋养层细胞。

囊胚:囊腔明显增大,内细胞团细胞和滋养层细胞分离,界线明显并分别集中于一极。

扩张囊胚:囊腔充分扩张,体积增至 1.2~1.5 倍,透明带变薄,相当于原来的 1/3,再进一步扩张,透明带破裂,内细胞团从囊腔脱出成孵育胚。

正常的胚胎透明带为圆形,未受精或退化胚的透明带呈椭圆形、无弹性。

2. 胚胎的分级 根据形态学方法进行胚胎鉴定,将其分为1,2,3,4 级等 4 个等级。

1 级:优秀胚。发育正常,发育速度与胚龄相一致,卵裂球轮廓清楚,透明度适中,细胞密度大,卵裂均匀,无水泡样卵裂球,无变性的细胞。

2 级:良好胚。发育基本符合预定胚龄,轮廓清楚,明暗适中或稍暗、稍浅，细胞密度较小或小型卵裂球过多，卵裂球轻度不匀整。

3 级：一般胚。卵裂球轮廓不清楚，呈中等程度不匀整，细胞密度小，细胞变性率较高，发育较慢。

4 级：为不可用胚。卵裂球异常或变性，发育缓慢，为变性胚、未受精卵。

● 移植技术

移植技术有外科方法和非外科方法 2 种。现普遍应用的是非外科方法。胚胎移植程序见图 5-6。

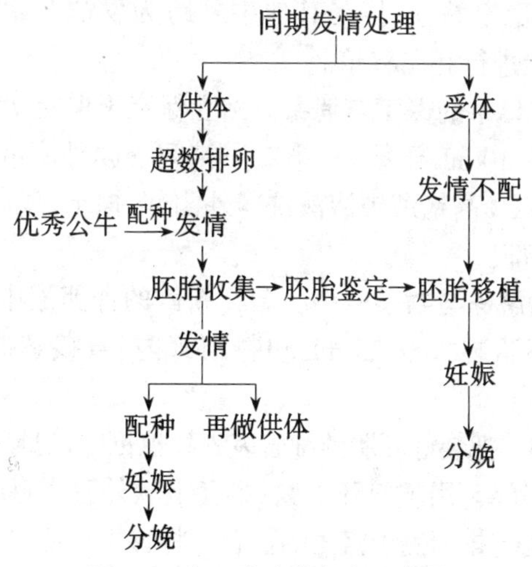

图 5-6　牛胚胎移植程序示意图

冲出来的胚胎首先应采用形态学观察和体外培养相结合的方法进行质量评定，最后才能确定其是否为可移植胚胎。

形态学观察在实体显微镜下进行，放大 80 倍。可移植胚胎的标准是：胚胎发育与采集日期一致，形态典型，透明带完整或损伤轻微,胚胎结构清楚或缺陷轻微,细胞突出胚胎整体部分或色泽发暗部分不超过胚胎总体积的1/5。体外培养:将色泽发暗比例过大或细胞突出胚胎整体过多的胚胎置于37℃培养2~4 h,发育者为可移植胚。胚胎移植时将以PBS培养的胚胎按直肠把握子宫颈输精法注入子宫角深处即可。具体步骤如下:

1. 受体母牛的同期发情处理 处理前对牛进行直肠检查,触摸卵巢是否处于活动状态,对卵巢处于活动状态的牛进行处理。药品为氯前列烯醇,经产牛0.3~0.4 mg/次,育成牛0.2~0.3 mg/次,肌肉注射。第一次在任意一天注射,第二次注射在第一次注射后11天进行。第二次注射后24~96 h观察发情,以受体牛表现稳定站立,接受其他牛爬跨为发情开始之日,计为0天,6~8天进行胚胎移植。

2. 受体母牛的保定与消毒 站立保定于保定架内。用2%奴夫卡因5~10 mL于第一、第二尾椎间硬膜外麻醉。用温水、肥皂水或0.1%高锰酸钾溶液洗净外阴部,擦干,最后用70%酒精擦拭外阴部。

3. 胚胎解冻与封装 将胚胎在新鲜的冲卵液中洗涤,然后再重新将胚胎装入0.25 mL塑料细管内(直接解冻移植法不需要)。

4. 输卵 把装好胚胎的细管装入移植枪中,把装有细管的移植枪套上硬外套,用塑料环卡紧,再套上软外套。直肠检查受体母牛卵巢,确定排卵侧子宫角的位置。将移植枪通过直肠把握法带入子宫颈,同时再把子宫颈轻轻拉直,顺势将移植枪推向排卵侧子宫角,把胚胎移植到子宫角的上1/3~1/2处即可。

● 供体牛与受体牛的术后观察

胚胎移植对母牛是一个应激,因此在胚胎移植后,必须加强母牛的饲养管理,促进母牛的体质恢复,保证母牛健康。对供体牛,要密切注意下一个发情周期的发情状况,当出现发情征兆时,可以进行配种,如没有出现发情征兆时,应进行全身检查(包括生殖系统的检查),异常者应及时对症处理。对受体牛,在移植后70~90天时,要进行妊娠检查,对已妊娠的受体牛要加强饲养管理,减少各种应激因素的作用,避免应激反应。对出现发情征兆的牛(说明未移植成功),应重新移植或进行人工授精。对未妊而又无发情征兆表现的牛,要进行临床检查,并及时予以相应处置。

⑩ 奶牛繁殖管理指标及其统计方法

● 繁殖管理指标

对于一个繁殖管理好的奶牛场来说,应该达到以下指标:年总受胎率达95%以上,一次情期受胎率达62%以上,产后配准天数不高于100天,初产月龄不超过28个月,年繁殖率达92%以上。

● 繁殖管理指标的统计方法

1. 产犊间隔 是指牛群中全部母牛2次产犊之间的平均间隔天数,也称胎间距。

统计:以分娩日为0天,计算到下一胎产犊日止,所有总和之平均。

2. 繁殖率 是指牛群中实繁母牛占应繁母牛的比率。

$$繁殖率=\frac{实繁母牛头数}{应繁母牛头数}\times 100\%$$

统计:实繁母牛头数,指全年(1~12月份)分娩的母牛头数,年内分娩2次的按2头计算,妊娠7个月以上早产的可计实繁母牛头数，妊娠7个以下流产的不计实繁母牛头数。应繁母牛头数，包括年初成年母牛头数和年内实分娩的青年母牛头数。年内出群的母牛，成年母牛从上胎产犊日至出群日不满13个月的可不计入应繁母牛头数，超过13个月的要按应繁母牛头数计算；青年母牛至出群日不满30月龄的可不计在应繁母牛头数内，超过30月龄的要计在应繁母牛头数内。

3. 产后初配天数 即产后第一次发情配种的时间。

统计：以分娩日为0天，计算到发情配种日止。

4. 产后配准天数 即产后配准受妊的时间。

统计：以分娩日为0天，计算到配准日止。

5. 第一情期受胎率 第一情期配种的受胎母牛数对第一情期配种母牛数的百分率。

$$第一情期受胎率=\frac{第一情期受胎母牛头数}{第一情期受配母牛头数}\times 100\%$$

统计：第一情期受配未受胎母牛，再次受配时的情期不计算在内；经过第一次输精的出群母牛，不能确定受胎与否者，不予统计，已确妊者，可统计在内；青年牛与成母牛分别统计。

6. 年总受胎率 即年总妊娠母牛数对年总配种母牛数的百分率。

$$年总受胎率=\frac{年总受胎母牛头数}{年总配种母牛头数}\times 100\%$$

统计：统计日期由上年的10月1日至本年的9月30日。正产受胎2次和流产后又受胎的母牛，其受配和受胎头数应以2头计算；配后2个月以内出群的母牛，不能确定是否妊娠者，可不参加统计，配种2个月后出群母牛可以确定是否妊娠者，可参加统计。受胎以直肠检查结果为准。

第6章 奶牛的改良与选配

奶牛育种就是从遗传上改进奶牛的品质,增加良种数量以及提高乳产品的产量与质量,创造新的高产品种、品系以及利用杂种优势等,为发展奶牛业生产服务。“常年抓育种,当年抓配种”,充分说明了育种工作是奶牛业中一项主要的基本建设工作,对促进奶牛业的发展具有很重要的意义。

❶ 奶牛育种的特点

奶牛改良目标相对地讲,要求比较单一。奶牛是一种大家畜,经济价值高,培育成本也大。选优淘劣不像其他家畜那样容易,从而要求育种工作者在各方面有较高的预见性和准确性。

奶牛的生物学特性给育种工作带来不少难处。单胎性使得可供选择范围小;世代间隔长,使改良速度受到影响;产乳只限于雌性一方,给公牛选择造成困难;未达成年之前没有产乳表现，因为产犊是产乳的前提，这样就使选种工作受到时间上和经济上的约束。另外，在目前常规繁殖技术条件下，奶牛一生的后代数比较少，一般产 3～5 头后代就被淘汰。

以上问题使我们认识到奶牛育种工作的长期性、综合性与艰巨性。为此，我们要提出科学的办法来解决存在的问题，达到改良目的。

❷ 育种工作者必须建立的观点

● 建立进化观点

任何生物(包括奶牛)都是在发展、进化的。进化的过程可概括为：变异→自然选择→生殖隔离→产生新种→遗传→变异，是由简单到复杂，由低级到高级的发展。奶牛在人工条件下的选育和改良的过程是：变异→人工选择→控制交配制度→产生良种→遗传→变异，不断选育，不断提高。

● 建立选择观点

对奶牛选与不选，选的方法不同，其效果不一样。

● 建立遗传观点

要根据奶牛质量性状和数量性状的遗传规律来进行选种。

● 建立畜牧学观点

我们改良的对象是奶牛，所以对奶牛本身特征特性要有所了解。

● 建立经济观点

育种的目的是为了提高生产水平，但提高生产水平必须考虑经济问题。经济观点包括着高产、优质、低成本、高效益等几个方面。

❸ 奶牛群改良的基础工作

● 做好育种记录,及时统计分析

育种记录是育种工作中的关键,是育种工作的基础,没有它育种工作就不能进行。这是一项很艰巨的任务,奶牛场的领导、育种人员必须加强、重视这项工作。

进行育种记录工作时,要长年累月地坚持记录,要及时记录,要认真负责、实事求是地记录,真正做到记录完整、数据可靠,不完整、不真实的记录,会给育种工作造成不良后果。科学的记录还要求简单易行、易懂、费时少。

对所有的原始记录资料要保存好,要及时地整理和统计分析,及时地为育种工作服务,提供科学依据。

育种记录项目、格式和统计方法,要按当地育种组织和本场要求进行。

1.一般常用的记录表格

(1)配种繁殖记录表。内容包括母牛号、与配公牛号、交配日期、配种次数与方法、预产日期、实产期、怀孕天数,初生小牛毛色、体重、性别、编号等。

(2)体尺与增重记录表。记录不同年龄不同阶段的体尺测量与称重(或估重)结果。

(3)体型外貌评分记录表。记录年龄不同阶段体型外貌评分结果。

(4)产乳性能记录表。记录每头牛的胎次、年龄、泌乳天数、每天产奶量、最高产奶量与日期、305 天产奶量、总产奶量、校正乳量、乳脂率、乳脂量、乳蛋白率、总干物质率和非脂固体物等。

要注明产奶性能记录是由牛场人员自己测记，还是由官方派专人测记，最好按后者办。

(5)兽医诊断及治疗记录表，包括各种疾病和遗传缺陷。

(6)个体牛卡片。每头牛一张卡片。在卡片上除登记以上整理的资料外，还要记录该牛的品种、牛号、良种登记号、出生日期、特征、系谱等。

2.奶牛牛群改良(DHI) 即奶牛生产性能测定体系。其实质是牛只产奶性能测定的一种记录方式。对个体牛进行生产性能测定，建立完整的奶牛记录体系是牛群遗传改良的基础工作。DHI的牛群记录方式是，由育种专门机构(DHI工作室)负责被测牛群的产奶量计量和取样工作。DHI每月一次统一对全群泌乳牛奶样采集，进行产奶量记录、乳成分分析及体细胞计数等，通过测试数据分析，一方面可为评估公牛遗传素质提供依据，另一方面可以通过它了解牛群的饲养管理水平和生奶质量水平，使奶牛生产者及时地发现生产中的问题，并随即予以改进。

早在19世纪末，美国、加拿大等奶牛生产先进国家就进行DHI测定，实施牛群改良方案，使牛群的遗传水平和生产性能持续得以提高。这比我国育种工作中所采取的个体抽取奶样，进行产奶量记录，单项乳成分分析，更加科学化、规范化，更能满足育种工作的需要。由于测试手段的进步和电脑管理，测定和计算快速、准确，客观地反映出牛场生产的真实情况，因此现已有很多牛场参加到DHI的牛群记录体系之中，在生产中收到了明显的实际效益。

奶牛牛群改良的牛群记录方法必须由育种专门机构负责，具体要求：

(1)参测牛场应按照中国奶业协会统一规定的奶牛编号对牛只进行标记，有耳号、系谱和繁殖记录等。在测试前应与奶牛牛群改良测试中心联系,将参测牛的父号、母号、外祖父号、外祖母号、出生日期及最近分娩日期、犊牛情况等信息告知测试中心。

(2)测定时间、次数。每个胎次、每个泌乳月均进行测定,产后最初1周和干奶前1周不进行测定,一个泌乳期进行9~10次测定。

(3)奶样的收集。奶样的收集是测定工作的基础,采样应由专人负责,应对采样人员进行操作培训。奶样必须是一个测定日各次挤奶收集奶样的混合样,每个班次取样量应按产奶量的1%为准,所收集的混合奶样总量为40 mL。

(4)奶样保存、运送。为了防止奶样在保存、运送过程中腐败变质,可在样品瓶中加入0.03 g重铬酸钾。加入防腐剂的样品在2~7℃条件下能保存1周,在15℃的条件下,能保存4天。在运送时,要保持样品平稳,避免过度摇晃,并放置在遮阳处。

(5)测定项目。用乳成分测定仪测定,内容包括日产奶量、乳脂率、乳蛋白率、乳糖量、体细胞数,也可根据实际生产需要增加测定内容。最后将测试结果报告给牛场,根据报告内的数据来指导生产。

● 体尺、体重的测量与计算

1.体尺 就是奶牛不同部位的尺度,通常以厘米(cm)为单位,可用各种器械如丈尺、卷尺、卡尺等测量。测量时应注意:测量器械要完好,使用前要检查校正;测定场地力求平坦,奶牛站的姿势端正;测定点与读数要准确。

(1)体高。从鬐甲最高点至地面的垂直高度(用测杖量)。

(2)体长。由肱骨前突起的最高点(即肩端)到坐骨结节最后内隆凸(臀端)间距离(用测杖或卷尺量)。

(3)胸围。在肩胛骨后角处体躯的周径(用卷尺量)。

(4)腹围。腹部最膨大处的周径(用卷尺量)。

(5)腰角宽。两腰角(髋结节)外缘的最大宽度(用圆形测定器量)。

(6)尻长。从髋结节(腰角前隆凸)到坐骨结节最后突起间的距离(用测杖量)。

(7)管围。在左前肢管部上1/3处测量的周径(用卷尺量)。

2.体重 指家畜的活重,以千克(kg)为单位。可以通过直接称重、肉眼估重或间接计算等方法获得,以直接称重最为准确。公式计算法虽不十分准确,但在体重大而又缺乏设备的情况下还是简易可行的。

奶牛体重估测公式很多,应用时可按牛群情况自选误差小、计算简便的方法。

6~12月龄:体重(kg)=胸围(m)^2×体长(m)×98.7

16~18月龄:体重(kg)=胸围(m)^2×体长(m)×87.5

初产至成年:体重(kg)=胸围(m)^2×体长(m)×90

北京市奶牛研究所曾用北京黑白花奶牛资料按多元回归原理,筛选出如下最优回归方程,依据公式代入有关体尺数据就可估算出某牛的体重。各式中,X_1为胸围(cm),X_2为体长(cm),X_3为腹围(cm),$\hat{Y}$为估计体重(kg)。

(1)头胎牛。

①$\hat{Y}=-656.89+3.45X_1+3.31X_2$。

②$\hat{Y}=-711.60+1.78X_1+2.46X_2+2.25X_3$。

(2)三胎牛。

①$\hat{Y}=-931.84+5.41X_1+2.61X_2$。

②$\hat{Y}=-987.84+3.63X_1+2.28X_2+1.97X_3$。

(3)五胎牛。

①$\hat{Y}=-1\,032.18+4.93X_1+3.88X_2$。

②$\hat{Y}=-985.83+3.21X_1+295X_2+1.89X_3$。

(4)不分胎次牛。可按下式计算：

$$\hat{Y} = -862.62 + 2.59X_1 + 2.46X_2 + 2.23X_3$$

● 生长发育的计算与分析

1.累计生长 任何一时期所测得的体重，代表的都是该牛被测定以前生长发育的累积结果，因此称为累计生长。从不同的日龄或月龄的累计生长数值，可以了解到奶牛发育的一般情况。若用图解的方法来表示，可把月龄作为横坐标，体重作为纵坐标，然后按实测材料，在对应年龄与实际体重之处划点，最后以线连接各点，即成累计生长曲线。在理论上，该曲线开始时一般上升很快，经过一段时间又趋缓慢，最后接近于平行横轴，曲线通常都呈S形，但实测的生长曲线常因品种和饲养管理的不同而有差异。

2.绝对生长 指在一定时间内的增长量，用以说明某个时期奶牛生长发育的绝对速度。例如，1个月内的平均日增重，就是绝对生长，说明这个月内的每天平均生长速度，一般用G来表示，其计算公式如下：

$$G = \frac{W_1 - W_0}{t_1 - t_0}$$

式中：W_0为前一次测定的重量；W_1为后一次测定的重量；t_0为前一次测定的日龄；t_1为后一次测定的日龄。

在生长发育早期，由于奶牛牛犊幼小，绝对生长不大，以后随着个体的成长逐渐增加，到一定水平后又逐渐下降。如把各个时期的绝对生长量用点来表示，它在理论上为钟形曲线。绝对生长在生产上使用普遍，是用以检查所养奶牛的营养水平和制定各项生产指标的依据。

3.相对生长 绝对生长只反映生长速度，未能反映生长强

度。相对生长表示生长发育的强度,以增重占始重的百分率来表示,其计算公式如下:

$$R = \frac{W_1 - W_0}{\frac{W_1 + W_0}{2}} \times 100\%$$

式中:R 为相对生长;W_0 与 W_1 分别为一个阶段内的始重与末重。

若把各时期相对生长值做成相对生长曲线,可以看出,相对生长是随年龄增长而下降。因为犊牛新陈代谢旺盛,生长发育最快,到成年后,生长强度趋于稳定,甚至接近于零。

我们把以上 3 种生长曲线合成典型的对比图(图 6-1)。

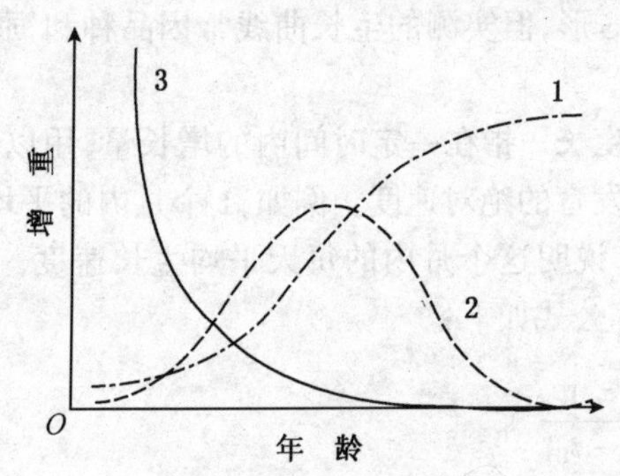

图 6-1　生长曲线对比图

1.累计生长曲线;2.绝对生产曲线;3.相对生长曲线

● 产乳性能的测定与计算

1.群体产奶量的计算

(1)成母牛全年平均产奶量。计算公式如下:

$$成母牛全年平均产奶量 = \frac{全群全年总产奶量}{全年平均饲养成母牛头数}$$

全年平均饲养成母牛头数包括泌乳牛，干奶牛，转进或买进的成母牛，卖出或死亡以前的成母牛。因此，需将上述牛在各月的不同饲养天数相加，除以 365 天，计算出全年平均饲养成母牛头数，然后代入上列公式，进行计算。

(2)泌乳牛年平均产奶量。计算公式如下：

$$\text{泌乳牛年平均产奶量}=\frac{\text{全群全年总产奶量}}{\text{全年平均饲养泌乳牛头数}}$$

2. 个体产奶量的计算

(1)305 天产奶量。根据中国奶业协会规定，一个泌乳期产奶量以 305 天的产奶量为标准，即产犊后，从第一天开始到 305 天为止的总产奶量。如果产奶时间不足 305 天，则按实际产奶天数的总产奶量计算；如果产奶时间超过 305 天，所超出的产奶量则不计算在内。

(2)全泌乳期实际产奶量。是指从产犊后第一天开始到干奶为止的累计产奶量。

(3)终生产奶量。是将奶牛各胎次的产奶量相加即得。胎次产奶量应以全泌乳期实际产奶量为准。

(4)个体产奶量的估算。估算方法很多，现分别简介如下。

①将泌乳期的最高日产奶量乘 200，即为估计的 305 天产奶量。

②每月等间隔地检查 2 天(即每月 1 日、16 日 2 次称乳)的产奶量，然后算出平均日产奶量，再乘以泌乳天数，即为估计的 305 天产奶量，泌乳期可能超过 305 天，但只统计到 305 天。

③北京市奶牛研究所利用伍德(Wood)提出的不完全伽玛函数模型来对北京黑白花奶牛 1～6 胎的泌乳曲线进行拟合分析：

$$Y_t = at^b e^{-ct}$$

式中：Y_t 为 t 周的日平均产奶量；a，b，c 为估计参数，其中 a 为平均产奶量参数，b 为奶牛产奶能力上升率参数，c 为奶牛产奶能力下降率参数；t 为估测产奶量的周数；e 为自然对数的底。

分析表明，各胎次泌乳曲线高峰期基本上都在第七周，因此分别将各胎次以第七周高峰期日平均产奶量为准，按产奶量高低划分为不同产奶量组别，再对各组分别进行拟合，利用拟合曲线就可估测 1～6 胎不同产奶量组别的 305 天总产奶量。估测方法见表 6-1 至表 6-6。例如，某场某头胎奶牛，根据产乳记录，第七周日平均产奶量为 26 kg，查表 6-1，该产奶量在第二组别范围内，则该牛 305 天估测奶量相应约为 6 886 kg。所以，只要知道奶牛的胎次、第七周日平均产奶量，查表就可得知 305 天估测产奶量。

此法对群体较准确，对个体还有一定误差。

表 6-1　第一胎估测的参数与产奶量

产奶量（kg）	参数 *a*	参数 *b*	参数 *c*	305 天实产奶量（kg）	305 天估测奶量（kg）	相对误差（%）
≥30	43.713	0.243	0.024	7 751	7 791	3.8
30～25	40.175	0.181	0.018	6 862	6 886	3.3
≤25	34.226	0.220	0.021	6 052	6 057	1.97

表 6-2　第二胎估测的参数与产奶量

产奶量（kg）	参数 *a*	参数 *b*	参数 *c*	305 天实产奶量（kg）	305 天估测奶量（kg）	相对误差（%）
≥40	57.078	0.303	0.039	8 963	8 939	3.0
40～35	58.429	0.164	0.025	8 355	8 358	4.3
35～30	49.484	0.213	0.028	7 483	7 484	3.2
30～25	46.530	0.154	0.023	6 617	6 623	2.95
≤25	35.860	0.236	0.028	5 799	5 788	4.8

表 6-3 第三胎估测的参数与产奶量

产奶量(kg)	参数			305 天实产奶量(kg)	305 天估测奶量(kg)	相对误差(%)
	a	*b*	*c*			
≥40	56.318	0.286	0.032	9 573	9 601	3.8
40~35	52.825	0.250	0.032	8 157	8 177	4.3
35~30	51.740	0.185	0.028	7 318	7 299	3.7
≤30	33.217	0.358	0.040	5 815	5 801	5.6

表 6-4 第四胎估测的参数与产奶量

产奶量(kg)	参数			305 天实产奶量(kg)	305 天估测奶量(kg)	相对误差(%)
	a	*b*	*c*			
≥35	50.140	0.30	0.035	8 402	8 392	3.3
≤35	45.185	0.262	0.029	7 705	7 697	2.4

表 6-5 第五胎估测的参数与产奶量

产奶量(kg)	参数			305 天实产奶量(kg)	305 天估测奶量(kg)	相对误差(%)
	a	*b*	*c*			
≥35	51.21	0.267	0.029	8 830	8 840	4.3
≤35	32.93	0.467	0.042	7 525	7 537	8.3

表 6-6 第六胎估测的参数与产奶量

产奶量(kg)	参数			305 天实产奶量(kg)	305 天估测奶量(kg)	相对误差(%)
	a	*b*	*c*			
≥35	48.294	0.323	0.035	8 666	8 691	3.1
≤35	42.571	0.229	0.026	6 955	6 989	3.5

●乳脂率的测定与计算

乳脂率在各泌乳期内每月测定一次。中国奶业协会规定,奶牛每逢1,3,5胎进行乳脂率测定,每胎测定第二、第五、第八3个泌乳月。测定时乳样采集必须有代表性,乳样要按每次挤奶量多少的比例采集,并将每次采样混合均匀。测定乳脂率常用的方法有盖氏法和巴氏法等。丹麦生产的MKⅢ型乳脂测定仪效果较好。

将测定的乳脂率乘以该月的实际产奶量,即可求出该月所产乳脂量。各月乳脂量相加,被总乳量除,即得平均乳脂率,计算公式为:

$$平均乳脂率 = \frac{\sum(F \times M)}{\sum M} \times 100\%$$

式中:F 为每次测定的乳脂率,M 为该月的产奶量。

我国黑白花奶牛采用泌乳期中第二、第五、第八 3 个泌乳月进行乳脂率测定。一般用产后第二个泌乳月所测定的乳脂率(F_1)代表产后 1~3 泌乳月的乳脂率;产后第五个泌乳月所测定的乳脂率(F_2)代表产后 4~6 泌乳月的乳脂率;产后第八个泌乳月所测定的乳脂率(F_3)代表产后 7~9 泌乳月的乳脂率。这样平均乳脂率的计算公式为:

$$平均乳脂率 = [(F_1 \times 1\sim3 泌乳月产奶量) + (F_2 \times 4\sim6 泌乳月产奶量) + (F_3 \times 7\sim9 泌乳月产奶量)] \div (1\sim9 泌乳月总产奶量) \times 100\%$$

●乳脂量的计算

产奶量乘乳脂率,即为乳脂量。在 2 头奶牛产奶量相同情况下,可利用乳脂量来判断产奶量的高低。在产奶量不同情况下,可换算成乳脂量,以比较其优劣。因为乳脂量是个综合指标,所以可用它作为选种指标之一。

●4%标准乳的计算

为了了解奶牛产奶性能,便于比较各奶牛间的产奶量,常以4%乳脂率的牛乳作为标准乳。标准乳是指按等能量计算的奶量,在一个共同能量的基础上校正不同乳脂率的奶,其计算公式为:

$$4\%标准乳(FCM)=0.4\times产奶量+15\times乳脂量$$

●北京市黑白花奶牛产奶量的校正

奶牛产奶量的高低除受遗传因素影响外，还受非遗传因素的影响。从北京地区看，非遗传因素当中对产奶量影响大的是泌乳天数、产犊月份、胎次和年龄等。为了正确地评定奶牛的实际生产性能，必须排除这些非遗传因素对产奶量的影响。而排除它们影响的办法就是制定出相应的产奶量校正系数，利用这些产奶量的校正系数把奶牛产奶量校正到同一水平上，以便于对奶牛进行客观的评价，从而提高选种的准确性。北京市奶牛研究所根据回归方程编制出如下各校正系数。

1.胎次校正系数 见表6-7。

表6-7 胎次校正系数

胎次	校正系数	胎次	校正系数	胎次	校正系数
1	1.274 1	5	1.000 0	9	1.270 0
2	1.137 9	6	1.013 2	10	1.498 4
3	1.057 0	7	1.055 8		
4	1.013 8	8	1.135 5		

2.年龄校正系数 见表6-8。

表6-8 年龄校正系数

月龄	校正系数	月龄	校正系数	月龄	校正系数
25	1.352 0	32	1.247 7	39	1.169 8
26	1.335 2	33	1.235 1	40	1.160 3
27	1.319 1	34	1.223 2	41	1.151 3
28	1.303 5	35	1.211 6	42	1.142 6
29	1.288 6	36	1.200 5	43	1.134 3
30	1.274 5	37	1.189 9	44	1.126 2
31	1.260 7	38	1.179 6	45	1.118 5

续表 6-8

月龄	校正系数	月龄	校正系数	月龄	校正系数
46	1.111 2	79	1.000 0	112	1.093 8
47	1.104 1	80	1.000 0	113	1.100 5
48	1.097 4	81	1.000 0	114	1.107 3
49	1.090 9	82	1.000 1	115	1.114 5
50	1.084 6	83	1.000 6	116	1.122 1
51	1.078 7	84	1.001 2	117	1.129 9
52	1.072 9	85	1.001 9	118	1.138 1
53	1.067 5	86	1.002 7	119	1.146 5
54	1.062 3	87	1.003 7	120	1.155 4
55	1.057 5	88	1.005 0	121	1.164 7
56	1.052 7	89	1.006 5	122	1.174 3
57	1.048 3	90	1.008 1	123	1.184 4
58	1.044 1	91	1.009 8	124	1.194 8
59	1.040 0	92	1.011 9	125	1.205 7
60	1.036 2	93	1.013 9	126	1.217 0
61	1.032 5	94	1.016 3	127	1.228 8
62	1.029 2	95	1.018 8	128	1.241 0
63	1.026 0	96	1.021 5	129	1.253 9
64	1.023 0	97	1.024 3	130	1.267 1
65	1.020 2	98	1.027 5	131	1.281 1
66	1.017 5	99	1.030 7	132	1.295 6
67	1.015 1	100	1.034 2	133	1.310 6
68	1.012 9	101	1.037 9	134	1.326 6
69	1.010 9	102	1.041 9	135	1.343 1
70	1.009 0	103	1.046 0	136	1.360 1
71	1.007 2	104	1.050 4	137	1.378 1
72	1.005 8	105	1.055 0	138	1.397 1
73	1.004 5	106	1.059 8	139	1.416 7
74	1.003 3	107	1.064 8	140	1.437 4
75	1.002 3	108	1.070 2	141	1.458 7
76	1.001 4	109	1.075 6	142	1.481 2
77	1.000 9	110	1.081 4	143	1.505 2
78	1.000 3	111	1.087 5	144	1.529 9

3.产犊月份校正系数　见表6-9。

表6-9　产犊月份校正系数

产犊月份	校正系数	产犊月份	校正系数	产犊月份	校正系数
1	1.013 9	5	1.054 3	9	1.090 7
2	1.014 7	6	1.071 6	10	1.075 4
3	1.023 3	7	1.085 6	11	1.045 1
4	1.037 4	8	1.093 2	12	1.000 0

4.泌乳天数校正系数　泌乳90~210天的校正系数见表6-10,泌乳245~500天的校正系数见表6-11。

表6-10　泌乳90~210天的校正系数

泌乳天数	校正系数	泌乳天数	校正系数
90	2.931 59	180	1.511 61
120	2.206 36	210	1.325 84
150	1.787 23		

表6-11　泌乳245~500天的校正系数

泌乳天数	校正系数	泌乳天数	校正系数	泌乳天数	校正系数
245	1.263 2	260	1.179 6	275	1.109 7
246	1.257 2	261	1.174 5	276	1.105 4
247	1.251 1	262	1.169 5	277	1.101 2
248	1.245 2	263	1.164 5	278	1.097 0
249	1.239 3	264	1.159 6	279	1.093 1
250	1.233 4	265	1.155 0	280	1.088 9
251	1.227 9	266	1.151 0	281	1.084 8
252	1.222 1	267	1.145 3	282	1.081 0
253	1.216 7	268	1.140 8	283	1.077 0
254	1.211 1	269	1.136 1	284	1.073 2
255	1.205 8	270	1.131 6	285	1.069 2
256	1.200 2	271	1.127 2	286	1.065 5
257	1.195 0	272	1.122 6	287	1.061 5
258	1.189 8	273	1.118 2	288	1.057 9
259	1.184 7	274	1.113 9	289	1.054 2

续表 6-11

泌乳天数	校正系数	泌乳天数	校正系数	泌乳天数	校正系数
290	1.050 6	325	0.942 9	360	0.864 3
291	1.047 0	326	0.940 3	361	0.862 4
292	1.043 4	327	0.937 8	362	0.860 5
293	1.039 8	328	0.935 2	363	0.858 6
294	1.036 3	329	0.932 8	364	0.856 8
295	1.032 8	330	0.930 3	365	0.854 9
296	1.029 5	331	0.927 8	366	0.853 0
297	1.026 0	332	0.925 3	367	0.851 2
298	1.022 6	333	0.922 9	368	0.849 3
299	1.019 3	334	0.920 6	369	0.847 5
300	1.015 9	335	0.918 1	370	0.845 7
301	1.012 7	336	0.915 7	371	0.843 8
302	1.009 6	337	0.913 4	372	0.842 2
303	1.006 2	338	0.911 1	373	0.840 4
304	1.003 1	339	0.908 7	374	0.838 6
305	1.000 0	340	0.906 5	375	0.836 9
306	0.996 9	341	0.904 2	376	0.835 1
307	0.993 8	342	0.902 0	377	0.833 5
308	0.990 8	343	0.899 8	378	0.831 7
309	0.987 8	344	0.897 4	379	0.830 1
310	0.984 7	345	0.895 2	380	0.828 4
311	0.981 7	346	0.893 2	381	0.826 7
312	0.978 8	347	0.891 0	382	0.825 1
313	0.976 0	348	0.888 8	383	0.823 4
314	0.973 0	349	0.886 7	384	0.821 8
315	0.970 1	350	0.884 5	385	0.820 1
316	0.967 4	351	0.882 5	386	0.818 5
317	0.964 5	352	0.880 4	387	0.816 9
318	0.961 8	353	0.878 3	388	0.815 4
319	0.958 9	354	0.876 3	389	0.813 8
320	0.956 2	355	0.874 2	390	0.812 2
321	0.953 6	356	0.872 3	391	0.810 7
322	0.950 9	357	0.870 2	392	0.809 2
323	0.948 1	358	0.868 3	393	0.807 7
324	0.945 5	359	0.866 4	394	0.806 1

续表 6-11

泌乳天数	校正系数	泌乳天数	校正系数	泌乳天数	校正系数
395	0.804 6	431	0.756 7	467	0.718 2
396	0.803 2	432	0.755 4	468	0.717 3
397	0.801 7	433	0.754 3	469	0.716 3
398	0.800 1	434	0.753 1	470	0.715 4
399	0.798 7	435	0.752 0	471	0.714 5
400	0.797 2	436	0.750 8	472	0.713 5
401	0.795 9	437	0.749 6	473	0.712 6
402	0.794 4	438	0.748 5	474	0.711 7
403	0.793 0	439	0.747 4	475	0.710 8
404	0.791 5	440	0.746 3	476	0.709 8
405	0.790 1	441	0.745 1	477	0.708 9
406	0.788 8	442	0.744 0	478	0.708 0
407	0.787 4	443	0.742 9	479	0.707 1
408	0.785 9	444	0.741 8	480	0.706 2
409	0.784 6	445	0.740 7	481	0.705 4
410	0.783 2	446	0.739 6	482	0.704 5
411	0.781 9	447	0.738 5	483	0.703 6
412	0.780 6	448	0.737 5	484	0.702 7
413	0.779 2	449	0.736 4	485	0.701 9
414	0.777 9	450	0.735 4	486	0.701 0
415	0.776 6	451	0.734 3	487	0.700 2
416	0.775 3	452	0.733 3	488	0.699 3
417	0.774 0	453	0.732 2	489	0.698 4
418	0.772 6	454	0.731 1	490	0.697 6
419	0.771 3	455	0.730 2	491	0.696 9
420	0.770 1	456	0.729 1	492	0.695 9
421	0.768 9	457	0.728 1	493	0.695 0
422	0.767 6	458	0.727 1	494	0.694 2
423	0.766 4	459	0.726 1	495	0.693 4
424	0.765 1	460	0.725 1	496	0.692 6
425	0.763 8	461	0.724 1	497	0.691 8
426	0.762 7	462	0.723 1	498	0.690 9
427	0.761 4	463	0.722 1	499	0.690 1
428	0.760 2	464	0.721 1	500	0.689 3
429	0.759 0	465	0.720 2		
430	0.757 8	466	0.719 2		

5.产奶量校正系数的用法 例如,1号牛第一胎产奶量为

5 265 kg,从表6-7查得第一胎校正系数为1.274 1,校正到第五胎(成年当量)的产奶量为5 265×1.274 1=6 708 kg。2号牛第二胎产奶量为5 500 kg。校正到第五胎为6 258 kg。从胎次校正系数应用的实例来看,未校正前2号牛比1号牛产奶量高,可是经过校正后,1号牛却比2号牛高。其他校正系数的用法依此类推。

从各校正系数应用的情况看出,对奶牛产奶量校正与否,所评定的奶牛名次顺序可能完全不同。很明显,未经校正的产奶量往往包含了一些“假象”,这对奶牛选种工作很不利。过去奶牛育种工作速度已受到影响,其原因之一可能就是与奶牛产奶量未进行校正(过去主要是没有自己的校正系数)而直接选牛。因此,为了加快奶牛育种工作进程,对奶牛产奶量的校正问题应当给以足够的重视。各地各大农场最好都能制定出自己牛群的校正系数。如果暂时没有自己的,可先借用条件相似的校正系数。但必须指出,由于饲养管理、气候等条件的变化,牛群生产性能和育种工作要求也在发生变化。所以,已制定出的校正系数并非永远合适,应根据情况变化定期制定出新的校正系数。

● 饲料转化率的计算

奶牛不仅要具有高产能力,还要具有经济、有效地将饲料转变为乳的能力。因此,计算奶牛的饲料转化率,是育种工作中重要内容之一。其计算方法有以下2种。

1.每千克饲料干物质生产若干千克牛乳 将奶牛全泌乳期总产奶量用全泌乳期实际饲喂各种饲料的干物质总量来除,即

$$饲料转化率=\frac{全泌乳期总产奶量(kg)}{全泌乳期实际饲喂各种饲料干物质总量(kg)}$$

2. 每生产1 kg牛乳消耗若干千克饲料干物质 将全泌乳期实际饲喂各种饲料的干物质总量,除以同期的总产奶量,即

$$\text{饲料转化率} = \frac{\text{全泌乳期实际饲喂各种饲料的干物质总量(kg)}}{\text{全泌乳期总产奶量(kg)}}$$

● 排乳速度的测定

排乳速度是评定奶牛生产性能的重要指标之一，排乳速度快的奶牛，有利于在挤乳厅集中挤乳。国外对不同品种牛规定了不同的排乳速度指标，如美国黑白花奶牛为3.61 kg/min。测定的方法是：用弹簧秤悬挂在三角架上直接测定称取，以每30 s或每分钟排出的乳量(kg)为准。排乳速度的遗传力为0.5～0.6。

● 前乳房指数的计算

前乳房指数表示乳房对称程度。测定方法是用有4个奶罐的挤乳机进行测定，4个乳区的乳汁分别流入4个玻璃罐内，由自动记录的秤或罐上的容量刻度，测量每个乳区的乳量，计算两个前乳区即前乳房的乳量占全部产奶量的百分率即为前乳房指数，即

$$\text{前乳房指数} = \frac{\text{前两个乳区乳量}}{\text{总乳量}} \times 100\%$$

一般地说，头胎奶牛的前乳房指数大于2胎以上的成年奶牛。如德国黑白花头胎奶牛前乳房指数为44%，成年牛为43%。品种不同，该指数也不同。前乳房指数的遗传力为0.31～0.76，平均为0.5。

4 奶牛育种的指标

● 外貌特征

毛色黑白花或红白花，皮薄有弹性，各部位匀称。头部清

秀,头颈结合良好,体躯长、宽、深,肋骨间距宽、长而开张,腹大而不下垂;胸深、宽,背线平直;尻部长、平、宽;四肢结实,蹄质坚实,蹄底呈圆形;乳房细致,乳静脉明显,乳房大而不下垂,前伸后延,附着良好,乳头大小适中,垂直呈柱形,间距匀称。

●体高和体重

北京地区荷斯坦牛母牛的体高和体重见表6-12。

表6-12 北京地区荷斯坦牛母牛体高和体重

月龄	体高(cm)	体重(kg)	月龄	体高(cm)	体重(kg)
6	105	180	18	132	440
12	125	330	成年	140	600

●生产性能

1. 产奶量 一般饲养条件下,母牛305天产奶量:1胎6 500 kg,2胎7 000 kg,3胎7 200 kg,4胎7 400 kg,5胎7 500 kg。

2. 乳脂率 不低于3.5%。胎次产奶量每增加1 000 kg,乳脂率可降低0.1%。

3. 乳蛋白率 不低于3.0%。胎次产奶量每增加1 000 kg,乳蛋白率可降低0.1%。

5 奶牛选种选配技术要点

●育种目标的经济评估

奶牛的育种目标是从遗传上提高、改良其产奶量、乳质与乳成分(主要包括乳脂率、乳蛋白率、非脂固体物)、乳用特性、产奶年限、繁殖力、成活率、饲料转化率等。

育种目标的经济评估，是指对要改进的性状做经济分析，经济价值高的性状在选种时要优先考虑并在制定选择指数时给以较大的经济加权值。由于经济价值受市场价格波动的影响，所以育种目标的经济评估要酌情调整。在对性状做经济评估时可以把性状分为基础性状和次级性状。基础性状是指那些可以直接用经济价值来度量的性状，次级性状是指那些本身很难用经济价值表示，通过对基础性状的影响产生间接经济效益的性状。

● 选种

选种就是选择种畜，是指运用各种科学方法，选出较好的符合要求的奶牛个体留做种用，增加其繁殖量，以尽快改进牛群品质。选种的理论依据主要是群体遗传学和数量遗传学中的选择理论。

1. 影响选种效果的因素 奶牛育种的效果受许多因素影响。为了使选种工作卓有成效，应当了解这些因素并在实践中加以注意。

(1)选种目标的稳定性。选种应当事先有明确的目标。具体指标既要先进可靠，又不可脱离实际。目标定了以后，就要坚持实施，保持相对的稳定。

(2)选种依据的准确性。选种是以个体或其亲属的表型值为基本依据，来判断基因型的优劣。因此，选种效果在很大程度上取决于奶牛档案资料是否完整，各种表型值的度量、记录是否真实、可靠，有无人为制造的假数据。同时要看采用什么选种方法，按什么资料选种。如果选用的资料不准确，是伪造的，那就必然造成统计分析上的误差，使选种建立在错误估计的基础上，必须避免这类失误。

(3)性状的遗传力与遗传相关。所选性状的遗传力的高低直接影响选种效果，是决定一个世代遗传改进量大小的重要因素。性状间的遗传相关对选种效果影响更大。过去重点选产奶量的高低,不太注意乳脂率的高低。由于产奶量与乳脂率间呈负遗传相关,结果造成产奶量上去了,而乳脂率却下降了。

(4)选择差与选择强度。如果留种比例小,变异程度大,这时,选择差和选择强度大,选种的效果好。

(5)世代间隔。奶牛的世代间隔一般为5年或5.5年,相对比较长,影响了改良速度和育种进程,因此要采取措施缩短世代间隔。

(6)选择性状的数目。选择性状时应抓重点,不宜过多,因为如选择单一性状的反应为1,则同时选择 n 个性状,每个性状的反应只有 $1/\sqrt{n}$。例如:一次选2个性状,其中每个性状的进展相当于单项选择时的 $1/\sqrt{2}$;如果一次选择4个性状,则为 $1/\sqrt{4}$。

(7)环境。任何数量性状的表型值都是遗传和环境2种因素共同作用的结果。环境条件发生变化,表型值相应地发生不同程度的改变。因此,牛场应按育种工作要求,加强饲养管理,使高产基因能得到充分表现。

2. 选种方法 选种方法很重要。方法不同,选种效果不同。在实践中要按各牛场的技术条件和奶牛不同生长发育阶段等灵活地选用合适的方法。一般来说,对质量性状主要根据基因型来选种,对数量性状要按育种值大小来选种,若同时选择多个性状时则要用选择指数法。如有条件可用最优线性无偏预测(BLUP)法。对于种子母牛除用此法外,同时应检验一下血型和染色体组型,以提高选种的效果。

在育种中,可从不同的角度对选种的方法进行分类,现分别简介如下。

(1)外形选择。外部形态与内部的生理功能间有一定联系,外形在某种程度上可以反映奶牛的健康状况和生产性能。同时,有些外形特征也是某些品种的标志。例如,在黑白花奶牛中不应出现全白毛或全黑毛个体。

我们不但要了解奶牛应具有的正常外形,而且还要注意其外形有无缺陷,更要严格考察有无遗传缺陷。

①奶牛外貌特点。幼年牛是犊牛与育成牛的总称。由于幼年牛正处在生长发育阶段,其体型随着不同的生长发育阶段而经常发生变化。因此,在鉴定幼年牛时,对不同的年龄有不同的要求。

根据牛的生长发育规律,一般初生犊牛头宽短,体躯浅、窄,而四肢较高。以后随年龄的增长,体躯逐渐增长、加宽,而四肢生长速度变慢。在正常饲养管理条件下,生后第一年,体躯的高度比长度和宽度长得快,第二年则相反。

幼年牛的高腿和富有棱角的外形,标志着它将来会发育为具有坚实的躯体和高大的身材的成年牛。如果幼年牛具有圆滑的体型,腿短而纤细,将来很少发育成为高产牛。幼年牛如出现凹背、狭胸、垂腹、尖尻,肩胛骨与体躯结合不良,肢势不正,佝偻病等,则都是严重缺点。

高产成奶牛外貌特点为,全身清瘦,棱角突出,体大肉不多,后躯较前躯发达,中躯较长,体躯一般呈三角形。对各种部位的具体要求是:头清秀而长,角细而光滑,颈长有细皱褶,胸深长,肋间宽,背腰宽平,腹围大;皮肤有弹性,皮下脂肪不发达,被毛光滑;乳房发育好,乳房基部充分地前伸后延,前乳房向前延伸至腹部和腰角前缘,后乳房向股间的后上方充分延伸、附着较高,使乳房充满于股间而突出于躯体的后方。4 个乳区发育均匀对称,底部平坦,容积大,呈“浴盆”状;乳头长且呈圆柱状,大小均匀,垂直,相互距离宽;弯曲而明显的乳静脉,宽而大的乳镜,粗而深的乳井。

②奶牛外形鉴定的方法。最早使用的是以传统经验为基础

的印象评定法，内容几经修改，发展成为今天的部位评分法。1967年美国开始使用记述式评定法，以期将公牛后裔体型结果加以数量化，应用于选种。1983年又提出并正式使用线性鉴定法。随后日本、荷兰、加拿大、英国、德国等也相继采用线性鉴定法。中国在20世纪80年代后期也开始引用、推广线性鉴定法。

(2)生产性能(成绩)选择。奶牛生产性能所表现出的性状一般可分为数量性状和等级性状两大类。这两类性状都受多基因控制，但表现不同。数量性状的表现是连续的，如产奶量、日增重等。等级性状的表现是间断的，如外形等级性状具有多个阈值，而难产与正产，发病与不发病，存活与死亡等性状只有一个阈值。等级性状也可用数字表示，如0,1,2,…。

根据生产性能的记录(成绩)和选留标准可做出选择，即生产性能选择。有的性状要向上选择，即数值大代表成绩好，如产奶量等；有的性状要向下选择，即数值小代表成绩好，如生产每单位产品所消耗的饲料等。

(3)表型值选择。在生产中，直接观察到的成绩都是表型值。根据育种需要，选出表型值高的个体留种就是表型选择。由于表型值可来源于个体本身或其亲属，所以又可分为个体选择、系谱选择、后裔选择、同胞选择等。

(4)育种值选择。育种值就是基因的加性遗传值。育种值能够真实地遗传给后代。根据育种值选种要比根据表型值更为可靠。但是育种值不能直接度量，要从表型值和遗传参数间接估计。通常选种所依据的表型值记录资料有4种：本身记录、祖先记录、同胞记录和后裔记录。育种值可根据任何一种资料进行估计，也可根据多种资料做出综合评定。

(5)单个性状的选择。即在某个时期内只重点选择某一个性状，如专门为提高产奶量进行的选择。这对该性状来说是最快的，但与其有负相关的一些性状就会受到不同程度的影响而降低生产水平。如奶牛的产奶量与乳脂率呈负相关,在对产奶量进行选择时,产奶量上升的同时,往往乳脂率的下降。

进行单个性状选择时,既可以根据本身或亲属的表型值,也可以根据本身或亲属的育种值。

(6)多个性状的选择。育种过程中更多的情况是同时要改进几个性状,也就是要做多个性状的选择。多个性状的选择方法有多种,如同时考虑外形等级与生产性能的综合评定法,对要选择的性状确定最低留种标准的独立淘汰法,根据性状的遗传力、遗传相关、经济重要性等参数制定出指数的选择指数法等。

(7)个体选择。即根据个体成绩进行选择,有时也叫它“大群选择”,即从大群中选出高产的个体。个体选择既可以根据表型值,也可以根据育种值;既可以根据单一性状,也可以根据多个性状。但个体选择不涉及亲属,一般用于遗传力高的性状。个体如有多次记录,则根据多次记录的平均值选择。

(8)家系选择。这是根据家系平均数决定选留的一种选择方法。家系通常分为全同胞家系和半同胞家系。

在家系选择中,如选留的个体也属于该家系,则叫同胞选择,又叫同胞测定;如选留的个体为该家系亲本,又叫做后裔测定或后裔鉴定。后裔测定一般多用于评定种公牛。在目前常规育种条件下,对母牛一般不进行后裔测定,故在此不再介绍。

必须明确,家系选择多用于遗传力低,受环境影响大的性状。

(9)系谱选择。系谱是一头奶牛的历史资料。选留的奶牛必须有一套完整的系谱记录资料。系谱一般有直式系谱和横式系谱 2 种。通过系谱审查和分析各代祖先的生产性能、发育表现及其他材料,可以估计该种牛的近似种用价值。通过系谱审查也可了解到该种牛的近交情况。优秀种牛祖先的选配情况,可以作为今后选配工作的借鉴。系谱选择又叫系谱鉴定。

系谱选择首先应注意的是父母代,然后是祖父母代。因为在没有近交的情况下,每经过一代,个体与祖先的亲缘关系减少一半。

系谱选择多用于尚处于幼年或青年时期的奶牛,因其本身尚无产奶记录,更无后裔鉴定材料。

系谱选择不是针对某一性状的,它比较全面,但主要在缺点方面,如查看在祖先中有无遗传缺陷、有无近交等情况,重点是祖先的外形和生产性能。

(10)同胞选择。虽然对于一些限性性状,如牛的产奶,在选择奶牛时,可从系谱和后裔的资料加以评定,但是系谱选择对数量性状的准确性有限,而后裔选择又延长了世代间隔,降低了遗传进展。还有一些在活体难以度量的性状(如胴体品质),个体选择更为困难。在此情况下,可用同胞选择,例如根据半同胞姐妹的成绩选择产奶量,根据全同胞的成绩选择屠宰率和胴体品质。

全同胞:同父同母的子女间称为全同胞。全同胞个体间的亲缘相关是0.5。在牛中全同胞出现的机会少,即便出现,也不在同一年生,或不在相似条件中,因此实际选种意义不大。

全同胞选择是根据同胞的成绩进行选择,一般不包括要选择奶牛本身的成绩。

半同胞:同父异母或同母异父的子女间称为半同胞。半同胞个体间亲缘相关是0.25。

半同胞选择不是选择它们的亲代,而是选它们中优秀的个体,一般也不包括选择的奶牛本身的成绩。半同胞选择在奶牛选种中意义较大,可以早期选种。

● 线性鉴定法

线性鉴定法是指测定一头奶牛的各种生物性状(如尻部的

水平程度和后乳区附着的宽度),按 1~50 分,从性状的一个极端到另一极端来衡量。这一方法共评定 14 个主要外貌性状和 1 个次要外貌性状,提供了每头被评定奶牛线性描述的体型轮廓。综合和分析这些资料,可对奶牛得出正确而详细的遗传预测,有利于公母牛的矫正选配。

线性鉴定的具体方法,各国做法不同。我国各地也正在试行探索,各地方法不一。

北京地区奶牛体型线性鉴定具体实施如下:

1. 线性鉴定牛的条件　被鉴定牛为 2~6 岁(1~4 胎)的第 2~5 个泌乳月的荷斯坦奶牛。而未投产牛;有体型评分,已满 6 岁以上的奶牛;专门供试验研究用奶牛、受精卵移植受体牛;伤、病、干奶、分娩前后、乳房浮肿及预定近期要淘汰的牛不参加鉴定。

2. 线性鉴定的实施原则

(1)以牛群为单位进行体型鉴定,经体型鉴定过的牛,9 个月后才能进行再鉴定。

(2)奶牛体型线性鉴定的性状至少包括中国奶业协会要求的 15 个性状(表 6-13)。全部性状可应用于奶牛体型功能改良的选配。

(3)评分方法采用 9 分制。根据线性评分转换百分表,将所鉴定性状的线性评分转换为百分制功能分,即按公式得出线性鉴定的一般外貌(100×30%)、乳用特征(100×15%)、体躯(100×15%)、泌乳器官(100×40%)的部位分,在 4 个部位分的基础上计算出整体总分(满分为 100)。整体评分及特征性状的权重构成见表 6-13。4 个部位和整体总分形成的原则是:泌乳器官的重要性 > 后肢 > 尻 > 体高。

表 6-13　整体评分及特征性状的权重构成

特征性状	体躯（15）				乳用特征（15）					一般外貌（30）							泌乳器官（40）							整体评分（100）
具体性状	体高	胸宽	体深	尻宽	棱角性	尻角度	尻宽	后肢侧视	蹄角度	体高	胸宽	体深	尻角度	尻宽	后肢侧视	蹄角度	前乳房附着	后乳房高度	后乳房宽度	悬韧带	乳房深度	乳头位置	乳头长度	
权重	20	30	30	20	60	10	10	10	10	15	10	10	15	10	20	20	20	15	10	15	25	7.5	7.5	

3. 线性鉴定的评分标准　根据 1994 年中国奶业协会确定的主要性状 14 项，次要性状 1 项，将具体要求和标准介绍如下：

(1)体高。十字部高度。中等体高 140 cm，评为 25 分，每增减 1 cm，增减 2 分。体高高于 150 cm 为极高，评为 45 ~ 50 分。低于 130 cm 为极低，给 1 ~ 5 分。

(2)胸宽。指两前肢之间胸底宽，又称体强度。宽 25 cm 评为 25 分，每增减 1 cm，增减 2 分。35 cm 以上，评为 45 ~ 50 分，15 cm 以下者，评为 1 ~ 5 分。

(3)体深。主要看肋骨最深处的长度、开张度、深度。根据中躯深度定分。胸宽是鬐甲高的一半，肋骨开张度 70°评为 25 分。胸宽大于鬐甲高的一半，多 1 cm 增加 1 分；胸宽小于鬐甲高的一半，少 1 cm减少 1 分。极深的评为 45 ~ 50 分，极浅的评 1 ~ 5 分。

(4)棱角性。又称清秀度。主要看肋骨开张度和骨骼的明显程度。肋骨间宽两指半评 25 分，肋骨间越宽，骨骼越明显越加分，非常明显 45 ~ 50 分，非常不明显 1 ~ 5 分，以 35 ~ 45 分为最佳。此外，还要看雌相是否明显、皮肤厚薄而定。

(5)尻角度。即坐骨结节与腰角的相对高度。从侧面看，腰角到坐骨结节连线与水平面之间的夹角。腰角高于坐骨结节 4 cm评为 25 分，坐骨结节高于腰角 4 cm，评为 1 ~ 5 分，腰角高于坐骨结节12 cm,评为45~50分。

(6)尻宽。为两坐骨端之间的宽度。宽20 cm评为25分,每增减1 cm增减2分,15 cm以下评为1~5分,24 cm以上评为45~50分。

(7)后肢侧视。飞节角度145°评为25分,每增减1°增减2分。135°以下(曲飞)评为45~50分,155°以上(直飞)评为1~5分。

(8)蹄角度。指蹄前缘与地面的角度。后蹄前缘与地面夹角45°评为25分,每增减1°增减1分,25°以下评为1~5分,65°以上评为45~50分。

(9)前乳房附着。乳房前缘与腹壁连接处的角度。90°评为25分,每增1°评分加0.7分,每减1°评分减0.5分。45°以下评为1~5分,120°以上评为45~50分。较好乳房附着角度为90°~120°,评为25~45分。

(10)后乳房高度。从牛体后方看,后乳房与后腿连接点即乳房组织上缘到阴门基部的距离为后乳房高度。27 cm评为25分,每增减1 cm增减2分,35 cm以上评为1~5分,19 cm以下评为45~50分。

(11)后乳房宽度。即乳房组织上缘的宽度,为后乳房与后腿连接点之间的距离。15 cm评为25分,7 cm以下评为1~5分,23 cm以上评为45~50分。

(12)悬韧带。后乳房基部至中央悬韧带处的深度。3 cm为中等深度,评为25分;6 cm为极深,评为45~50分;0 cm为无深度,韧带松弛,评为1~5分。

(13)乳房深度。为后乳房基部与飞节的相对高度。高于飞节5 cm评为25分(头胎牛评为30分以上,4胎牛评为20分以下),高于飞节以上15 cm评为45~50分,低于飞节以下5 cm评为1~5分。

(14)乳头位置。指前后乳头在乳区内的位置。乳头在中央部位的评为 25 分,向外减分,极外评为 1 ~ 5 分;向内加分,极内评为45 ~ 50 分。

(15)次要性状 1 项。乳头长度,乳头长 5 cm 评为 25 分,3 cm以下评为 1 ~ 5 分,9 cm 以上评为45 ~ 50 分。

4. 线性鉴定注意事项

(1)线性鉴定的评分与奶牛的年龄、泌乳时期、饲养管理无关。只能对照标准按实际表现鉴定评分。

(2)对任一性状的评定,应单独观察其实际表现,不应联系其他有关性状的表现。

(3)乳房或四肢的一侧病残时,鉴定健康的一侧;蹄内外侧角度不一致时,看外侧角度。

(4)泌乳器官、后肢、尻和体高是以理想型为标准的评分法。其印象评分与线性整体总分应在一个级别内,不在同级时,两者绝对值差大于 2.5 分时为出错,累积出错大于 10% 应认为鉴定结果不合格。

(5)3 胎以上或满 5 岁的奶牛,305 天产奶量有大于8 000 kg的记录时,印象评分才可大于 90 分;印象评分 92 分以上的奶牛,应在 1 个月内换鉴定员再确认一次,然后决定评分。

(6)母亲牛不够荷斯坦品种标准的,初产的印象评分最高可评 81 分,泌乳器官应在 79 分以下 。

(7)泌乳器官特别优良的初产牛(年龄不限),印象评分最高可评 85 分;其一般外貌与泌乳器官部位评分应约束在一个级别内。

(8)泌乳器官有缺陷的奶牛,"瞎"一个乳区的,初产牛印象评分在 79 分以下,经产牛不得超过 84 分;"瞎"两个乳区的,印象评分限制在 74 分以内。

(9)初产牛体型略小的,若乳房、四肢好,印象评分要高一点；体型大的奶牛，四肢不结实，乳房附着松弛的，印象评分要从严；后肢极端后踏的牛，应降低一个等级。

(10)印象评分为85分以上者，必须要测量体高、尻宽、胸围等体尺指标。

和其他方法相比，线性鉴定法具有一定的优越性。线性鉴定法具体地分性状单独评定，不是以理想型为基准，而是以性状的生物学变异范围为基准，因而充分保证了鉴定结果的准确性；线性鉴定法是一种比较科学的数量化的方法；线性鉴定法的结果基本一致而且有很高的实用性，方法具体，比较简单。

尽管如此，由于该法是用肉眼评定，鉴定员水平不同，难免会出现误差，因此还不能完全信赖鉴定结果。随着科学的发展，有人提出用电子计算机对奶牛体型进行自动线性评定，其结果可能会更可靠、真实。

● 选配

选配是指在牛群内，根据牛场育种目标有计划地为母牛选择最适合的公牛或为公牛选择最适合的母牛进行交配，使其产生基因型优良的后代。不同的选配，有不同的效果。

选种和选配的关系为，选种是选配的基础，但选种的作用必须通过选配来体现，同时选配所得的后代又为进一步选种提供了更加丰富的材料。

1. 选配方法　根据交配个体间的表型特征和亲缘关系，通常将选配方法分为品质选配和亲缘选配2种。

(1)品质选配。就是考虑交配双方品质对比的选配。根据选配双方品质的异同，品质选配又可分为同质选配和异质选配。

①同质选配。是选择在外形、生产性能或其他经济性状上相似的优秀公、母牛交配。其目的在于获得与双亲品质相似的后代，以巩固和加强它们的优良性状。

同质选配的作用主要是稳定牛群优良性状，增加纯合基因型的数量。但同质选配亦有可能提高有害基因同质结合的频率，把双亲的缺点也固定下来，从而导致后代适应性和生活力下降。所以，必须加强选种，严格淘汰不良个体，改善饲养管理，以提高同质选配的效果。

②异质选配。是选择在外形、生产性能或其他经济性状上不同的优秀公、母牛交配。其目的是选用具有不同优良性状的公、母牛交配，结合不同优点，获得兼有双亲优良品质的后代。

异质选配的作用在于通过基因重组综合双亲的优点或提高某些个体后代的品质，丰富牛群中所选优良性状的遗传变异。在育种实践中，只要牛群中存在着某些差异，就可采用异质选配的方法来提高品质，并及时转入同质选配加以固定。

(2)亲缘选配。是根据交配双方的亲缘关系进行选配。按选配双方的亲缘程度远近，又分为近亲交配(简称近交)和非近亲交配(简称非近交)。一般认为，5代以内有亲缘关系的公、母牛交配为近交，否则为非近交。从群体遗传的角度分析，在特定条件下，一个大的群体的基因频率与基因型频率在世代相传中应能保持相对的平衡状态，如果上、下两代环境条件相同，表现在数量上的平均数和标准差大体上相同。但是，如果不是随机交配，而代之以选配，就会打破这种平衡。当选配个体间的亲缘关系高出随机交配的亲缘程度时就是近交，低于随机交配的程度时就是杂交。

2. 选配工作应注意的事项

(1)根据育种目标，对奶牛场的群体奶牛及个体奶牛进行生产性能和外貌调查，为巩固优良特性，改进不良性状进行选配。每个牛场必须定期地制定出符合牛群育种目标的选配计划，其中要特别注意和防止近交衰退。

(2)依牛只个体亲和力和群体的配合力进行选配。

(3)在调查分析的基础上，针对每头母牛本身的特点选择出优秀的与配公牛。也就是说，与配公牛必须经过后裔测定，而且产奶量、乳脂率、外貌的育种值或选择指数高于母牛，严禁有相同缺陷或不同缺陷的交配组合。

(4)除育种群采用近亲交配外，一般牛群的近交系数应控制在4%以下。

(5)应及时分析并总结每次选配的效果，不断提高选配工作质量。

第7章 鲜乳及鲜乳质量

1 牛乳的分类

牛乳是由奶牛乳腺分泌的一种乳白色稍带微黄色的均胶状不透明液体。牛乳是由水、蛋白质、脂肪、乳糖、磷脂、维生素、盐类和酶类等多种成分所组成的优质的营养食品。

牛乳的成分受多种因素的影响，随奶牛的品种、泌乳期、日粮组成、饲养方式、个体差异、健康状况和气象条件等的变化而不同。由于牛乳成分的变化，有的能作为乳制品的加工原料，有的则不能，故从用做加工原料的角度出发，将奶牛分泌的乳分为常乳和异常乳2类(表7-1)。

表 7-1　牛乳分类

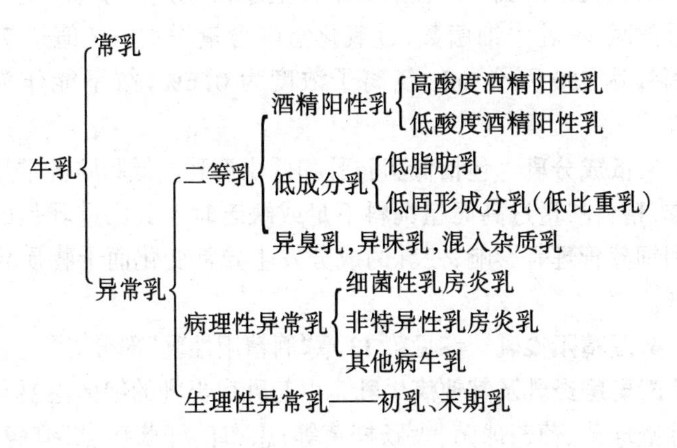

● 常乳

常乳的成分和性质较为稳定,为乳制品的加工原料。常乳的质量应符合国家规定标准,否则不可作为原料乳。

● 异常乳

异常乳是指乳的成分及理化性质等不同于常乳的乳。这种乳不适于饮用或做乳制品和原料乳。

1.初乳　初乳呈黄褐色,有异臭,味苦,黏度大,故又称胶奶。初乳成分与正常乳显著不同(表 7-2),不能用来加工。

表 7-2　初乳与常乳主要成分比较　　%

项　目	初乳*	常乳**	项　目	初乳*	常乳**
水分	71.7	87.0	乳糖	2.5	5.0
乳脂	3.4	4.0	矿物质	1.8	0.7
酪蛋白	4.8	2.5	干物质总量	28.3	13.0
球蛋白与白蛋白	15.8	0.8			

*初乳的酸度为 45 ~ 50 °T; ** 常乳的酸度为 18 ~ 20 °T。

2. 泌乳末期乳 产犊后 8 个月至停乳时所产的乳。随着泌乳量的减少，乳中细菌数、过氧化氢酶含量增加，pH 值达 7.0，细菌数达 250 万个/mL，氯离子浓度为 0.6%，故不能作为原料乳。

3. 低成分乳 包括低脂肪乳和低比重乳。低脂肪乳常见于夏季，精料喂量过高而粗饲料不足或缺乏时。低比重乳是因遗传和饲养管理等影响，使乳的成分发生异常变化而干物质含量过低。

4. 酒精阳性乳 参见第 13 章“酒精阳性乳”部分。

5. 乳房炎乳及其他病牛乳 引起乳房炎乳的细菌主要有溶血性链球菌、葡萄球菌、大肠杆菌等，患布氏杆菌病、炭疽病、结核病和口蹄疫的病牛，牛乳中都含有大量的病原微生物。由于乳房炎的发生，牛乳品质发生改变，表现为氯和钠含量增高，乳糖含量降低，pH 值升高，细菌、白细胞和上皮细胞明显增多(表 7-3)，如作为加工原料，将会使乳制品风味变坏、变质，同时能传播疾病，引起食物中毒。

表 7-3 隐性乳房炎乳与正常牛乳物理性质比较

类 别	肉眼变化	pH 值	味	体细胞数(个/mL)
正常牛乳	无可见颗粒物质	6.4～6.8	甜香	50 万以下
隐性乳房炎乳	有乳块、纤维、絮状物	7.0 以上	碱	50 万以上

6. 混入杂质乳 由于环境卫生和挤乳卫生不良，常常会使杂质混入乳中。最常见的是牛舍、牛体不清刷，挤乳用具不消毒，挤乳员不洗手，不勤换工作服，牛棚尘土飞扬，挤出的乳不过滤，装满的乳桶不封盖等，致使昆虫、杂草、牛毛、粪土混入乳内。受异物污染的牛乳出现沉淀物，结果妨碍了酸乳制品的生产；为了提高牛乳成分，增加重量及缓解牛乳的酸度，人为的向乳中加水、加异种脂肪和蛋白、加中和剂如苏打粉等，使牛乳成分发生

改变,影响了乳的营养价值和乳制品生产;为促进奶牛生长和分泌而投服激素制剂,给病牛使用抗生素,或采食含有农药的饲草等,都可导致乳中含有激素、抗生素和农药,这不仅直接影响人的健康(出现抗药性、过敏反应和蓄积中毒等),也妨碍酸乳制品的生产,故必须加以注意。

❷牛乳的营养价值

牛乳中含有蛋白质、脂肪、碳水化合物、矿物质和维生素等100多种化学成分,牛乳中的营养成分最易被人体消化吸收,因此牛乳是一种营养价值很高的全价食品,而且也是一种价格低廉、经济实惠的食品,在人民生活中占有重要地位。随着我国广大人民生活水平的不断提高,对乳和乳制品的需求量不断增加,当前,我国的奶牛业不断发展,奶牛质量和产奶量不断提高,乳品工业迅速发展,已能生产出大量的、品种繁多的乳制品。

牛乳的营养价值,实质上就是指其干物质而言。干物质包括了乳中除水以外的全部营养成分。在计算牛乳和乳制品营养价值时,常常依其脂肪和非脂乳固体含量来概括,正常乳干物质含量为11%~13%,按规定要求脂肪含量不少于3.2%,非脂乳固体含量不少于8.5%。

● 乳蛋白质

乳蛋白质主要有酪蛋白、乳清蛋白、乳球蛋白和免疫球蛋白等,其中酪蛋白占乳蛋白质的80%~82%,乳清蛋白占18%~20%,乳球蛋白占0.1%。乳蛋白质的营养价值表现为:

1.是营养完全的蛋白质 由于乳蛋白在蛋白酶的作用下分解成蛋白际、蛋白胨,最终分解为氨基酸,因此乳蛋白质能提供多种机体所需要的必需氨基酸(表7-4)。

表 7-4　黑白花奶牛乳中氨基酸的含量　g/dL

氨基酸	含量	氨基酸	含量
苏氨酸	0.130±0.004	丝氨酸	0.168±0.006
丙氨酸	0.098±0.003	谷氨酸	0.623±0.019
缬氨酸	0.188±0.006	甘氨酸	0.058±0.003
亮氨酸	0.295±0.013	酪氨酸	0.128±0.03
异亮氨酸	0.163±0.005	苯丙氨酸	0.150±0.004
赖氨酸	0.243±0.009	组氨酸	0.08±0.004
色氨酸	0.048±0.003	精氨酸	0.103±0.005
蛋氨酸	0.078±0.003	脯氨酸	0.290±0.009
天冬氨酸	0.225±0.010	胱氨酸	0.02

2.乳中免疫球蛋白与乳的免疫性有关　乳中免疫球蛋白具有抗体作用，能提高机体免疫力，从而能增强机体对疾病的抵抗能力。

●乳糖

由奶牛的乳腺所合成，仅在乳汁中存在。牛乳中乳糖含量为3.6%～5.5%，占干物质的38%～39%。乳糖在水中的溶解度较低，在乳中呈溶解状态。经消化的乳糖可分解成葡萄糖和半乳糖。乳糖的营养价值是：乳糖能促进胃肠道中乳酸菌的生长繁殖，而乳酸菌可促使乳糖转变为乳酸。乳酸的形成使胃肠道 pH 值下降、乳酸菌生长，抑制其他腐败菌的生长，有助于胃肠道消化和吸收作用，促进钙的吸收。半乳糖能促进脑苷和粘多糖类的生成。而这些物质为脑和神经组织糖脂质的组成部分。因此，乳糖对婴儿的脑神经组织的发育，对幼儿智力的发育都有重要作用。

但值得注意的是，有的婴儿或有的人，由于消化道内缺乏乳糖酶，故不能将乳糖分解成葡萄糖和半乳糖，影响其吸收，临床上出现腹泻，应引起重视。

● 乳脂肪

乳脂是牛乳的重要成分，也是乳制品如稀奶油、奶油、全脂乳粉和干酪的主要成分。正常牛乳的乳脂肪含量为3%～5%。

牛乳的脂肪中甘油三酯占98%～99%，卵磷脂占0.36%～0.049%，固醇占0.3%～0.4%。乳脂的营养价值表现为：牛乳脂肪的熔点低于人体的体温，且呈乳化状态，故极易被机体消化吸收。乳脂中的脑磷脂、卵磷脂和神经磷脂，对于脑和神经的生理功能，磷的代谢都有着重要作用。其中卵磷脂是构成脂肪球膜蛋白质络合物的主要成分，这种膜能使乳、稀奶油和其他乳制品中的脂肪浊液趋于稳定，保证了其食用后易被消化和吸收。乳脂中含有丰富的脂溶性维生素，如维生素A和胡萝卜素，能提供机体所需的维生素。胡萝卜素使牛奶呈淡乳黄色，可促进食欲。

● 维生素

牛乳为人体提供所需要的各种维生素。

1.维生素A 牛乳中含有维生素A及胡萝卜素，维生素A的含量决定于饲料中胡萝卜的含量，饲料中胡萝卜的含量越高，乳中维生素A的含量也越高。1 g脂肪含维生素A 2.6～15.2 μg，平均约为4.6 μg。

2.维生素D 具有促进钙、磷吸收和在骨骼中沉积的功能。1 L牛乳中维生素D的含量平均为0.2 IU。

3.维生素E(生育酚) 它能改善氧的利用而促进组织细胞呼吸过程恢复正常；它为天然的抗氧化剂，能防止维生素A、维生素D及不饱和脂肪酸在消化道及内源代谢中氧化而失效，并能保护含脂质的细胞膜不被破坏，对黄曲霉毒素、亚硝基化合物和多氯联二苯具有抗毒作用。乳中维生素E含量为2～3 mg/L。

4.维生素 B_1(硫胺素) 乳中含量平均为 0.3 mg/L,在酸乳制品中含量约增加 30%。

5.维生素 B_2(核黄素) 乳中含量为 1～2 mg/L,具有增进食欲、防止腹泻和脱毛的作用。

6.维生素 C(抗坏血酸) 乳中含量为 1～4 mg/L,具有增进机体抵抗力的作用。

7.尼克酸 乳中含量为 0.87 mg/L,具有抗癞皮病的效果。

●矿物质

牛乳中矿物质种类很多,主要有钙、磷、镁、钾、钠、硫、铁、碘等。其中钾、钠以真溶液存在于乳中,钙、磷、镁等以溶液状、悬浊状和与乳蛋白结合状态存在于乳中。这些物质对于人体的发育、组织结构及生理代谢都起着重要作用。

1.钙和磷 牛乳中含钙量 104～108 mg/dL,磷含量为 86～95 mg/dL,由于易被人体吸收,可以满足机体对钙、磷的需要,以保证骨骼的形成。

2.其他矿物质元素 发育中的儿童,怀孕的和哺乳的妇女,对铜、铁、碘等需求量较大,牛乳中这些元素含量多,是其良好来源,在防止贫血,促进胎儿及母体的代谢等方面都有重要作用。

③鲜乳的质量标准

新鲜而优质的原料乳是制造优良的饮用乳及乳制品的先决条件。因此,在收购时必须及时地进行质量检查。根据感官检查、理化性质及微生物的检查区分质量好坏,判断出等级,以便按质论价和分别加工。检查方法应按国家标准"牛乳检验方法"进行,质量标准应按"国家标准"规定来判定(表 7-5)。

表 7-5　生鲜牛乳质量评定标准

项　目	特级乳	一级乳	二级乳
颜色	乳白色或稍带微黄的均质胶状液体	乳白色或稍带微黄色的均质胶状液体	乳白色或稍带微黄色的均质胶状液体
气味	具有新鲜牛乳固有的香味、微甜味,无酸味、臭味、苦味及其他异味	具有新鲜牛乳固有的香味、微甜味、无酸味、臭味、苦味及其他异味	具有新鲜牛乳固有的香味、微甜味,无酸味、臭味、苦味及其他异味
异物检查	无凝块,无草屑、粪土、昆虫、牛毛和金属异物	无凝块,无草屑、粪土、昆虫、牛毛和金属异物	无凝块,无草屑、粪土、昆虫、牛毛和金属异物
酒精试验	阴性	阴性	阴性
酸度(°T)	18 以下	19 以下	20 以下
比重	≥1.030	≥1.029	≥1.028
脂肪(%)	≥3.20	≥3.00	≥2.80
全乳固体物(%)	≥11.70	≥11.20	≥10.80
细菌总数(个/mL)	≤10 万	≤50 万	≤100 万
煮沸试验	不发生蛋白质凝固	无凝固	无凝固
汞(以 Hg 计,mg/kg)	≤0.01	≤0.01	≤0.01

特级乳:在每千克乳市价的基础上外加浮动奖励。其奖励是二级乳、等外乳与一级乳的差价部分,即“差额款”。

一级乳:按市价收购。

二级乳:每千克按市价的 94%收购。

❹ 鲜乳质量的影响因素与保证措施

鲜乳的风味、质量在乳制品生产中占有非常重要的地位。鲜乳的质量和风味不良,对乳制品的风味、保藏性能及产品的销售等均有直接影响。影响鲜乳质量的因素复杂,涉及奶牛的品质、牛场管理、饲料品种、挤奶和运输等许多环节。因此,了解影响鲜乳质量的因素,正确地采取鲜乳质量的保证措施,在乳制品生产中是十分必要的。

● 影响鲜乳质量的因素

1.微生物因素 牛乳在乳房内还未挤出时直到乳品厂加工时,其间每个环节都可能受到微生物的污染。挤乳前,在健康奶牛的乳房内,牛乳中细菌数为200~600个/mL。在挤乳中,由于奶牛被毛、特别是乳房及后躯附着有粪土,牛舍通风不良,舍内空气中尘埃的浮游,挤奶桶和挤奶器清洗不及时,消毒不严格,挤奶员不注意卫生及蚊、蝇的传播等,更易造成细菌污染,致使乳中细菌高达百万个以上。挤奶后细菌污染机会更多,如过滤器、冷却器、贮乳槽及奶罐车清洗不彻底,消毒不严格可导致污染。

牛乳中细菌种类繁多,有的能引起牛乳变酸,有的能引起变质,有的甚至能引起人类疾病的发生。例如:乳链球菌、嗜热链球菌、粪链球菌、乳酪链球菌等能使牛乳变酸。绿脓杆菌、荧光杆菌、纹膜酸杆菌等能在0~20℃生长繁殖,故称低温菌。它们分解蛋白质、脂肪,使乳和乳制品变质,并能使发酵产物氧化而腐败。最应值得注意的是芽孢杆菌。因这些细菌能形成芽孢,故经杀菌处理后,仍能残留于乳中。其中枯草杆菌、巨大芽孢杆菌能分解乳蛋白,产生非酸性凝固;短芽孢杆菌、凝结芽孢杆菌能使牛乳变酸;肉毒梭菌、魏氏梭菌能使乳糖发酵形成酪酸,产生带刺激性的酪酸味,并能引起人的食物中毒。球菌类的细菌能耐高温,对蛋白质分解能力很强,能使干酪表面形成被膜。无乳链球菌、金黄色葡萄球菌和乳房炎链球菌等不仅能引起奶牛的乳房炎,使产奶量下降,乳质量降低,而且还能引起人的食物中毒。

2.温度因素 包括环境温度和牛乳温度两个方面。

在4~21℃时,产奶量和乳的组成几乎不受环境温度的影响,21~27℃产奶量和乳脂率均逐渐降低,而在27℃以上时,产奶量明显减少，但乳脂率增加，非脂固形物成分含量减低。

温度对乳中微生物生长影响极大，这是由于微生物种类较多，而每种微生物都有其固有的最适温度。通常情况下，乳温越高，细菌繁殖速度越快，牛乳也越易变质。

3. 其他因素

(1)饲料因素。饲料如氨化秸秆、不良的青贮、过度添加碳酸氢钠、野草(如甘菊、毒芹)等，经奶牛呼吸道、消化道都可进入牛乳中，使牛乳含有氨味、咸味、苦味和杂草味；饲料中含碳水化合物饲料缺乏，乳糖的含量减少，乳脂率含量增加；精料喂量过高，粗饲料缺乏，乳脂率下降；蛋白饲料不足，可使乳中的无脂固形物减少；饲料发霉变质，饲喂有农药(含黄曲霉毒素、滴滴涕和汞等)，也可通过牛体而进入乳中。

(2)管理因素。主要指环境卫生、牛体卫生和挤奶卫生。牛舍卫生不良，放置在牛舍内的牛乳，因其乳脂肪极易吸收外界的各种臭味，而具有畜舍味；牛体和挤奶卫生不良，极易增高牛乳中微生物含量；牛乳暴露于日光下，受日光照射可产生日晒气味；在乳制品生产设备中含有铜，当铜和乳接触时，可使脂肪氧化而出现臭味。

(3)健康因素。奶牛疾病的发生直接影响鲜乳质量。患酮病奶牛，血液中酮体进入乳中，使乳酮含量升高，乳出现酮味；乳房炎病牛，不仅牛乳中乳糖、乳蛋白和乳脂肪含量发生变化，而且无机离子钠、钾、钙、镁及酸碱度也发生改变(表 7-6)。而更为严重的是在治疗时所用的抗生素如青霉素、链霉素、四环素等，

表 7-6 乳房炎乳和正常乳盐类成分的比较

类别	Ca	P	K	Na	Cl	Mg	pH 值
乳房炎乳	45.5	39.6	18.2	149.5	38.6	8.5	6.6 以上
正常乳	30.7	52	12.8	55.9	36.2	7.1	6.6 以下

经血液而移入乳中，当每毫升中青霉素含量超过 11 IU 时，这种乳若用于制作发酵乳时，将会影响正常的发酵过程。

●鲜乳质量的保证措施

从上述分析来看，尽管影响鲜乳质量因素颇多，但归根结底不外乎饲养和管理两个方面：在饲养上，如饲料供应数量和质量；在管理上，如卫生条件，乳的冷却、储存和运输等。因此，保证鲜乳有优良品质，也只能从饲养和管理着手。具体措施如下。

1.加强饲养管理 这是获得鲜乳优良品质的根本保证。

(1)供应全价饲料，以使母牛获得必要的营养。饲料是牛乳的物质基础，这是由于乳的成分一部分是由血液中营养物质如蛋白质、脂肪、葡萄糖经乳腺细胞合成，另一部分因乳房分泌细胞不能合成，由血液直接供给，如维生素和矿物质。可见，饲料的营养水平与牛乳成分息息相关。因此，要供应平衡日粮，要注意精粗比、碳氮比和矿物质的给量，以防止低脂肪乳、低比重乳、酒精阳性乳以及营养代谢性疾病(酮病)的发生。同时，严禁饲喂发霉变质饲料。

(2)加强卫生管理。牛舍、运动场应及时清扫，经常保持环境卫生，挤乳时，用温的、清洁水彻底洗净乳房，挤乳用具及时清洗，挤奶员应勤洗勤换工作服，勤剪手指甲，保持个人卫生，注意牛体卫生，坚持每天刷拭牛体，以尽量减少乳中微生物污染。病牛乳、乳房炎乳应单独处理，不能与健康乳相混。

2.牛乳及时冷却 刚从乳房内挤出来的奶，温度在 36℃左右，为微生物繁殖的最适温度，如不及时冷却，极易因乳糖分解，酸度提高，而变质凝固。冷却的方法有：水池中冷却法，即将盛乳的奶桶直接放入水池中用冰水和冷水进行冷却。为能加速冷却，水池中的水应进行更换，并不断搅拌乳桶中的乳。用表面冷却器冷却，冷却器由金属排管构成，冷水或冷盐水从冷却器下部至上部通过冷却器的每根排管，牛乳从上部分配槽底部的细孔流出，经冷却器的表面再流入贮乳槽中，以使乳温下降。用浸没式冷却器冷却，可将其插入贮浸槽或奶桶里以冷却牛乳。

冷却后的乳应在低温环境中才能延长保存期，否则温度上升，微生物重新繁殖而使奶变质。据报道，牛乳在10℃条件下保藏，效果较差，超过15℃时，对牛乳质量影响较大，而以4.4℃低温下保藏牛乳为最佳。我国规定，验收合格的牛乳应迅速冷却到4～6℃，储藏牛乳的温度应在10℃以下。

3.合理运输　及时、妥当的运输是减少牛乳消耗，保证鲜乳质量的环节之一。因此，在实际工作中，应注意以下几点：乳桶应清洁卫生，不漏乳，桶盖易开关；每次送完奶后，应用38～68℃清水洗乳桶，再用70～72℃、0.5%氢氧化钠溶液冲洗，最后再用温水冲洗干净。乳桶应装满、盖严，防止震荡。夏季送乳时间应以夜间和早晨为好，为防止在运输中乳温升高，可用隔热材料、棉被等遮盖乳桶。运输中尽量不停留，尽量缩短运输时间。

5 牛乳质量的检验方法

当前，乳品厂在收购鲜乳的过程中，为了判定其质量的好坏，常进行酸度滴定、酒精试验、比重测定、乳脂测定、煮沸试验及细菌总数测定等检验，具体方法如下：

● 牛乳酸度的滴定

取10 mL被检牛乳放入250 mL三角瓶内，加20 mL蒸馏水，再加0.5%酚酞溶液0.5 mL，混合；用0.1 mol/L氢氧化钠溶液滴定至微红色，经0.5～1 min不退色为止。将消耗的氢氧化钠溶液的数量乘10，即为牛乳酸度(°T)。每消耗1 mL(计算结果)氢氧化钠为1 °T。

● 酒精试验

取 1 ~ 2 mL 牛乳置于小试管或诊断盘中，加入等量 68% ~ 70%酒精，轻轻摇晃，根据有无凝结、凝结程度判断结果。－无凝结；± 极轻微，细小颗粒；+ 有明显微细颗粒附于管壁；+ + 凝结物呈块状。不出现絮片凝结的酒精阴性乳应符合的酸度标准是:68%酒精，20 °T 不出现凝结；70%酒精，19 °T 以下不出现凝结；72%酒精，18 °T 以下不出现凝结。

● 比重测定

取容积为 250 mL 的量筒，将牛乳沿筒壁加至 180 mL 处，小心地将乳稠计沉于标度 30°处，放手使其自由浮动，静止 1 ~ 2 min后，读取乳稠计读数。根据牛乳温度和乳稠计读数，查牛乳温度换算表，将乳稠计读数换算成 20℃或 15℃的数值。

● 全乳固体物测定

吸取牛乳 5 mL，加入恒重的铝皿中，置水浴上蒸发干，放入 98 ~ 100℃的烘箱中干燥 2 h，冷却、称重，再放入烘箱干燥 1 h，冷却、称重，直到前后 2 次重量差不超过 2 mg 为止。计算公式：

$$全乳固体物 = \frac{W_2 - W_3}{W_1 - W_3} \times 100\%$$

式中：W_1 为空皿加样重；W_2 为空皿加样干燥后重；W_3 为空皿重。

● 乳脂肪测定

取 1.820 ~ 1.825 g/mL 硫酸 10 mL，加入到盖勃牛乳乳脂计中，用 11 mL 的牛乳吸管吸取牛乳样品至刻度处，加异戊醇 1 mL，再加适量蒸馏水，塞紧橡皮塞，充分摇动，使牛乳溶解后，将乳脂计置于65～70℃水浴中恒温5 min取出，转入或转出橡皮塞，使脂肪柱在乳脂计刻度部分，以3 500 r/min离心5 min，再将其置于65～70℃水浴5 min，其读数即为乳脂率。

●煮沸试验

试管中加入牛乳10 mL，于沸水中置5 min，观察有无凝固，产生凝固，表示牛乳变质、酸败。

●乳中细菌总数的测定

用灭菌吸管准确吸取被检乳样25 mL置于灭菌的三角瓶内，加入灭菌生理盐水225 mL，成10倍稀释。将稀释的乳样再依次稀释到1:1 000倍。吸取稀释液1 mL注入到鲜血琼脂培养基上，用铂金耳均匀划线，最后将血平板置于36～37℃恒温箱内，培养48 h，读取平板内细菌菌落数，乘以10^4即得每毫升样品所含细菌总数。

6 牛乳掺假的检验

●牛乳中食盐的检验

1.试剂 10%铬酸钾溶液，0.01 mol/L硝酸银溶液。

2.方法 取0.01 mol/L硝酸银溶液5 mL，加10%铬酸钾溶液2滴，混匀，加被检乳1 mL，充分混匀，如呈黄色，说明氯离子含量大于0.14%。正常牛乳中氯离子含量为0.09%～0.12%。

●牛乳中豆浆的检验

1.试剂 25%～28%氢氧化钠溶液，乙醇乙醚(1:1)混合液。

2.方法 取被检乳5 mL置于试管中，加乙醇乙醚混合液

3 mL,25%～28%氢氧化钠溶液2 mL,充分混合,在5～10 min出现微黄色即为阳性。正常乳颜色不变。

● 牛乳中铵盐的检验

1.试剂 0.04%溴麝香草酚蓝乙醇溶液,28%氢氧化钠。

2.方法 取被检牛乳1 mL置于试管中,加28%氢氧化钠溶液5～10滴,振荡,加0.04%溴麝香草酚蓝乙醇溶液1～2滴。2 min内观察颜色变化,如有铵盐则颜色由淡黄色变成蓝色,正常乳呈淡黄色。

● 牛乳中苏打和小苏打的检验

1.试剂 0.2%玫瑰红酸(96%酒精)溶液。

2.方法 取被检牛乳1 mL,加玫瑰红酸溶液1 mL,混合,颜色呈红色、草莓红色为阳性。

● 牛乳中淀粉的检验

1.试剂 1%碘液。

2.方法 取牛乳5 mL置于试管中,加碘液1～2滴,出现蓝色、黑色为阳性。

● 牛乳中洗衣粉的检验

1.试剂 0.05%亚甲蓝溶液,氯仿。

2.方法 取牛乳0.5 mL置于试管中,加氯仿3～5 mL,亚甲蓝溶液3～5滴。正常乳氯仿层(下层)无色,乳层为蓝色;有洗衣粉者,氯仿层为淡蓝色至深蓝色,乳层为无色。

● 牛乳中尿素的检验

1.试剂 包括甲液和乙液2种。

(1)甲液。二乙酰一肟,0.6 g;氨基硫脲,0.03 g;蒸馏水,100 mL。

(2)乙液。浓硫酸,44 mL;浓磷酸,44 mL;氨基硫脲,0.05 g;硫酸镉,2 g;蒸馏水,100 mL。

2.方法 取被检乳 1 mL 置于试管中,加甲、乙两液各0.5 mL,充分混合,沸水中煮沸 1 min,冷却后观察。正常乳无色或淡黄色,加尿素者,呈粉红色、红色或深红色。

● 牛乳中血与脓的检验

1.试剂 二胺基联苯,适量,加 96%酒精 2 mL 溶解;3%过氧化氢溶液,2 mL;冰醋酸,3~4 滴。

2.方法 将试剂充分混合后,加入被检牛乳 4~5 mL,经20~30 s 后,液体如呈现深蓝色,即可确定牛乳中有血和脓存在。

● 牛乳中蔗糖的检验

1.试剂 浓盐酸,间苯二酚。

2.方法 取被检牛乳 30 mL,加入浓盐酸 2 mL,混合过滤,取滤液 15 mL 加入 0.1 g 间苯二酚,将其置于水浴中数分钟,如有红色出现,即证明有蔗糖存在。

● 熟乳的检验

1.试剂 2%对苯二胺,1%双氧水。

2.方法 用移液管吸取被检牛乳 5 mL 置于试管中,加 1%双氧水 0.2 mL,摇匀,再加入 2%对苯二胺 0.2 mL,摇匀。观察反应颜色判定。加热 80℃以上的牛乳,无颜色出现;加热 73~80℃、0.5 min 的乳,呈淡青灰色;加热 70℃以下的牛乳和生乳,呈青蓝色。

第8章 奶牛的生产管理

影响奶牛产奶量的因素很多,但归结起来主要有两点:一是遗传因素,二是饲养管理因素。遗传因素是生产性能的基础,饲养管理因素则是遗传生产性能能否得到充分发挥的根本保证条件。饲养和管理是养好奶牛的两个方面,前者是指饲养奶牛的原则、技术措施和物质条件,后者则是指执行、贯彻饲养奶牛的原则、饲养方案所采取的具体手段和方法。饲养管理水平不仅直接影响到奶牛本身的健康,而且也直接影响其产奶量的高低。

所谓生产管理,是指在科学管理制度和严格操作规程的基础上,按舍饲奶牛生产体系的特点所建立的正常生产秩序,包括规章制度的完善,技术操作规程的建立,鲜奶的处理,后勤管理,饲草、饲料的储备、供应,生产计划的编制等。

❶ 正常生产管理措施

● 工作日程

奶牛对外界环境适应性较强,但已形成的适应性也易因外界环境的改变而变化，往往饲养制度的变更就可引起产奶量下降。因此，生产中应建立稳定的工作日程，这不仅有利于条件反射的建立，避免各种应激因素对牛体的影响，而且也有利于饲养员的生活、工作的安排和牛只的休息。工作日程的安排应根据本场奶牛泌乳量的高低、人员等具体情况而定。目前，奶牛场的饲养班次有三次上槽，三次挤奶方式，即所谓的“三小班”；也有所谓的“三大班”，即奶牛上槽三次，挤奶员上两班，另一班由别的饲养员代替。据称，与每天饲喂2次相比，每天饲喂4次奶牛采食量更高。

● 分群

分群是指根据奶牛不同生理阶段将牛分群饲养。通常将牛分为犊牛群、育成牛群和成年牛群。由出生至断奶的牛组成的牛群称为犊牛群；由断奶后至配种前的牛组成的牛群称为育成牛群，由配种受孕至分娩前的牛组成的牛群称为青年牛群，由育成牛和青年牛组成的牛群称为后备牛群；由已成年分娩牛组成的牛群称为成年牛群。分群的目的是便于饲养和管理。

● 固定牛床和饲养员

为便于管理，每头奶牛应固定于一定的牛床上，按牛只而定饲养员。这有利于饲养员掌握所管牛只的习性、特点和生产性能的变化，也能发挥其责任心。为便于选配，每头牛只应编号。

❷ 奶牛的技术管理

● 技术室

由畜牧技术员、兽医、资料员和配种员组成的技术室担负着全牛场的技术工作。他们各负其责但又应相互配合。其工作的总目标是保证牛群健康,促进奶牛高产,完成全场的牛奶生产计划,获得最好的经济效益。

● 建立和健全各种登记、报表制度

奶牛场内的各种报表、记录有:

(1)谱系。主要记血缘关系、体重、产奶量、乳脂率等。它能反映出每头奶牛的基本状况。其中最主要的是产奶量和乳脂率,可用来指导饲养,也是饲料供应、选种选配、牛只淘汰的依据。记录应具准确性、持续性。

(2)饲料用量、牛只移动和生产完成统计表,以此了解生产进度。

(3)发病日志。即当天牛群发病登记,这是牛群发病报表的基础,依此可以了解牛群发病情况和饲养管理状况。

(4)配种记录。包括母牛发情配种登记表和奶牛配种卡。

③ 饲料的安排与储备

饲料的安排应根据牛群的大小、奶牛的实际需要统一安排,以尽可能地保证常年的稳定性。饲料储备量要充足,要留有余地,应严格避免饲料储备不足,减少饲料变更对奶牛食欲、产奶量的影响。全年饲料的需要量,可以根据饲养的奶牛头数估计(表 8-1)。

表 8-1　一头母牛一年所需饲料量　kg

种　类	干草	青贮饲料	混合料*	块根饲料	钙	磷	食盐
成年牛**	1 250 ~ 1 500	7 000 ~ 9 000	2 000 ~ 2 500	1 200 ~ 1 500	75	75	75
育成牛	625 ~ 750	3 500 ~ 4 500	1 000 ~ 1 250	600 ~ 750	37.5	37.5	37.5
犊牛	312.5 ~ 375	1 750 ~ 2 250	500 ~ 625	300 ~ 375	18.7	18.7	18.7

*能量饲料占 50%,蛋白质饲料占 25% ~ 30%;**可加喂 2 000 ~ 2 500 kg 糟粕类饲料。

❹ 其他管理措施

● 卫生管理

1. 牛体卫生　刷拭能及时清除牛体附着的粪块、泥土等污物,有助于脱毛和防止皮肤寄生虫(虱及螨)的寄生。每天应梳刷一次,夏季可用水刷洗牛体(称为湿刷),以加速体热散发。

2. 牛舍、运动场的卫生　保持牛舍与运动场的卫生,不仅能够减少环境污染,而且有利于牛体健康和牛奶卫生。因此,每天应及时清扫牛舍、运动场,将粪便、剩余的饲料残渣送出牛场,集中堆放,经生物热消毒后利用。

● 环境管理

奶牛的生活环境包括自然环境(牛舍、气象条件等)和生物环境(牛群伙伴、昆虫)。各种不良环境都可能成为应激原,特别是气象因素对牛体影响更大。

1. 气温、风速的影响　气温、风速直接影响奶牛体热的散发、采食量和产奶量。表现为随着气温的升高,辐射热增多,产奶量增多(表 8-2)。

2. 管理措施　奶牛场应加强高温期(25℃以上)和低温期(4℃以下)的管理。

(1)防暑降温措施。在运动场内利用树阴或人工凉棚遮阳,牛棚内安设排风扇,保持牛棚通风良好,牛舍内安装洒水器或喷雾设施,向牛背部洒水,供应充足冷水。

(2)防寒保暖措施。冬季用塑料薄膜封住窗户,减少换气量,架设防风障,运动场内铺垫干燥褥草,饮温水。

表 8-2 热辐射和风对黑白花奶牛产奶量(占正常产奶量)的影响

%

项　目		气　温(℃)		
		7.2	21.1	26.7
辐射	0.02	100	100	93
[cal/(cm^2·min)]	0.19	100	100	92
	0.42	100	93	77
	0.60	100	90	69
	0.84	100	88	57
项　目		气　温(℃)		
		10.0	26.7	35.0
风速	0.18	100	85	63
(m/s)	2.24	100	95	79
	4.02	100	95	79

● 奶牛场生产计划的编制

1. 牛群周转计划　奶牛场的牛群常由于犊牛出生,育成牛和青年牛转群,成母牛衰老淘汰,以及各类牛的出售等原因而发生变化,为了完成生产任务而有计划地控制这种变化,需要编制周转计划(表 8-3 和表 8-4)。编制周转计划需要掌握如下资料:年初各类牛群的头数;年内繁殖成活犊牛数;年内淘汰、出售头数;年内转入(调入、购入)头数;年末要求在群牛达到头数。

在周转计划中除年初头数不能变动外,其他数字均为大概数,经反复计算平衡后,才能确定实际数字。

2. 配种繁殖计划　编制配种繁殖计划首先需了解以下情况:年初适繁母牛头数;年内初配青年母牛头数;上半年妊娠母牛头数及分娩期。

然后再编制年度内计划:各月份应交配的母牛头数;各月份初配的青年母牛头数;各月份出生的犊牛头数。

母牛妊娠期为280天左右，理想的是一年产一犊，但实际在当年第一季度末妊娠的母牛，翌年才能分娩，故在编制计划年度内的繁殖计划时应向前推移一个季度(即上年2～4季度妊娠的牛加当年第一季度妊娠的牛)，才是计划年度内应产的犊牛头数(表8-5)。

表8-3　牛群月周转变动表

____年____月　　　　头

月份	成母牛						青年牛						育成牛						犊　牛					
	月初	转入	转出	出售	死淘	月末	月初	转入	转出	出售	死淘	月末	月初	转入	转出	出售	死淘	月末	月初	转入	转出	出售	死淘	月末
1																								
2																								
3																								
4																								
5																								
6																								
7																								
8																								
9																								
10																								
11																								
12																								

表8-4　牛群年周转计划表　　　　头

牛别	增加				减少				计划年终达到头数	平均饲养头数	饲养日
	出生	转入	调入	购入	转出	出售	淘汰	死亡			
成母牛											
青年牛											
犊牛											
计划出生											
合计											

表 8-5　配种繁殖计划表　　头

项目		月份												全年
		1	2	3	4	5	6	7	8	9	10	11	12	
上年	妊娠母牛													
本年	计划妊娠母牛产犊													
本年计划配种	成母牛													
	青年牛													
	合计													

3. 产乳计划　产乳计划是根据妊娠母牛分娩日期逐头逐月制订的,通过相加可得全年产乳计划。在制订个体牛的产乳计划时,应知道每头牛的年龄、胎次、上胎产奶量、受孕日期、预计干奶期、分娩期等。同时还应了解饲养管理、气象因素有无变化(表8-6)。

表 8-6　产奶量计划表

____年　____月　　kg

牛号	胎次	上胎 305 天产奶量	预计分娩日期	各月计划产奶量												全年合计
				1	2	3	4	5	6	7	8	9	10	11	12	

● 奶牛场生产成本核算

任何企业都要生产产品,产品的生产过程,也就是人力、物力、财力的消耗过程(活劳动和物化劳动的投入),简单说来,计算在这个过程中发生的各种消耗投入量,即为成本核算。成本核算可以反映企业的生产技术和经营管理水平。企业的经营者,应力求降低成本,生产优质产品,提高竞争力。

奶牛的主要产品是牛奶,关于牛奶成本核算项目国家在畜牧业、渔业成本表中有统一规定。核算时,成母牛、青年牛、育成牛、犊牛要分别进行。

1. 成本项目

(1)工资福利费。指管理该畜群职工的全部工资和福利费用。

(2)饲料费。指饲养该畜群所消耗饲料的全部费用,其中精饲料、青饲料、青贮、干草、块根要单列计算。

(3)燃料和动力费。指该畜群直接消耗的煤炭、汽油、柴油、电力等的费用。

(4)医药费。指用于该畜群治疗、防疫、人工授精等的药品费用。

(5)产畜摊销。指成母牛转群时的成本应按期折算提取的费用。如原北京市财政局和国营农场管理局规定:一头成母牛按作价3 000元,残值600元计,平均6年摊销。

(6)折旧费。指该畜群负担的全部固定资产按期折旧的费用。如牛舍、专用机械设备折旧费等。

(7)修理费。指修理固定资产所需的一切费用。

(8)转群差价。指奶牛转群时的实际差价。

(9)其他直接费用。指不能列入上述各项而又需支出的费用。

(10)共同生产费。指各畜群应按比例分摊的共同支出费用。

(11)企业管理费。指向上级交纳的企业管理费用。

2. 计算方法

(1)饲养日成本。

$$饲养日成本=\frac{该畜群成本费用总额}{该畜群饲养天数}$$

(2)牛乳千克成本(X)。

$$X=\frac{成母牛生产成本总额-成母牛副产品(粪)价值}{牛乳总产量(kg)}$$

3. 降低成本的途径 产品成本具有特定的含义,不是所有支出都能列入成本。构成成本的项目共计上述11项,故在寻求降低成本的途径时,也只能从这11项上去考虑。

(1)实行科学饲养,采用先进技术,提高奶牛生产性能,降低饲料消耗,提高牛奶产量。

(2)实现机械化管理,提高工作效率。

(3)充分利用各种设备,以减少折旧费用。

(4)加强卫生保健,减少疾病发生和死亡。

(5)严格控制间接费用的支出。

(6)选择奶牛高产品种,培育适应性强的新品种。

(7)减少饲料在运输、加工过程中的损失。

(8)根据饲料的可替代性,选用低价而又营养丰富的饲料。

● 奶牛场技术经济效果的评估

凡进行生产活动都有预期目的,从开始到结束,预期目的达到的程度则为效果。奶牛场的技术经济效果就是联系技术和经济两个方面,评估技术的先进性和经济的合理性,经济上不合理的技术,再先进也不足取。

1. 评估指标 奶牛场技术经济效果评估指标种类繁多,现就几项主要指标介绍如下:

(1)全员劳动利润。是全年牛奶销售总收入减去成本、税金后与年均生产人员总数之比。

$$全员劳动利润=\frac{牛奶总收入-成本-税金}{年均生产人员总数}$$

(2)劳动力利用率。是全年实际参加生产的总人数与年均劳动力总人数之比。

$$劳动力利用率=\frac{全年实际参加生产的总人数}{年均劳动力总人数}\times 100\%$$

(3)年均饲养奶牛总头数。是全年累计饲养日被365天除。

$$年均饲养奶牛总头数=\frac{全年累计饲养日}{365}$$

(4)每个职工负担奶牛头数。是年均各龄牛总头数与年均职工总人数之比。

$$每个职工负担奶牛头数=\frac{年均各龄牛总头数}{年均职工总人数}$$

(5)饲养日成本。参见“奶牛场生产成本核算”。

(6)牛乳千克成本。参见“奶牛场生产成本核算”。

(7)后备牛日增重成本。是按饲养日来计算的。

$$后备牛日增重成本=\frac{后备牛总费用-副产品(粪)价值}{后备牛总饲养日}$$

(8)成母牛头年平均利润。是以牛乳为主的产值利润。

$$成母牛头年平均利润=\frac{牛乳总收入-成本总费用}{成母牛年均总头数}$$

(9)成母牛头年平均产奶量。这是一项重要指标,综合反映了技术经济效果。

$$成母牛头年平均产奶量 = \frac{全年总产奶量}{年均成母牛头数}$$

(10)成母牛头日平均产奶量。是衡量产乳性能的指标。

$$成母牛头日平均产奶量 = \frac{成母牛头年平均产奶量}{365}$$

(11)牛乳商品率。反映销售效果。

$$牛乳商品率 = \frac{全年商品乳量}{全年总产奶量} \times 100\%$$

(12)成母牛平均胎次。是说明奶牛的利用年限的指标。

$$成母牛平均胎次 = \frac{成母牛总胎次}{成母牛总头数}$$

(13)受胎率。是反映受胎效果的指标。

$$受胎率 = \frac{年内受胎母牛数}{年内配种母牛数} \times 100\%$$

(14)一次输精受胎率。即指在一个情期内只输一次精而受胎的母牛,是反映配种技术水平的一个指标。

$$一次输精受胎率 = \frac{一次输精受胎母牛数}{一次输精母牛头数} \times 100\%$$

(15)繁殖率。是反映繁殖配种成绩的一个指标。

$$繁殖率 = \frac{全年实繁母牛头数}{全年应繁母牛头数} \times 100\%$$

(16)繁殖成活率。是反映繁殖配种实际成绩的一个指标。

$$繁殖成活率 = \frac{犊牛断乳时成活数}{实繁母牛数} \times 100\%$$

(17)饲料利用率。是一个表示节约或浪费饲料的指标。

$$饲料利用率 = \frac{饲料利用总量 - 浪费损失量}{饲料利用总量} \times 100\%$$

(18)单位牛奶精饲料消耗量。是反映饲料利用效果的一个指标。

$$单位牛奶精饲料消耗量 = \frac{精饲料消耗总量}{牛奶总产量}$$

(19)死淘率。是反映技术管理水平的一个指标。

$$死淘率 = \frac{死淘头数}{牛群总头数} \times 100\%$$

(20)投资回收期。利润越大,投资回收期越短,对企业经济活动越有利。

$$投资回收期 = \frac{投资总金额}{年均利润增加额}$$

(21)投资年利润率。是每年投资获得的利润。

$$投资年利润率 = \frac{年均利润增加额}{投资总额} \times 100\%$$

2. 评估方法　评估时需遵循3条原则:一是技术效果与经济效果统一的原则;二是当前效果和长远效果结合的原则;三是单项效果和综合效果有关的原则。常用的评估方法有以下几种:

(1)比较分析(也叫对比法)。是简单而常用的传统方法。在比较时,必须注意可比性。方法是对资料数据进行整理后,通过计算进行对比。如计划数字与实际完成数字之对比,历史和现实对比等。

通过对比可找出问题,分析原因,改进工作,同时也可对比所取得的成绩。

(2)投入产出分析法。投入是生产资料(资源)在生产过程中的消耗。产出是某一产品的产量(产值)。

在产品产量中包括总产量、平均产量和边际产量3种关系。其中边际产量最有决定性,对总产量和平均产量有着重要影响。

总产量是投入不同资源时取得的总产量,以TPP表示(按实物计算)。

平均产量是资源因素变动后的平均产量,以APP表示。

$$APP = \frac{y}{x}$$

式中:y为总产品量;x为资源因素变动后的投入量。

边际产量是指每投入一个单位变动资源因素所增加产品数量,用MPP表示。

$$MPP = \frac{\Delta y}{\Delta x}$$

式中:Δy为总产品增加量;Δx为变动资源因素的增加量。

将投入与产出的关系表示为一种函数关系,则产品数量为投入资源的函数,称生产函数。所以,投入产出分析法也叫生产函数分析法。生产函数采用下式表示。

$$y = f(x)$$

式中:y为产品数量;x为生产资源投入量;f为表示函数关系的符号。

上述生产函数关系式表示的是,y因x的变化而变化,这是一种资源一种产品的关系。多种资源时则表示为:

$$y = f(x_1, x_2, \cdots, x_n)$$

式中 $x_1, x_2, \cdots, x_n$ 为各种可被控制和认识的资源。

多种资源互相配合产生一种产品时,如果其他资源因素不变，仅以一定数量的某一资源不断投入，相应产品也会发生递增变化，而投入达到一定程度后又出现产品递减现象(不再增加)。根据投入产出之间递增、递减关系，选择出经济、生产效果最佳方案，这种方法称边际分析。

递增、递减现象，普遍存在于奶牛生产中。例如，饲料投入量的增加，使产奶量增加，但到一定程度后，产奶量不再增加，反而递减，这就使我们能选择最佳的饲料投入量，避免浪费。

(3)因素分析法。是多种因素影响一个指标时的分析方法，某一因素的分析是在假设其他因素不变的情况下进行的。

分析计算时，应按以下顺序进行：以实际完成数与计划数的差距为分析对象；把与差距有关的各个因素先按计划数进行计算，作为分析比较的基础；按顺序将每个因素的计划数一一改为实际数，逐个分析各因素的影响；进一步分析产生正反影响的原因。

现以某牛场产奶量完成情况(表8-7)为例来说明因素分析法。

表8-7　某牛场产奶量完成情况表

年均头数		头年均产奶量(kg)		总产奶量(kg)	
计划	实际	计划	实际	计划	实际
24	26	4 600	5 123	110 400	133 198

由表8-7可知，该场牛奶超产22 798 kg，现按分析程序，分析奶牛平均单产对超额部分的影响程度。

计划数：24×4 600=110 400。

第一次替换：26×4 600=119 600。

第二次替换：26×5 123=133 198。

年均头数的影响：119 600－110 400=9 200。

平均单产的影响:133 198 - 119 600 = 13 598。

总产奶量实际比计划超 13 598 kg。算式表明,在超产部分中大部分是由于头年平均单产的提高而造成的,是超额的主要原因,因此可作为评估依据。

疾 病 防 治

第9章 奶牛的传染病

❶ 口蹄疫

口蹄疫是由口蹄疫病毒引起的偶蹄类动物共患的急性、热性、接触性传染病。其临床特征是口腔黏膜、乳房和蹄部出现水疱。

● 病原

口蹄疫病毒属小核糖核酸病毒科口蹄疫病毒属，根据血清学反应的抗原关系，病毒可分为 O，A，C，亚洲Ⅰ，南非Ⅰ、Ⅱ、Ⅲ等 7 个不同的血清型和 60 多个亚型。

口蹄疫病毒对酸、碱特别敏感。pH 值 3 时，瞬间丧失感染力，pH 值 5.5 时 1 s 内 90%被灭活；1% ~ 2%氢氧化钠或 4%碳酸氢钠1 min内可将病毒杀死。 – 70 ~ – 50℃病毒可存活数年，85℃ 1 min 即可杀死病毒。巴氏消毒(72℃，15 min)能使牛奶中病毒感染力丧失。在自然条件下，病毒在牛毛上可存活 24 天，在皮肤中能存活 104 天。紫外线可杀死病毒，乙醚、丙酮、氯仿和蛋白酶对病毒无作用。

●流行

自然感染的动物有黄牛、奶牛、猪、山羊、绵羊、水牛、鹿和骆驼等偶蹄动物，人工感染可使豚鼠、乳兔和乳鼠发病。

已被感染的动物能长期带毒和排毒。病毒主要存在于食道、咽部及软腭部。羊带毒 6 ~ 9 个月，非洲野牛个体带毒可达 5 年。带毒动物成为传播者，可通过唾液、乳汁、粪、尿、毛、皮、肉及内脏散播病毒。被污染的圈舍、场地、草地、水源等为重要的疫源地。

病毒可通过接触、饮水和空气传播。鸟类、鼠类、猫、犬和昆虫均可传播此病。各种污染物品如工作服、鞋、饲喂工具、运输车、饲草、饲料、泔水等都可以传播病毒引起发病。

本病以冬、春季节发病率较高。随着商品经济的发展，畜及畜产品流通领域扩大，人类活动频繁，致使口蹄疫的发生次数和疫点数增加，造成口蹄疫的流行无明显的季节性。

●症状

口蹄疫病毒侵入动物体内后，经过 2 ~ 3 天甚至 7 ~ 21 天的潜伏时间，出现症状。症状表现为口腔、鼻、舌、乳房和蹄等部位出现水疱，12～36 h后出现破溃，局部露出鲜红色糜烂面。体温升高达40～41℃，精神沉郁，食欲减退，脉搏和呼吸加快，流涎呈泡沫状。乳头上水疱破溃，挤乳时疼痛不安；蹄水疱破溃，蹄痛跛行，蹄壳边缘溃裂，重者蹄壳脱落。犊牛常因心肌麻痹死亡，剖检可见心肌出现淡黄色或灰白色，带状或点状条纹，似虎皮，故称“虎斑心”。有的牛还出现乳房炎、流产症状。

● 诊断

1.临床诊断 根据本病传播速度快和典型症状（口腔、乳房和蹄部出现水疱和溃烂）可初步诊断。

2.鉴别诊断 本病与水疱性口炎的症状相似，不易区分，故应鉴别。方法是采集典型病例的水疱皮，研细，以pH值7.6的磷酸盐缓冲液（PBS）制成1:10的悬液，离心沉淀，取上清液接种牛、猪、羊、马、乳鼠，如果仅马不发病，其他动物都发病，即是口蹄疫。

3.实验室诊断 取牛舌部、乳房或蹄部的新鲜水疱皮5～10 g，装入灭菌瓶内，加50%甘油生理盐水，低温保存，送有关单位鉴定。

● 防治

1.未发生口蹄疫时

(1)严格执行卫生防疫制度。保持牛床、牛舍的清洁、卫生，粪便及时清除，定期用2%苛性钠对全场及用具进行消毒。

(2)加强检疫制度，保证牛群健康。不从病区引购牛只，不把病牛引进牛场。

(3)为防止疫病传播，严禁与羊、猪、猫、犬混养。

(4)定期接种口蹄疫疫苗。

2.已发生口蹄疫时

(1)尽快确诊，并及时上报兽医和监督机关，按国家有关法规，对口蹄疫进行防制。

(2)及时扑杀病畜和同群牛只。在兽医人员的严格监督下，进行病畜扑杀和尸体无害化处理。

(3)严格封锁疫点疫区，消灭疫源，杜绝疫病向外散播。场内应定期进行全面消毒。

(4)疫区内最后一头病畜扑杀后，经一个潜伏期的观察，再未发现新病畜时，经彻底消毒，报有关单位批准，才能解除封锁。

❷ 结核病

结核病是由结核分枝杆菌引起的人、畜共患的一种慢性传染病。其特点是组织器官形成肉芽肿，消瘦，体重减轻和死亡。

● 病原

结核分枝杆菌分人型、牛型和禽型。以牛型对牛的致病性最强。牛型结核分枝杆菌是一种细长杆菌，单个或呈链状排列，为抗酸染色的革兰氏阳性菌，不形成芽孢，不运动。病牛渗出物和粪便中的结核分枝杆菌能存活多日，厩舍消毒可用2%～3%氢氧化钠喷洒。

● 流行

病畜是传染源。结核分枝杆菌可随呼出的气体、痰、粪便、尿、分泌物或奶排出体外，当易感牛与病牛接触时或食入被污染的饲料、饮水等后可感染。

饲养管理不良，如厩舍阴暗，通风不良，牛群拥挤，密度过大，饲料营养缺乏和环境卫生差等，都可加快本病的传播。

● 症状

牛感染结核病经过缓慢，由于患病器官不同，临床症状各不一致。

1.肺结核 初期咳嗽短粗，干咳，继之咳嗽频繁，湿咳带痛，鼻漏呈黏性或脓性，呼吸次数增加，听诊有干性或湿性啰音，叩诊胸部有浊音或半浊音区。病牛呈渐进性消瘦，贫血，乳量减少。

2.乳房结核 乳上淋巴结肿大，无热无痛，后乳区可发生无痛性硬固肿大，有的病牛乳房发生萎缩。乳量减少，乳汁稀薄。

3.生殖道结核 从阴道内排出白色或黄色、混浊、黏性、脓性液体，内含絮状物，子宫角增大，母牛发情频繁，性欲增强，屡配不孕，孕牛发生流产。

4.肠结核 肠系膜淋巴结肿胀，疝痛，病畜食欲不振，病初腹泻与便秘交替，后呈持续性腹泻，粪呈稀粥状，混有黏液或脓液。

● 诊断

牛结核菌素皮内试验是目前奶牛场所采用的结核病的主要诊断方法。结核病检疫已成为常规检疫制度，每牛春、秋各检疫一次。有老的牛型结核菌素（OT）试验和提纯牛型结核菌素（PPD）试验2种。

1.老的牛型结核菌素（OT）试验

（1）注射部位。成年牛在左侧颈中部上1/3处，3月龄以内犊牛在肩胛前部，剪毛，面积约5 cm×5 cm。

（2）注射剂量。在剪毛处中央用酒精消毒，皮内注射结核菌素原液：3月龄内犊牛0.1 mL，3～12月龄牛0.15 mL，成年牛0.2 mL。

（3）观察反应。于注射后第72小时及第120小时观察反应。检查注射局部温度、疼痛反应及肿胀性质，用卡尺测量注射部皮肤皱褶厚度及肿胀面积，并做好记录。在第72小时观察同时，须在第一次注射的同一部位，以同一剂量进行第二次注射；第二次注射后 48 h(即第一次注射后 120 h)再观察一次并测量皮厚。

(4)判定标准。

阳性反应(+)：皮肤皱褶比原皮厚增加 8 mm 以上者，或局部发热，有痛感，并呈现界线不明显的弥漫性肿胀，软硬度似面团，肿胀面积在 35 mm×45 mm 以上者。

可疑反应(±)：炎性肿胀面积在 35 mm×45 mm 以下，皮肤皱褶厚度增加 5～8 mm。

阴性反应(-)：无炎性肿胀，皮肤皱褶厚度不超过 5 mm，或仅有坚实、冷硬、界线明显的硬结者。

2.提纯牛型结核菌素(PPD)试验 在牛颈部一侧中部剪毛，量皮厚后，皮内注射提纯牛型结核菌素 0.1 mL，72 h 观察结果。注射部位红肿，皮厚增加 4 mm 以上，为阳性；皮厚增加 2～3.9 mm，红肿不明显，为可疑；皮厚增加 2 mm 以下者，为阴性。可疑牛须 2 个月后在同一部位，用同样方法复检；2 次可疑者可判为阳性。

为了准确，试验时可在颈部的另一侧同时注射禽型结核菌素做对比。若对禽型结核菌素的反应大于牛型结核菌素，则认为被检牛不是结核病患牛。

●防治

加强防疫、定期检疫是防治该病的有效措施。牛场应于每年春、秋进行 2 次结核病检疫，开放性病牛屠宰，无症状阳性牛隔离饲养或淘汰。病畜污染的牛棚、用具用 20%漂白粉、5%来苏儿消毒。引进牛须进行结核病检疫，确为阴性者才能入场；患结核病的饲养员，应及时从场内调离。无症状的结核病阳性牛可在一偏僻场地集中饲养。该场所产犊牛立即与母牛分开，喂

3～5天初乳后，调入中转站内饲喂，到20～30日龄做第一次结核病检疫，100～120日龄做第二次检疫，160～180日龄进行第三次检疫。如果3次检疫全为阴性者可调入健康群。

❸ 布氏杆菌病

布氏杆菌病为人、畜共患的一种接触性传染病，其特征是子宫、胎膜、关节、睾丸炎症及母牛流产。

● 病原

布氏杆菌为微小、近似球形的杆菌，不运动，不产生芽孢，无荚膜，革兰氏阴性菌。对热抵抗力不强，60℃湿热15 min可杀死，在干燥尘埃中可存活2个月，在皮毛中可存活5个月。普通消毒剂如1%～3%石炭酸溶液3 min，2%福尔马林15 min，可将其杀死。除了马尔他型、猪型和牛型布氏杆菌外，还有犬、绵羊布氏杆菌等。

● 流行

病牛是主要传染源。慢性带菌者和新近感染者的阴道分泌物、乳汁、粪便、流产胎儿、胎水、胎膜、病公牛的精液等，都可将病原广泛传播。

感染途径有2个：一个为直接接触，如生殖道、皮肤、黏膜等直接接触；另一个为经消化道，如采食已污染的饲料、饮水、牛乳而感染。流行无季节性，全年均可发生。

● 症状

子宫内或出生不久被感染的犊牛，感染持续时间很短，当环境改变时，可自然恢复。7月龄时受感染的犊牛，可呈永久性感染,但常无临床症状。

成年母牛感染后,初期病菌定居于局部淋巴结,随后才扩散。乳房、子宫、关节为其主要侵害部位,可使胎盘绒毛发炎、坏死,导致子宫内膜炎并伴有子宫内膜上皮的溃疡。

临床流产多发生于妊娠5~8个月,流产胎儿皮下呈浆液性或出血性浸润,腹腔内积液呈茶色并混有纤维素块,胃肠黏膜出血,皱胃内含纤维素絮状物。胎膜水肿,外附有纤维素絮状物,绒毛充血、出血,子叶肥厚糜烂。母牛流产1~2次后,可以正常分娩。

乳房炎是乳房感染的结果。轻者无明显的肉眼变化,重者乳房坚硬,体温升高,产奶量骤减,乳呈黄色水样。

公牛主要是附睾炎。可见精囊出血与坏死,睾丸与附睾坏死,精子生成障碍。

●诊断

流产原因复杂,故应进行细菌学和血清学诊断。临床常用的方法是:

1.病原分离 取流产胎儿皱胃及其内容物直接进行细菌学培养。

2.血清学诊断

(1)试管凝集试验。将倍比稀释的血清置于一列试管中,第一管稀释倍数为1:50,依次倍比稀释为1:100,1:200。在小试管内将血清与牛布氏杆菌菌株的悬浮液混合。在1:100和更高稀释度以上完全发生凝集时判为阳性;1:50有反应而其他稀释度无反应时判为可疑;1:50无凝集时判为阴性。

(2)虎红平板凝集试验。虎红平板凝集试验是一种快速的凝集试验,抗原是用虎红染色的牛布氏杆菌。本法快速而价廉,结果与试管凝集反应一致。

● 防治

本菌在体内广泛分布并能在细胞内生存，故治疗困难，只能采取综合防制措施予以控制。

1.对健康牛群

(1)加强卫生防疫消毒。牛场每年进行1~2次血清凝集反应诊断，及时从牛群中剔除阳性牛。助产、人工授精时，应注意消毒和卫生工作。

(2)对临床流产母牛应及时隔离，取流产胎儿的皱胃及其内容物做细菌学检查，阴性牛可回棚饲养，阳性牛应从牛群中挑出集中或屠宰。

(3)引进牛一定要是无本病感染者，不可从病牛场购牛。

(4)犊牛6月龄可接种19号菌苗或猪2号苗、羊5号苗，以增加其保护力。

2.对严重感染牛群

(1)加强饲养管理，供给品质好、多样化饲料，促使自然康复；严格执行兽医消毒卫生措施，重视环境消毒，减少感染机会。

(2)病牛所生的犊牛，立即隔离，饲喂初乳5~7天后，于中间隔离站饲养。5~9月龄进行2次血清凝集反应检查，阳性者回病牛群或屠宰，阴性者可直接或接种疫苗后归入健康牛群饲喂。

4 牛流行热

牛流行热是由病毒引起的一种急性、热性传染病。其特征是体温升高，出血性胃肠炎，气喘，间有瘫痪。奶牛、黄牛都可发生。

● 病原

病原体为牛流行热病毒，属 RNA 型病毒。病毒颗粒呈十分典型的弹状，两边平直，顶端略钝圆。病毒存在于病牛血液中，给健康牛静脉注射高热期病牛血 1～5 mL，经 3～5 天即可发病。

● 流行

本病流行特征如下：

1.季节性 本病多流行于 8～10 月份。此时降雨量集中，温差较大，运动场泥泞。

2.传播媒介 雨水多，杂草丛生，易于蚊蝇滋生，而蚊蝇为本病传播媒介。

3.跳跃式发病 成年牛、育成年、犊牛都呈"跳跃式"发病。

● 症状

1.一般症状 突然发病，精神沉郁，体温升高达 42℃，持续 2～3 天，故称为"暂时热"或"三日热"。心跳、呼吸加快，肌肉震颤，食欲废绝，粪干呈黑色，外覆黏液或血液，产奶量明显下降。

2.典型症状

消化型：食欲废绝，便秘或腹泻，腹痛。

呼吸型：气喘，可视黏膜发绀，上下眼睑肿胀，重者张口吐舌，喜站而不卧，或卧地后即起立，有的病牛背部、颈部皮下气肿。

瘫痪型：步态强拘，病初发热，次日体温恢复正常而卧地不起，重病者呈躺卧姿势，肌肉强硬。

麻痹型：主见咽、食道麻痹，病畜由口流出多量黏性唾液，常吊于鼻端、口角，食道逆蠕动明显，食物、饮水常从鼻孔内流出，有的伴发瘤胃臌胀。病畜眼结膜肿胀，外翻呈鲜红色，眼球突出。此外，病牛伴发流产、乳房炎。

尸体剖检见消化道广泛出血，黏膜脱落，肺间质增宽，气肿或水肿，肝、脾、肾轻度肿胀、变性，有坏死灶。

●诊断

根据流行病学、临床症状可做出诊断，但应与蓝舌病、牛传染性鼻气管炎、类蓝舌病和牛的副流感相区别。

●防治

1.治疗方法 迄今牛流行热无特异疗法。为恢复健康、阻止病情恶化，防止继发感染，只能采取对症治疗。治疗时要加强护理，给予适口性好的饲料，如青绿饲料、多汁饲料。对瘫痪牛要经常翻身，防止发生褥疮引起败血症。

(1)体温升高、食欲废绝病牛。

①5%葡萄糖生理盐水2 000～3 000 mL，10%磺胺噻唑钠100 mL，一次静脉注射，每天2次。

②30%安乃近30～50 mL或百尔定30～50 mL，一次肌肉注射，每天2～3次。

(2)呼吸困难、气喘病牛。

①输氧，初期输氧速度宜慢，一般为3～4 L/min，后以控制在5～6 L/min为宜，持续2～3 h。

②25%氨茶碱20～40 mL或6%盐酸麻黄素液10～20 mL，一次肌肉注射。

③地塞米松50～75 mg，葡萄糖盐水1 500 mL混合，缓慢静脉注射(本药可缓解呼吸困难，但可引起孕畜流产，应慎用)。

④胸部穿刺，选择胸侧第6肋间，距背中线20～25 cm处，用瘤胃穿刺针直刺入胸腔，进针10～12 cm处，气从针孔逸出后，呼吸次数减少，气喘缓解。

(3)兴奋不安牛。可用甘露醇或山梨醇 300～500 mL,一次静脉注射。也可用硫酸镁 25～50 mL/kg,缓慢静脉注射。

(4)瘫痪卧地牛。

①25%葡萄糖溶液 500 mL,10%安钠咖20 mL,40%乌洛托品 50 mL,10%水杨酸钠溶液 100～200 mL,一次静脉注射。

②20%葡萄糖酸钙 500～1 000 mL,缓慢静脉注射。多次使用钙剂效果不明显者,可用 25%硫酸镁 100～200 mL,静脉注射。

③0.2%硝酸士的宁 10 mL 或康母朗 30 mL,百会穴注射。

(5)咽喉、食道麻痹病牛。20%葡萄糖溶液 500～1 000 mL,5%葡萄糖生理盐水1 000～1 500 mL,一次静脉注射,每天 2 次,目的是维持体质,提高耐受力,促使麻痹逐渐消除。严禁经口灌药,避免发生异物性肺炎。维生素 B_1、维生素 B_{12} 30～50 mL,一次肌肉注射。

2.预防措施

(1)进行免疫接种。自然发病康复牛在一定时间内对本病有免疫力。用弱毒疫苗接种,共注射 2 次,第一次注射后 1 个月再接种一次,免疫期 6 个月。

(2)加强环境管理。加强环境卫生,积极消灭蚊蝇,做好防暑降温工作。供给优质饲料,以提高机体抗病力。

(3)加强疾病监控。已发病牛场,应坚持早发现、早治疗原则。全群奶牛应逐头检查体温、食欲、泌乳量。凡体温升高,食欲减退,产奶量下降者应尽早治疗。为便于观察、治疗,可以根据牛场具体条件,选择一适当场所集中病牛。

5 副结核病

副结核病是由副结核分枝杆菌引起的牛的一种慢性恶性传染病。其临床特征是绝大多数牛呈隐性感染,仅有少数牛表现为顽固性腹泻和进行性消瘦，剖检可见肠黏膜增厚，并形成脑回样皱褶，又称副结核性肠炎。

●病原

副结核分枝杆菌属于分枝杆菌。副结核分枝杆菌为革兰氏染色阳性小杆菌，具有抗酸染色特性，在粪便或病料组织中成团或成丛排列，需氧菌。

本菌对外界不良因素的抵抗力强。在阴冷潮湿的环境中可长期存活，在粪便中可存活200～300天，在泔水中可存活9个月。对热和常用消毒药敏感，60℃30 min或20%漂白粉溶液20 min即可杀死。

●流行

副结核病可侵害多种动物。其中牛最易感，尤其是犊牛，绵羊、山羊、骆驼、猪、马、驴、鹿次之。病畜和带菌动物是本病的主要传染源。它们通过粪便、奶和尿向外排出大量病菌，严重污染环境。易感犊牛经口舔舐被病菌污染的饲料、饮水、乳汁和土壤等感染发病。妊娠母牛也可经子宫感染胎牛，且感染率高达50%以上。2～5岁牛的临床表现明显，高产牛比低产牛的症状严重。饲料中缺少无机盐时可加速病情恶化。

●症状

潜伏期为数月至2年以上。病初为间断性腹泻，后变为经常性的顽固性拉稀。粪便稀薄，常呈喷射状，恶臭，混有气泡、黏液和血液。食欲下降，眼窝下陷，逐渐消瘦。泌乳逐渐减少，直到停止。皮肤粗糙，被毛粗乱，下颌及垂皮处可见水肿，体温无变化。

病牛尸体消瘦。空肠、回肠和结肠前段肠壁增厚3～30倍，形成硬且弯的皱褶，尤以回肠的病变严重。肠黏膜充血，色黄白或灰黄，上附稠且混浊的黏液。肠浆膜和肠系膜显著水肿，其淋巴管呈索状肿。肠系膜淋巴结肿大变软，切面湿润，上有黄白色病灶。

● 诊断

根据典型的临床表现可以怀疑本病。确诊需进行病原学和血清学检验。

● 防治

1.治疗方法 目前尚无有效的治疗方法。用氯苯吩嗪、异烟肼、利福霉素、丁胺卡那霉素等药物可以暂时控制病情，但不能根治。

2.预防措施

(1)加强口岸检疫和引种检疫，严禁引入带菌牛，逐渐净化牛群是控制该病的最根本的方法。

(2)如发现病牛，应反复采取6月龄以上牛的血或粪便进行抗体或病菌检验，淘汰阳性牛。

(3)全场消毒，清除被污染的饲料、乳汁和饮水等。

(4)隔离饲养未感染的犊牛，专人负责。

(5)疫情严重的地区可以进行免疫注射，逐步消除该病。

6 附红细胞体病

附红细胞体病，是由附红细胞体引起的一种热性、溶血性疾病。常呈隐性感染，临床病牛以发热、贫血、腹泻、消瘦和黄疸为特征。

●病原

寄生在红细胞表面的温氏附红细胞体,呈圆形、中央凹陷的环状物,直径为0.3~0.5 μm或0.5~1.5 μm。附红细胞体对干燥和化学药剂抵抗力弱,但对低温有较强的抵抗力,4℃环境条件下可存活30天,-78℃可存活100天以上,迅速冷冻可存活765天。

●流行

牛附红细胞体病广泛分布于世界各地。在我国也有该病的存在。1995年,侯顺利等对兰州4个奶牛场128头奶牛进行了附红细胞体病调查,其阳性感染率为58.6%。1993年湖南吉首,1997年河北承德先后报道了奶牛附红细胞体病的流行。

传播途径是直接接触传播,吸血昆虫如扁虱、刺蝇、蚊、蜱及小的啮齿动物为其传播媒介。也有可能通过子宫内感染。

感染无年龄区别。发病从6月末7月初开始,9月份停止,即夏秋季节。此时,高温多雨,杂草丛生,为蚊、蝇、蜱等滋生提供了良好条件,促使该病发生与流行。

●症状

病牛初期无明显症状,仅见异食,口渴,黏膜苍白。随病情发展,病牛体温升高达40~42℃,呼吸加快(30~60次/min),脉搏增数(100~120次/min),食欲减退至废绝,反刍减少至停止,精神沉郁,产奶量骤减,流涎,流泪,四肢无力,步态不稳,多汗,严重者卧地不起,便秘或腹泻,尿血,孕牛流产。危重病牛,严重贫血,皮肤和可视黏膜苍白、黄染,全身肌肉震颤,热骤退后死亡。

血液学检查:白细胞数增加至14 800~32 000个/mm^3,嗜中性白细胞增加，红细胞数下降至192万～605万个/mm^3，血红蛋白降低至每100 mL 6～8 g，血小板数由100万个/mm^3减少到10万个/mm^3，血葡萄糖含量由每100 mL 50～90 mg减少到每100 mL 5～9 mg，血清谷草转氨酶、γ-球蛋白升高。

剖检见可视黏膜苍白，血液稀薄，凝固不良；皮下、浆膜下及全身脏器有点状出血；腹腔积液，呈暗红色；肝脏肿大、质软、土黄色，镜检见肝小叶呈中心性或灶性坏死，含铁血黄素沉着，脂肪变性；胆囊肿大，内贮积浓稠胆汁；脾肿大；肾皮质出血，呈土黄色；胸腔积液，心肌扩张、质软，镜检见心间质水肿，细胞浸润，含铁血黄素沉着；真胃及小肠局部出血，黏膜水肿；肺炎，肺水肿。

● 诊断

本病以其临床表现、流行特点诊断较易。但患泰勒虫病、巴贝斯虫病、边虫病也有相似表现，确诊应进行血液学检查。

(1)鲜血压片。取病牛耳血一滴，加少量的生理盐水，少许3.8%柠檬酸钠溶液，压片镜检，可查到球形、短杆形、星状、闪光的小体。

(2)血抹片检查。取末梢血涂片，甲醇固定，姬姆萨染色，镜检可见红细胞表面附有椭圆形、半月形、杆状、逗点状的附红细胞体，呈淡紫色。

● 防治

1.治疗方法 病畜应隔离治疗，专人护理，精心饲养。可用贝尼尔3～7 mg/kg，以生理盐水配成5%溶液，分点于深部肌肉注射，每天1次，连续注射2次；新胂矾纳明60～70 mg/kg，一次静脉注射；四环素或土霉素250万～300万IU，一次静脉注射，每天注射2次,连续注射2~3天。重症牛可用尼克苏或头孢多烯治疗。尼克苏每头每天70~150 g,连喂6天;头孢多烯,剂量为每头每天1.5 g,连喂2天。静脉注射葡萄糖溶液、维生素C、维生素K及输血等,都可促进病牛的康复。

2.预防措施

(1)消灭蚊、蝇、蜱等吸血昆虫,阻断传播媒介。

(2)在每年发病季节前(5月份),用贝尼尔或黄色素按常规剂量进行预防注射,初次注射后隔10~15天,再注射一次,可阻止本病发生。

7 大颌病与木舌病

大颌病是由牛放线菌引起的牛的一种慢性传染病,木舌病是由林氏放线杆菌引起的,在临床上常常将两者混淆,故将其放在一个部分介绍。

● 病原

(1)大颌病。病原为牛放线菌,革兰氏染色阳性,在老龄培养物和从脓汁中取的黄白色硫磺样颗粒病料压片中为多形态,如丝状、分枝状、球状、棍棒状等。

(2)木舌病。病原为林氏放线杆菌,革兰氏染色阴性,呈多形态,是牛口腔中的常在菌,主要侵害各种软组织,先形成蜂窝织炎,后发展为典型的脓样肉芽肿。

● 流行

(1)大颌病。本病主要侵害牛,2~5岁的牛易感,换牙时多发。在自然条件下绵羊、山羊和马可感染发病,猪很少发病,人也可感染,豚鼠和家兔略易感。

病牛和带菌牛是本病主要的传染源,它们通过病灶产物、唾液和粪便向外排出大量病菌,严重污染食槽、栏舍、饲料、水源和运动场等。当牛的皮肤或口腔黏膜破损处被污染后即可发病。牛放线菌也能侵入正常牛的齿槽,除侵害上下颌骨外,很少感染其他组织。导致黏膜和皮肤破损的常见因素有换牙,麦芒、秸秆、谷糠、食槽、栏杆等的机械刺伤。

(2)木舌病。病牛和带菌牛是本病主要的传染源,它们通过病灶产物、唾液和粪便向外排出大量病菌,严重污染食槽、栏舍、饲料、水源和运动场等。当牛的皮肤或口腔黏膜破损处被污染后即可发病。主要侵害软组织,除了舌部外,还感染头、颈以及身体其他软组织。

● 症状

(1)大颌病。早期,下颌骨或上颌骨感染处肿胀隆起,发热,敏感,发硬。几周后骨质肿胀更加突出,患畜开始流涎,采食困难。病情严重时,可见牙齿异位,咬合错位,甚至脱落,患畜不敢咀嚼。口腔黏膜或舌黏膜撕裂,溃疡处排出大量浆液或杂有黏液的脓汁。

(2)木舌病。

急性型:舌头发硬,弥漫性肿大,挤占整个口腔空隙,甚至伸出口腔。舌头活动受阻或被牙齿剐伤。下颌齿槽间隙肿大,发硬或有波动感。舌头腹侧唾液腺管怒张,像舌下囊肿。病牛流涎,采食困难,发热。

慢性型:舌头上形成脓性肉芽肿或有纤维样变,流涎,体重减轻。

● 防治

1.治疗方法

(1)大颌病。本病疗效与病程长短有关,感染早期疗效好,晚期差。同时,要坚持长期用药。常用抗菌药物有链霉素、青链霉素合剂、红霉素、异烟肼(肌肉注射),可以配合静脉注射碘化钠。

(2)木舌病。静脉注射20%碘化钠溶液,每450 kg体重30 g,连续注射2~3天。配合磺胺类药物或其他抗菌药物,如四环素、氨苄青霉素等,疗效更好。

2.预防措施

(1)投喂干草、谷糠等粗饲料前,最好将其泡软,防止刺伤口腔黏膜。

(2)保持食槽、柱栏、栅栏表面光滑,防止皮肤擦伤。

(3)手术或扎针时,要注意严格消毒,防止感染。

8 巴氏杆菌病

巴氏杆菌病是由多杀性巴氏杆菌引起的多种家畜、家禽和野生动物的一种急性热性传染病的总称。牛巴氏杆菌病简称"牛出败",临床特征为,骤然高热,咽喉、颌部和颈部皮下严重水肿,纤维素性胸膜肺炎,病程短促,病死率高。

我国奶牛场亦有本病发生,以散发为主。

● 病原

本病病原为多杀性巴氏杆菌,革兰氏染色阴性,细小球杆菌,瑞氏染色时两极着色,卵圆形。在血液培养基中生长良好,强毒株经血清琼脂平板培养后,45°折射光下可见带金边的蓝绿色荧光。巴氏杆菌对外界不良因素的抵抗力差,在干燥空气中,2~3天死亡,在厩肥内可存活1个月,在病料中37℃15天死亡。巴氏杆菌对多种抗菌药物敏感,普通消毒药对其有良好的杀灭效果。

●流行

本病可感染多种动物和人。家畜中以牛、猪多发,青壮年牛多见。在新疫区,奶牛发病率可达10%~50%。病畜和带菌动物是该病主要的传染源。有时病猪可传染水牛,牛和水牛可互相传染。病畜常通过其排泄物和分泌物向环境中散毒,污染饮水、饲料、空气等。易感牛经消化道、呼吸道感染发病,吸血昆虫也可传播该病。

本病可见于一年四季,以6~8月份多发,以零星散发为主。闷热、多雨、潮湿、气候骤变、寒冷、拥挤、通风不足、营养不良、饲料突变、长途运输、疾病、过度疲劳、初乳摄入不足等可诱发本病。

●症状

潜伏期1~6天。根据病程可分为最急性型和急性型2种。

(1)最急性型。体温高达41~42℃,以败血症为主,伴有急性胃肠炎和呼吸道症状,6~12 h后死亡。

(2)急性型。按临床表现分为水肿型和胸型2类。

水肿型:体温高达41℃。病牛沉郁,食欲废绝,反刍停止,鼻镜干燥。头、颈、咽喉、前胸甚至前肢皮下炎性水肿,热,坚实,敏感。抬头,伸颈,张口呼吸,大量流涎,流泪,舌头脱出、水肿、发紫。部分病牛腹泻,粪稀,恶臭,混有黏液和血液。常因窒息而死。病程12~24 h。

胸型:体温40~41℃。精神沉郁,食欲差。鼻镜挂有分泌物,呈浆液至黏脓状,湿咳,呼吸急促,泌乳减少。在肺区腹侧前半部经常可听到湿性和干性啰音。病程1~10天,多数死亡。

剖检见浆膜、黏膜及内脏器官有出血斑点,胸腔积液,肺间质胶样增宽,纤维素性胸膜炎。

● 防治

1.治疗方法 发病初期用抗巴氏杆菌病血清、磺胺类药物、抗生素治疗。成年牛每天内服20~30 g氨苯磺胺,连服3~5天。磺胺二甲嘧啶100~200 mg/kg,一次静脉注射,每天一次。金霉素300万~400万U,用0.9%甘氨酸钠稀释,一次静脉注射,每天1~2次。

2.预防措施 加强饲养管理,改善环境卫生条件,增强机体抵抗力。病畜隔离治疗,严格消毒,在流行地区定期注射巴氏杆菌疫苗。

9 牛传染性角膜结膜炎

牛传染性角膜结膜炎是由多种病原引起的牛的一种急性传染病。其临床特征为,眼结膜和角膜发炎,大量流泪,后角膜混浊或呈乳白色,又名红眼病。

● 病原

该病是由多种病原所致,已报道的有牛摩氏杆菌(*Moraxella bovis*)、立克次氏体、霉形体、衣原体和某些病毒。其中牛摩氏杆菌为该病的主要病原。牛摩氏杆菌为革兰氏阴性菌,有荚膜,在绵羊或马鲜血琼脂平板上长成圆形透明的灰色菌落,致病菌可形成溶血环。牛摩氏杆菌对理化因素较敏感,离开牛体后只能存活24 h,59℃ 5 min即被杀死,对常用消毒药敏感。

●流行

不同年龄、性别的水牛、奶牛和黄牛均易感,幼龄牛发病率较高,本病还可感染绵羊、山羊、骆驼和鹿等。病牛和带菌牛是本病主要的传染源,它们通过泪液和鼻分泌物向外排菌,污染环境,尤其是土壤和空气。病牛康复后可经眼、鼻分泌物排菌数月,易感牛经直接接触病牛或污染的土壤和空气而感染发病。该病多见于天气暖和且湿度较高的夏秋季节,一旦发生,迅速扩散,青年牛的发病率可高达90%。

●症状

潜伏期一般为3~7天。病初,患眼羞明,流泪,眼睑肿胀。其后,角膜凸起,角膜周围血管充血、增粗。结膜和瞬膜红肿。有时可见角膜上有白色或灰色小点。病情重时可见角膜增厚、溃疡,形成角膜瘢痕和角膜翳,甚至眼前房积脓或角膜破裂,晶状体脱落。病程为20~30天。多数病牛病初为一侧眼患病,后发展为双眼感染,一般无全身症状。但眼球化脓时伴有体温升高,食欲减退,精神沉郁,泌乳量下降。多数病牛自然痊愈后伴有角膜白斑和失明。

●防治

病牛隔离后置于黑暗而安静的牛舍内饲养。药物治疗可用2%~4%硼酸溶液冲洗患眼,再涂氯霉素、青霉素眼药膏。当有角膜混浊或角膜翳时,可用1%黄氧化汞眼药膏或0.5%醋酸可的松眼药膏。本病的预防措施如下:

(1)保持牛舍清洁卫生,牛舍应宽敞,不要拥挤。

(2)做好灭蚊蝇工作,阻断传播媒介。

(3)必要时,可接种牛摩氏杆菌制备的菌苗,有预防作用。

第10章 奶牛的消化道疾病

❶ 食道阻塞

食块或异物突然阻塞于食道内时称食道阻塞。其特征为，吞咽障碍，流涎，呃逆，并发瘤胃臌胀。

● 病因

主要是吞食过大的食物所致。例如，饲喂未切碎的白薯、甜菜、萝卜、芜菁、土豆等或饲喂未经浸软的豆饼均可导致发病。

● 症状

发病突然。表现头颈伸直,流涎,空嚼,惊慌,摇头。颈部食道阻塞时,停止采食,在左侧颈部外方可摸到硬的阻塞物;胸部食道阻塞时,患牛狂躁不安,张口哮喘,瘤胃明显臌胀,在阻塞部上方食道积有多量唾液,插入食道探子时在阻塞部受阻。若食道不完全阻塞,流涎不明显,有呃逆运动,能嗳气,瘤胃臌胀轻微或不明显;若食道完全阻塞,流涎多,采食、饮水后食物、水立即从口腔漏出,瘤胃明显臌胀,呼吸困难。

● 防治

1.治疗方法 主要是尽快除去阻塞物。当瘤胃臌胀时,首先应用套管针穿刺瘤胃放出气体,然后再处置阻塞物。

若阻塞物在咽或咽后不远的食管部,可将牛保定,装上开口器,手插入口腔,直接取出。若阻塞物在颈部食管,可由颈外面用双手将其推压到咽部,再从口内取出。小牛口腔狭小,将其保定,固定舌头并用压舌板压舌根,用长把钳子从咽部取出。

胸部食道阻塞时,可用胃探子将阻塞物推送到瘤胃中。为了使咽腔和食道滑润,消除食道痉挛,可预先通过胃管灌入5%普鲁卡因20~50 mL,植物油100~200 mL。

对阻塞于食道内的金属物体、玻璃片等异物,不宜采用按摩推送或强行拉出的方法,只宜用外科手术方法除去异物,防止发生食道破裂。

2.预防措施 加强饲料的加工与保管。块根饲料应粉碎后再喂,饼类饲料应浸软压碎,饲料要稳定,在突然加喂适口性好的饲料时,应防止过食。

❷前胃弛缓

前胃弛缓是由前胃兴奋性降低和收缩力减弱所引起的消化功能紊乱。

● 病因

急性前胃弛缓直接与饲养管理不当有关。常见于:精料喂量过多,不能很好被消化;粗饲料不足,糟粕类等工业副产品饲喂量过多;粗饲料品质低劣,长期饲喂麦秸、秸秆、稻草等难以消化且又未经加工调制的饲草;突然改变饲养方式和饲料品种,如由放牧转为舍饲,由三班制改为两班制,由适口性差的饲料改为适口性好的饲料;饲喂发霉变质的块根、蔬菜、青贮和干草。此外,受寒感冒,卫生不良,厩舍阴暗,密集饲喂等也可促使本病发生。继发性前胃弛缓常见于急性传染病、血液寄生虫病、创伤性网胃炎、酮病、乳房炎及中毒性疾病。

● 症状

食欲减退或对某些食物拒食,而对某些食物的采食量减少,反刍次数减少或咀嚼运动减弱,嗳出气具有不良气味,瘤胃收缩减弱,运动次数减少,瘤胃内容物纤毛虫数量减少,呈酸性。由品质不好的饲料所引起的前胃弛缓常伴有腹泻现象,粪呈泥状、半液体状或水样,恶臭。病牛精神不振,不愿站立,病程长者,被毛粗乱,眼球下陷,末梢发冷,消瘦。严重者脱水和酸中毒,卧地不起,泌乳停止。

● 防治

治疗的目的是,加强瘤胃的运动功能,制止瘤胃内异常发酵过程,恢复机体正常的食欲和反刍,防止酸中毒。通常用人工盐

250 g,硫酸镁 500 g,苏打粉 80 ~ 100 g,加水灌服。对产奶量每天 20 kg 以上奶牛可用葡萄糖盐水 1 000 mL,25% 葡萄糖溶液 500 mL,10% 葡萄糖酸钙 500 ~ 1 000 mL,5% 碳酸氢钠 500 mL,一次静脉注射。预防的关键是加强饲养管理。日粮应根据生理状况和生产性能的不同而合理配给,要注意精、粗比,磷、钙比,以保证机体获得必要的营养物质,防止单纯追求乳量而片面追加精料的现象;要坚持合理的饲养管理制度,不突然变更饲料,不随意改换饲养班次;加强饲料保管,严禁饲喂发霉变质饲料;正确诊断疾病,对继发性前胃弛缓的病牛,一定要及时正确地治疗原发性疾病。

3 瘤胃臌胀

牛吃入大量易发酵的饲料,致使瘤胃中积有大量气体所引起的急性瘤胃扩张叫瘤胃臌胀。其特征是,瘤胃过度臌胀,嗳气受阻,呼吸困难,瘤胃叩打具鼓音。

● 病因

本病可分为原发性瘤胃臌胀和继发性瘤胃臌胀 2 种类型。

1.原发性瘤胃臌胀 采食过量易发酵的饲料如苜蓿、幼嫩青草、冬播植物的幼苗、甜菜叶及收割不久再长出来的幼枝;饲喂堆放发热的块根、糟粕类饲料和青饲料,发霉、变质的干草、青贮以及腐败的马铃薯等。

2.继发性瘤胃臌胀 常见于食道阻塞、食道麻痹、创伤性网胃炎、腹膜炎、产后瘫痪、结核病等。

● 症状

肚腹胀大,左肷部显著隆突为其特征。触诊腹壁紧张而有弹力,叩诊过清音,有时带金属音。听诊瘤胃蠕动音初期强,后转弱到完全消失,但可听到气体发生音。患牛垂头弓背,四肢缩于腹下,呆立,紧张不安,食欲与反刍停止,呼吸困难,脉搏微弱疾速,心动亢进,心音高朗,颈静脉怒张,黏膜暗紫色。眼球突出,全身出汗,张口呼吸,口内流出泡沫状唾液。

●防治

1.治疗方法 治疗原则是排气、制酵、泻下和补充电解质液。对症状轻无窒息危险的病牛,应采用套管针瘤胃穿刺放气或胃导管放气。

对泡沫性臌胀者可灌服松节油 20 ~ 30 mL,鱼石脂 15 ~ 20 g 和酒精 100 ~ 200 mL。

对非泡沫性臌胀者可用生石灰粉 200 ~ 250 g,豆油 250 g,加水 3 000 mL 灌服;氧化镁 50 ~ 100 g,加水灌服;氢氧化镁 8 g,加水灌服。

为了促使气体排出,可行瘤胃按摩,每次 10 ~ 20 min。

2.预防措施 预防原则是改善饲养管理。不过多饲喂多汁饲料,在饲喂多汁饲料时配合干草,不喂披霜带露的、堆积发热的、腐败变质的饲草和饲料;加强饲料的加工调制和日粮配合,清除尖锐异物,注意精、粗比和矿物质的供给,以防止继发性臌胀的发生。

4 瘤胃积食

瘤胃充满异常多量的食物,致使瘤胃体积超过正常容积、胃壁扩张,称瘤胃积食。其特征是瘤胃质地实硬,似捏粉。

●病因

本病可分为原发性瘤胃积食和继发性瘤胃积食 2 种类型。

1.原发性瘤胃积食　主要是过食,例如:长期而又大量饲喂粗纤维饲料如麦秸、稻草、山芋藤、花生秧等不易消化、不利于反刍的饲草;长期而又大量饲喂精饲料,粗饲料不足或缺乏;牛只贪食适口性较好的饲料;跑牛后偷吃过多的精料或豆饼。

2.继发性瘤胃积食　多见于前胃弛缓、瓣胃阻塞、真胃变位及创伤性网胃炎。

●症状

通常所见的症状为食欲废绝,反刍停止,呆立,鼻镜干燥,弓背,不愿行走,呻吟,有腹痛者不安,踢腹,肌肉震颤。

肚腹增大,触诊瘤胃似捏粉样,硬固,压迫瘤胃出现陷窝,消失较慢,听诊瘤胃蠕动音几乎消失,叩诊时大部呈浊音,有时有少量气体,直肠检查部分瘤胃压入骨盆腔。

呼吸困难,伴呼吸而呻吟,眼球突出,结膜潮红,头颈直伸,张口呼吸,心跳增数,心音高昂,乳量骤减或无乳,排粪停止。重症病牛迅速衰弱,脱水,四肢颤抖,运步无力,发生酸中毒时则呈昏迷。

●防治

预防关键是防止过食。严格执行饲喂制度,精料、糟粕类饲料喂量应按规定供给;加强饲料保管,加固牛栏,防止跑牛;粗饲料应做好加工调制,喂量应合理。

治疗的目的是,加强瘤胃收缩,促进瘤胃排空能力,防止酸中毒。常用轻泻和补液疗法。首先用硫酸镁 500~1 000 g、液体石蜡油 1 000 mL、鱼石脂 20 g 加水灌服;硫酸镁 500 g,苏打粉 100 g,加水灌服。同时应结合补液,常用葡萄糖生理盐水 2 000~4 000 mL,25%葡萄糖溶液 500 mL,安钠咖2 g,5%碳酸氢钠溶液 500~1 000 mL,一次静脉注射。也可用洗胃法治疗,即用胃导管灌入 1%食盐水后,再将瘤胃内容物从导管内导出。

当机体全身症状缓解后可用10%氯化钠溶液300 mL,安钠咖2 g,一次静脉注射。如果积食严重,药物治疗效果不佳者,可采取瘤胃切开术,取出过多内容物。

5 第一胃炎-肝脓疡综合征

本病是由粗饲料不足,过度饲喂精料而引起第一胃(瘤胃)的炎症,继而引起肝化脓的一种综合征。因其病后无典型临床症状,多在屠宰或尸体剖检时才被发现。奶牛常常发生此病。

● 病因

1. 粗饲料不足或缺乏 有的牛场,因日粮中粗饲料欠缺,常用精料代替。当日粮中精料量占25%以上并长期饲喂时,因精料直接接触瘤胃黏膜而引起胃黏膜损伤,瘤胃内微生物利用碳水化合物精料产生乳酸,分解蛋白质产生刺激性物质,使瘤胃处于强酸的环境下,引起黏膜糜烂。

2. 长期饲喂粉碎精料 过量精料使瘤胃黏膜乳头间隙堵塞,失去对食物的磨碎作用,同时角化鳞状上皮细胞增加,引起第一胃过度角化。

3. 矿物质不足与饲料调制不当 奶牛异嗜木屑、被毛,混入饲料中的铁丝、铁钉等尖锐异物进入瘤胃,刺伤瘤胃黏膜。

4. 瘤胃内坏死杆菌的作用 坏死杆菌极易侵入健康的胃黏膜,对糜烂组织细胞具有致病作用,使组织坏死。进入血液后滞留在肝脏内繁殖。由于白细胞的吞噬作用,化脓并形成脓疡,故第一胃炎和肝脓疡关系极为密切。

● 症状

轻度者症状不明显。中度以上的瘤胃炎见食欲下降、产奶量和乳脂率降低，体重减轻，呈前胃弛缓。

肝脓疡有2种类型：一种是慢性肝脓疡，临床多见；另一种是急性肝坏死杆菌病，较少发生。部分肝损伤，因其代偿功能强，无典型表现，即使有相当大的脓疡，也不呈现明显的功能障碍，偶见患畜体温升高、食欲减退或废绝，由于瘤胃内液体增多而臌胀（水肿），黏膜发黄，腹泻。

因生前诊断困难，多数于屠宰和死后剖检才发现。肝脓疡大小不一，由针尖大到数厘米大，数量不等。

●防治

本病关键在于预防：精饲料不能粉碎得过细，并应严格控制饲喂量，日粮中，精、粗比最大不超过60∶40；为预防瘤胃 pH 值下降，日粮中可加2%碳酸氢钠、0.8%氧化镁或2%硒酸钠。

有症状出现时，只能采取对症疗法。前胃弛缓时灌服人工盐250~300 g，体温升高者静脉注射四环素，食欲废绝时静脉注射葡萄糖等。

6 创伤性网胃炎

尖锐异物随饲料被牛吃入后刺伤网胃壁，引起穿孔处及其周围组织发生炎症叫创伤性网胃炎，常伴发腹膜炎。其特征是，消化障碍、胸壁疼痛和间歇性臌胀。

●病因

本病与饲料本身质量无关，但与饲料加工处理有关。在饲料加工过程中，由于对各种尖锐异物处理不当，致使铁丝、铁钉、缝针、发卡、兽医注射针头等混入饲料中而被牛吃入。由于胎儿增大、努责、奔跑、跳跃、过食等使腹压增高，致使尖锐异物刺伤网胃壁并造成穿孔，引起创伤性网胃炎，往往伴有局限性或弥漫性腹膜炎的发生。

● 症状

尖锐异物一旦穿透网胃壁即呈现出急性前胃弛缓症状。食欲、反刍改变，瘤胃收缩减弱。病牛步样迟滞，不愿行走，起立、排尿、排粪时呻吟；站立时，头颈伸展，肘头外展，卧地时小心；肘部肌群颤抖；胸壁叩诊，病牛躲避，剑状软骨区触诊，病牛敏感；反刍时常见低头伸颈，极不自然。

单纯性网胃炎即尚未刺伤其他组织时，全身反应不明显，体温、呼吸和脉搏正常，仅少数病牛初期体温稍有升高（39.5～40℃），排粪正常。后期见粪干、少、黑，外附黏液或血液。病程较长者，反复出现前胃弛缓，有的反复发生瘤胃臌胀，此时食欲废绝，臌胀消失后，食欲又见好转，病牛产奶量持续减少。血液检查，白细胞总数高达 14 000 个/mm^3，嗜中性白细胞增高至 45%～70%。淋巴细胞与嗜中性白细胞比率倒置为 1:1.7，核左移。

● 诊断

本病在诊断时一定要仔细观察食欲、粪便颜色、心跳、体温、独特姿势及药物治疗效果，并要查证饲料加工过程中有无消除尖锐异物的设施等。根据临床实践体会：

（1）对突然不食，粪便干硬、色暗的病例，使用大量泻剂无泻下作用，仍无食欲者，多与创伤性网胃炎有关，即所谓“上下不通网胃查”。

（2）如日产奶量在 20 kg 以上的牛只，突然不食，产奶量下降或无乳，主要呈瘤胃弛缓或瘤胃臌胀，而心跳体温正常，使用糖钙疗法（25%葡萄糖溶液和 20%葡萄糖酸钙各 500 mL，一次静脉注射)治疗2~3天,症状和食欲仍未好者可疑为本病。

(3)分娩前后母牛,食欲减退或废绝,体温、心跳正常,主要呈前胃弛缓症状,用糖钙治疗无效者,可判为本病。

由于奶牛个体,异物在网胃内的数量,所处的状态,刺伤的部位和程度等的不同,临床症状各异,有的症状明显,有的不明显。因此,一定要对饲料加工和奶牛的习性、特性、食欲、泌乳有所了解。抓住病牛某一特征并结合药物疗效,是可以确诊的。

●防治

关键在于预防。要加强对饲草、饲料的加工与管理,建立完善的清除饲料中金属异物的设施,减少牛吞食异物的机会。为此,有的牛场用电磁筛、磁叉,有的牛场给牛投放永久性磁铁,有的用磁铁吸引器(磁笼)定期从网胃中吸取金属异物。在牛场建设时,应选择偏僻的地方,场内维修车间应远离饲料存放地点,要宣传金属异物对奶牛健康的危害性,让员工养成自觉清除各种金属异物的习惯,不随意携带金属异物进入牛棚,发现有铁丝、铁钉及时捡出。

目前,向胃内投放磁棒、磁笼以预防本病的发生,在临床上收到了一定的效果,现介绍几种:

(1)投放永久性磁铁(磁棒、磁笼)。将铝、镍等材料铸成的圆柱状磁棒(规格为直径14~18 mm、长60~70 mm、重80~160 g)或商品磁笼投入胃中,永久停于网胃内,以吸附各种铁器,使之不从网胃穿出。

(2)铁质异物吸取器。目前型号很多,但原理一致,都是将一端系绳的永久磁铁投入胃内后,牵牛运动,使磁铁在胃内移动,经过1~2 h后,牵引磁棒上的系绳,缓缓将铁质异物吸取器从胃内拉出。

药物治疗效果不明显时,往往由于病程延长而造成金属异物自网胃继续刺伤其他组织(心、肺、肝及脾),使病情加剧,故根治办法是瘤胃切开探摸异物。据临床观察,只要确诊早,手术及时,异物未刺伤其他组织,并能将其从网胃中取出,疗效是比较确实的。

7 创伤性网胃-心包炎

本病是由尖锐金属异物刺伤网胃壁,穿过膈膜并刺伤心包,引起的化脓性、增生性心包炎,常伴有网胃、膈膜和胸膜的炎症,故本病常为创伤性网胃炎的继发症。

● 病因

与创伤性网胃炎相同。网胃的收缩、前胃过度充盈,分娩的努责,都能使进入网胃的尖锐异物穿过网胃壁、膈膜,进一步刺伤心包导致本病。

● 症状

一般情况是食欲废绝,产奶量骤减,病畜起卧困难,站立时,肘部肌肉发抖,肘头外展。体温升高到40℃以上,心跳次数增多,每分钟达100次以上,强行运动,心跳增加更明显。心音初呈现摩擦音,后呈拍水音。随心包内渗出液的蓄积和纤维素增生,心音模糊不清,心浊音区扩大。随病程延长,病牛站立不动,颈静脉怒张并出现波动,下颌、胸前水肿,粪便干、少、黑,有时拉稀。血液检查,嗜中性白细胞增数,达$(16\sim30)\times10^9$个/L,核左移。于左侧第4~6肋间、肘关节水平线上,心脏听取较清晰处,穿刺心包,穿刺液呈淡黄色、暗褐色、乳白色,混浊具腐臭味,遇空气易凝固。尸体剖检见颈下、胸部垂皮下积有液体,心包内积有大量浆液性、纤维素性渗出物,心包增厚,膈膜、心包粘连。形成瘘管者，管内积有污秽的、灰色腐臭脓汁，异物可存在于瘘管内。

●防治

尚无特效疗法，主要是预防创伤性网胃炎的发生。加强饲料管理，严防尖锐金属、尖锐异物混入饲草内。提早对创伤性网胃炎的确诊，并尽早除去异物。胸部手术也偶有成效，然而术后能否保持原有的生产性能尚值得考虑。当心包组织坏死、增生，病牛呈现出败血症时，即使手术能除去异物，病牛最终也很难恢复。从生产效益出发，为了避免人力、物力的浪费，凡已确诊为本病的患牛，宜尽早予以淘汰。

8 真胃移位

真胃的正常位置是在瘤胃和网胃的右侧腹底、体正中线偏右。

真胃移位主要是指真胃由正常位置移到瘤胃与网胃的左侧与左腹壁之间。其临床特征是慢性消化紊乱。真胃移位85%～88%在左侧，发病率为1.2%～2.5%。

●病因

本病病因可分为以下几个方面。

(1)干奶期精料、玉米青贮喂量过高，加重了消化道的负担，导致瘤胃、真胃弛缓的发生。

(2)妊娠到分娩后生理解剖特点的变化。妊娠后期，子宫逐渐膨大，膨大的子宫将瘤胃上抬，真胃逐渐向前及腹腔左侧推移到瘤胃左方。当真胃张力降低时，食糜和气体在真胃内郁滞使其扩张，到妊娠末期已处于半变位状态。分娩时，由于子宫内胎儿排出,重力突然消除,瘤胃突然下沉,将游离的真胃挤到瘤胃的左方,因真胃内含有大量气体,进一步向上方移动,致使真胃挤于瘤胃与左腹壁上间。

(3)其他因素。双胎、胎衣不下、产后瘫痪和酮病可导致真胃弛缓,促使本病的发生;母牛发情时的爬跨,因可使真胃位置发生改变,也可成为本病的诱因。

●症状

多数病例发生于分娩后,高产牛易发。病牛食欲减退,有的拒食精料,尚能采食少量的青贮和干草,精神沉郁,体温、呼吸、脉搏正常,粪少而呈糊状,瘤胃被挤于内侧,在左腹壁出现"扁平状"隆起,由于消化紊乱,病牛呈渐进性消瘦,衰竭无力,喜卧而不愿走动,后期卧地不起。

瘤胃蠕动微弱或消失,在左侧肩胛骨的下 1/3 水平线的第 11 ~ 12 肋间听诊真胃时,由于气体通过液面而呈一种高朗的玎玲声或似叩击钢管的金属音,音响短促,无规律。在上 1/3 肋骨处叩诊,能听到一种"乒"声或"钢条"样金属音。

直肠检查:病程较长者,瘤胃体积变小,瘤胃背囊向正中移位,故左侧腹胁部无压力,因真胃移到左腹腔,右侧腹胁部较空虚。

真胃穿刺检查:部位在左侧腹壁听到钢管音的稍下部位,即左腹壁中 1/3 处,第 10 ~ 11 肋间,用 18 号针头抽吸出的真胃液,呈黄褐色或带绿色,pH 值在 2 ~ 3。瘤胃液的 pH 值为 6 ~ 7,有原虫、纤毛虫。

●防治

1.治疗方法　对病牛应尽早矫正,尽快使变位的真胃复位。治疗方法有非手术疗法和手术疗法 2 种。

非手术疗法即翻滚法。将牛四蹄捆缚住，腹部朝天，猛向右滚又突然停止，以期真胃自行复原。也有使病牛右侧横卧，滚转成背卧式，以牛背为轴心，向左、向右呈90°角反复摇晃3 min，突然停止晃动，使牛呈左侧横卧姿势，最后使牛站立。翻滚前2天禁食、停水，使瘤胃体积缩小。本方法优点是方便、简单、快速，缺点是疗效不确实、易复发。

手术疗法即切开腹壁，整复移位的真胃。手术径路有站立式两侧腹壁切开法和侧卧保定腹中旁线手术切开法。手术疗法适用于病后任何时期，由于将真胃固定，疗效确定。

2.预防措施 加强围产期母牛的饲养管理。严格控制干奶期母牛精饲料的饲喂量，保证充足的干草，增加运动，以增强机体的体质，防止母牛肥胖。对产后母牛，应加强监护，精料应逐渐增加，不能为催乳而过度加料。为了促使其消化机能尽快恢复，要保证干草供给。对有消化机能降低的病牛应及时治疗，尽快使之康复。

⑨ 真胃阻塞

真胃阻塞也叫真胃积食，是由于真胃内积聚过多的粉碎饲料或泥沙，致使机体脱水、电解质平衡失调、碱中毒和进行性消瘦的一种严重疾病。根据真胃积食成分不同，分饮食性真胃阻塞和泥沙性真胃阻塞。真胃阻塞常见于耕牛、妊娠肉用牛，奶牛也偶有发生。

● 病因

本病发生主要是由饲养管理失误所致。饲料单纯，品质低劣，牛过多地采食了含蛋白质和能量低的粗饲料，如秸秆、麦秸；干草切得过细或磨成粉状和精料（如玉米、小麦）混合饲喂，由于较小的颗粒通过前胃速度较快而于真胃中滞留;日粮中精、粗比例不当,例如,用80%粗饲料、20%谷物组成的日粮喂牛,发病率增高;饲料加工不细,如块根类白薯、胡萝卜等含泥土过多,未经冲洗而直接粉碎喂牛,或在泥沙土地上给牛喂草料等,都会使牛食入较多的泥沙。

●症状

食欲减少或废绝,粪便少,腹部膨胀。心跳达每分钟90~100次,呼吸加快,鼻镜干裂,鼻孔附着黏性鼻漏。随病程延长,病牛精神沉郁,眼球凹陷,少尿。尿呈深黄色,具刺激性臭味。瘤胃蠕动减弱,内充满干燥的内容物、坚硬。真胃检查见右腹季肋下增大,深部触诊和强力叩诊,病牛呻吟。

直肠检查:手伸入直肠有黏着感,很少有粪便,如有少量粪时,粪呈黏稠状、腐臭,并混有团块、黏液或黏膜。

血液检查:血液浓稠,碱中毒,低氯血,低钾血。

严重病牛在病症出现后3~6天死亡。若发生真胃破裂,多因急性腹膜炎和突发性休克死亡。在泥沙性真胃阻塞时,消瘦明显,腹泻,粪便中含有沙粒。全身无力,卧地不起。

尸体剖检时,真胃明显增大,为正常时的2倍。内容物干燥,与瘤胃内容物一致。肠管空虚、干燥。若真胃破裂,则有急性腹膜炎变化,腹腔内有大量的胃内容物。

●防治

1. 治疗方法

(1)药物治疗。

①5%葡萄糖生理盐水1 500~2 000 mL,25%葡萄糖溶液500~1 000 mL,一次静脉注射。

②5%~10%葡萄糖溶液1 000 mL,10%氯化钾溶液50 mL,

一次静脉注射。

③乳酸 50～80 mL,或稀盐酸 30～50 mL,或稀醋酸 100～150 mL,加水一次灌服。

(2)手术治疗。在腹中线与右侧腹下静脉之间,从乳房基部起向前 12～15 cm,与腹中线平行,切开 20 cm,切开真胃后,除去其中阻塞物。也可从瘤胃切开,使胶管通过网胃、瓣胃进入真胃,直接用大量消毒液反复冲洗,排空真胃。

2. 预防措施 加强饲养管理,要注意日粮精、粗比例,粗饲料不能粉得过细。加强饲料的保管,严防泥沙混入,在饲喂块根类饲料时,一定要清洗,除去过多的泥沙。日粮要平衡,注意矿物质、微量元素的供应,防止异食而将泥沙食入胃内。

⑩ 真胃溃疡

真胃溃疡是以临床表现厌食、腹痛、产奶量下降和排出黑粪为特征的消化机能紊乱和器质性变化疾病。伴随真胃穿孔引起弥漫性腹膜炎和迅速死亡。成年牛和犊牛都有发生。

● 病因

真胃溃疡的病因迄今还不十分清楚。推测应激是发病的原因,其中包括分娩、泌乳、过食谷物、疼痛刺激及运输等。集约化饲养及大量饲喂精料和青贮玉米的牛群常发生本病。

人工饲喂的犊牛和开始吃粗饲料的犊牛有真胃溃疡发生。这可能与由干物质含量低饲料转变为干物质含量高的饲料有关。

真胃溃疡与真位移位、真胃阻塞、真胃扭转、真胃淋巴瘤、牛病毒性腹泻、牛传染性鼻气管炎、牛瘟和牛恶性卡他热等疾病有关。

● 症状

真胃溃疡一般不显示症状。仅见粪便中混有少量的黑色血块。有的病例,真胃溃疡引起食欲不振,精神沉郁,腹痛和腹肌紧张,心搏过速,每分钟达 90～100 次,产奶量下降,贫血,粪便少而黑,呈沥青样。当真胃穿孔时,则引起全身性发热的腹膜炎,休克。

犊牛真胃溃疡多不出现明显症状。继发于毛球的真胃溃疡,在右侧肋弓后可以触摸到臌胀的真胃,内充满气体和液体。

● 防治

1.治疗方法 治疗可采取补液、消炎和输血疗法。常用的方法有:

(1)氧化镁 500～1 000 g,一次或分两次灌服,连服 2～4 天。

(2)硅酸镁 100 g,一次内服,每天一次,连服 2～4 天。

(3)磺胺二甲基嘧啶。每天每千克体重 200 mg,一次内服,连用 1～2 天,随后每天剂量减半,连服 3～5 天。

2.预防措施 加强饲养管理,供应平衡日粮,严格控制精料特别是谷物饲料的喂量,增加优质干草的喂量。

第11章 奶牛的营养代谢性疾病

❶瘤胃酸中毒

瘤胃酸中毒是由于大量饲喂碳水化合物饲料，致使乳酸在瘤胃中蓄积而引起的全身代谢紊乱性疾病。病牛以消化紊乱、瘫痪和休克为特征。

● 病因

主要是过食富含碳水化合物的饲料如小麦、玉米、黑麦及块根类饲料(如甜菜、白薯、马铃薯)。造成精料喂量过大的原因主要有：为了促高产，为了能使奶牛下胎高产，片面认为精料多，妊娠牛膘大就能高产，临产奶牛入产房后精料喂量不限；添料不均，偏饲高产牛；青饲喂量过大，粗饲料(干草)品质低劣，进食不足。此外，临产牛、高产牛抵抗力低及寒冷、气候骤变、分娩等应激因素都可促使本病的发生。

● 症状

最急性病牛通常无明显前驱症状，常于采食后 3～5 h 死亡。急性病牛，步态不稳，不愿行走，呼吸急促，心跳增数至每分钟 100 次以上，气喘，往往在发现症状后 1～2 h 死亡。死前张口吐舌，高声哞叫。甩头蹬腿，卧地不起，从口内流出泡沫状含血液体。亚急性病牛，食欲废绝，精神沉郁，眼窝凹陷，呆立，不愿行走，或行走时步态蹒跚，肌肉震颤。病情加重者，瘫痪卧地，初能抬头，很快呈躺卧姿势，头平放于地，并向背侧弯曲，呈角弓反张样，呻吟，磨牙，兴奋甩头，四肢直伸，来回摆动，后沉郁，全身不动，眼睑闭合，呈昏睡状，粪稀，呈黄褐色、黑色，内含血液，无尿或少尿。体温多数正常，偶有轻微升高(39.5℃)，心跳正常，重病增数至 120 次/min 以上。伴发肺水肿者，有气喘。

血液检查：血容量、白细胞总数增加，核左移，血液生化值变化是：二氧化碳结合力下降至 11.23 mmol/L，血糖下降为 2.7 mmol/L以下，A/G < 1.25，血浆平均渗透压为 744.5 kPa/L。

病理剖检：主要病变是咽、喉、气管黏膜充血，肺瘀血和水肿，心肌水肿，瘤胃黏膜水肿，真胃黏膜脱落、坏死，黏膜下水肿，肝水肿和脂肪变性，肾水肿，脑膜充血，脑血管、神经周围水肿。

● 防治

1.治疗方法 治疗的原则是补液、补糖、补碱。为增加血容量，促进血液循环，防止或缓解酸中毒，临床可采取：

(1)5%葡萄糖生理盐水 3 000～5 000 mL，5%碳酸氢钠溶液 500～1 000 mL，安钠咖 2 g，一次静脉注射。

(2)山梨醇或甘露醇 300～500 mL，一次静脉注射。

(3)庆大霉素 100 万 IU，一次肌肉注射，每天注射 2 次，四环素 250 万 IU，一次静脉注射。

(4)洗胃疗法，向瘤胃中灌入常水后，再将其导出。

(5)瘤胃切开术适用于病情轻，尚能站立病牛。切开瘤胃，取出内容物，以降低其酸度。

2.预防措施 预防的办法是严格控制精料喂量。日粮供应要合理，精、粗比要平衡，严禁为追求产奶量而过分增加精料喂量。根据奶牛分娩后本病发病多的特点，应加强干奶牛的饲养。干奶期精料不应过高，以粗料为主，精料量以每天 4 kg 为宜；为防止干奶牛抢食过多精料，可采用干奶期集中饲养法；日粮中增加 2%碳酸氢钠、0.8%氧化镁或 2%硒酸钠(按混合料量计)；牛只每天运动 1～2 h；对产前产后牛只应加强健康检查，随时观察奶牛异常表现并尽早治疗。

❷酮病

奶牛养分摄入与消耗失去平衡，导致血糖降低，肝糖减少，生酮增强，酮体增加。酮体在体内蓄积，血、尿、乳中出现了显著的酮体，故称为酮病。其临床特征是，瘤胃和肝脏机能的紊乱，厌食，乳量下降，间有神经症状。

●病因

原发性酮病常见于营养良好、产后1～1.5个月的高产母牛。由于日粮配合不平衡，过度饲喂富含蛋白质的饲料如黄豆、豆饼、豆腐渣等，而碳水化合物饲料(如干草)、青饲料和多汁饲料缺乏，致使体内糖异生不足，酮体生成增多，血、尿、乳中酮体蓄积，从而发生酮病。当日粮中蛋白质和碳水化合物饲料都缺乏时，体脂的动用和糖异生作用下降，瘤胃代谢紊乱影响维生素B_{12}的合成，内分泌系统功能失调，肾上腺皮质激素分泌降低等，都可促使酮病的发生。继发性酮病多见于真胃变位、前胃弛缓、创伤性网胃炎、产后瘫痪和饲料中毒等。

●症状

病牛食欲降低，反刍缓慢、次数减少，瘤胃蠕动减弱；异食，对好的草料不爱吃，喜欢吃褥草、粪土和粗饲料；粪便恶臭，酸度增高，外覆黏液，便秘与拉稀交替；皮肤无光泽，弹性降低；可视黏膜贫血或黄染；体温正常或偏低(37.8℃)，呼吸增快，心跳增数(80次/min以上)，心音减弱，节律不整；乳量骤减，体重减轻，缩腹；神经肌肉紧张度降低，但也有过度兴奋者，表现惊恐，眼球转动，磨牙，不认其食槽，横冲直撞，有时呈半睡状态，低头耷耳，眼闭合,对外界反应淡漠。临床病理见血糖下降至2.22 mmol/L以下,血酮体升高至3.44 mmol/L以上,血钙下降至0.5~1 mmol/L,磷下降至0.323~0.646 mmol/L,血清白蛋白下降,γ-球蛋白升高,总蛋白下降为55~78 kg/L;尿有特异性的丙酮气味,尿蓝母高达2 mg/dL,尿酮体增高至3.44~172 mmol/L;奶酸度增高,乳糖减少20%,氯化物减少10%~12%,酮体升高至3.44 mmol/L以上,胡萝卜素减少40%~60%,并具丙酮气味。

● 防治

为了保证产后母牛体内葡萄糖的恒定,应加强临产前后母牛的饲养管理。临产前应给予丰富的蛋白质和碳水化合物饲料。产后保证有充足的优质干草,促进瘤胃功能尽快恢复,提高采食量,并逐渐提高饲料浓度,使之能量负平衡的时间缩短。泌乳旺盛阶段,严禁为追求产奶量而过度加喂精料,精、粗比最多不能超过60:40;建立酮体监测制度,定期对血、尿、乳中酮体进行测定,及时发现病牛,提早治疗。高产奶牛临产前后,定期用25%葡萄糖溶液和20%葡萄糖酸钙各500 mL,一次静脉注射,对预防酮病有确实效果。

药物治疗的目的是,提高血糖浓度,降低血中游离脂肪酸的浓度,抑制酮体生成。原则是补糖、补碱,解毒保肝,健胃强心。临床可用50%葡萄糖溶液500~1 000 mL,一次静脉注射;5%碳酸氢钠溶液500~1 000 mL,一次静脉注射;丙二醇125~250 mL,一次口服,日服2次;丙三醇500 mL,日服2次,连服7天;促肾上腺皮质激素1 g或可的松1.5 g,一次肌肉注射,每天一次,连续注射3~5天;人工盐200~300 g,盐酸硫胺素100 mg,一次口服;维生素B_{12} 1 mg,一次肌肉注射。

❸肥胖母牛综合征

肥胖母牛综合征也称母牛妊娠毒血症，是干奶期精料喂量过大、能量过高而引起的消化、代谢、生殖等功能失调的综合表现。临床以食欲废绝、黄疸为特征。病牛表现酮病、进行性衰弱、神经症状、乳热、乳房炎和卧地不起，剖检见肝、肾脂肪变性。

● 病因

造成干奶期精料喂量过多的原因有以下几个方面：

(1)高产牛场，饲料条件好，品种多，精料充足。

(2)饲料品种单纯，粗饲料缺乏，以精料来补充日粮中粗饲料的不足。

(3)混群饲养，日粮未按不同生理阶段进行调整。

(4)干奶牛无统一饲喂标准。

● 症状

1.急性　随分娩而发病。食欲废绝，少乳或无乳，可视黏膜发绀、黄染，体温初升高至39.5～40℃，步态强拘，目光呆滞，对外界反应微弱。伴发拉稀者，排黄色具恶臭稀粪，对药物无反应，于2～3天死亡或卧地不起。

2.亚急性　多于分娩后3天发病，主要表现为酮病。病牛食欲降低或废绝，产奶量骤减，粪少而干，尿pH值6.0，具酮味，酮体反应阳性，消瘦，伴乳房炎、胎衣不下、子宫弛缓，产道内蓄积多量褐色腐臭恶露，药物治疗无效，卧地不起，呻吟、磨牙。白细胞总数减少(5×10^9个/L)，二氧化碳结合力、血糖含量降低(39 mg/dL)，血酮体含量增高(23 mg/dL)，游离脂肪酸增高(522 μg/dL)。病理变化是前胃、真胃黏膜脱落和溃疡，肠道充血、出血，肝肾肿大、脂变，心肌变性、脂变。

● 防治

肥胖母牛综合征，实质上是长期营养失调并受产犊应激所引起的代谢紊乱。病后疗效差，故应采取综合防制办法。

1.加强饲养管理，供应平衡日粮

(1)饲料稳定，避免突然变更。干奶牛应限制精料量，增加干草喂量。混合料每天 3～4 kg，青贮 15 kg，干草自由采食。

(2)分群管理。根据不同生理阶段，随时调整营养比例。为避免进食精料过多，可将干奶牛与泌乳牛分开饲喂。

(3)为增强母牛全身张力，减少产后胎衣不下、子宫弛缓的发生，干奶牛每天应进行 1～1.5 h 运动。

2.加强产前、产后母牛的健康检查

(1)建立酮体监测制度，提早发现病牛。产前 1 周，隔天测一次尿酮和 pH 值；产后 1 天，可测尿 pH 值、酮体，隔 1～2 天一次，凡阳性者，立即治疗。

(2)定期补糖、补钙。对年老、高产、食欲不振和有酮病史的母牛，于产前 1 周静脉注射 25%葡萄糖溶液和 20%葡萄糖酸钙溶液各 500 mL，共补 1～3 次。

3.为预防酮病，日粮中可补喂烟酸或丙二醇

(1)烟酸 4～8 g，产前 7 天加喂，每天一次。

(2)丙二醇 200 mL 或丙酸钠 125～250 g，产前 8 天饲喂，每天一次，连服 15～30 天。

4.及时配种 不漏掉发情牛，提高受胎率，防止奶牛干奶期过长而致肥。

5.药物治疗 治疗目的是，抑制脂肪分解，减少脂肪酸在肝中的积存，加速脂肪的利用，防止并发酮病；治疗原则是，解毒、保肝、补糖。

(1)50%葡萄糖溶液 500～1 000 mL,静脉注射。

(2)50%右旋糖酐。第一次 1 500 mL,后改成 500 mL,每天注射 2～3 次,静脉注射。

(3)尼克酰胺(烟酸)。12～15 g,一次内服,连服 3～5 天。其作用是抗解脂作用和抑制酮体的生成。

(4)氯化钴或硫酸钴。每天 100 g,内服。

(5)丙二醇。170～342 mL,每天 2 次口服,连服 10 天,喂前静脉注射 50%右旋糖酐 500 mL,效果更好。氯化胆碱 50 g,一次内服,日服 2 次。

(6)为防止继发感染,可使用广谱抗生素,如金霉素或四环素 200 万～250 万 IU,一次静脉注射,每天 2 次。

(7)防止氮血症。用 5%碳酸氢钠溶液 500～1 000 mL,一次静脉注射。

4 骨软症

骨软症是成年牛钙、磷代谢障碍所致的一种慢性全身性疾病,其临床特征是骨质变软、肢势异常、尾椎吸收及跛行。为奶牛常发病。

犊牛由钙、磷和维生素 D 缺乏所致的代谢病,称为佝偻病。

● 病因

本病病因有以下几个方面:

(1)日粮配合不平衡,饲料单纯,在饲喂过程中不注意钙、磷的供应,致使钙、磷长期缺乏或比例不当。

(2)饲料品质低劣,长期饲喂枯黄的稻草、玉米秸和谷草,造成饲料中维生素 D 含量缺乏或不足。

(3)其他因素。如厩舍阴暗、潮湿、阳光不足,不运动,母牛健康状况较差(如患消化道疾病)等,都可促使本病发生。

●症状

成年牛见异食,常舔食牛栏、墙壁、泥土,喝粪汤、尿水;食欲降低,产奶量下降,发情延迟。随病程延长,骨骼变形,尾椎变软或被吸收,肋软骨肿胀呈串珠样,髋关节被吸收或消失,蹄变形,后肢抽搐,提肢弹腿,弓腰,步态缓慢,运步强拘,常拖拽其两肢,可听到肢关节破裂音。

犊牛各关节肿大,长骨弯曲变形,两前肢呈"O"形,两后肢呈"X"形,弓背,生长发育缓慢,重病牛抽搐、痉挛,易发生骨折。

●防治

1.治疗方法 已发现有骨软症的牛场,可给病牛补充碳酸钙、磷酸钙、乳酸钙或南京石粉,每天 30 ~ 50 g,混入饲料饲喂,连喂数天;10%氯化钙溶液 200 ~ 300 mL,20%葡萄糖酸钙溶液 500 mL,或 20%磷酸二氢钙溶液 500 mL,每天一次,静脉注射,连续注射 5 ~ 7 天。维生素 A、维生素 D 注射液 1.5 万 ~ 2 万 IU,一次肌肉注射,隔日一次,持续 35 天。

犊牛用维生素 D_2 5 万 ~ 10 万 IU,口服;维生素 A、维生素 D 注射液 50 万 ~ 100 万 IU,肌肉注射。

2.预防措施 加强饲养管理,根据奶牛不同生理阶段的营养需要,及时调整日粮结构,使日粮中有足够的维生素 D 和矿物质(钙、磷),以满足牛体需要(表 11-1)。饲料应多样化,要有充足的优质干草和苜蓿。同时保证奶牛适当运动和充足光照。

为补充维生素不足,可每天喂胡萝卜 7.5 ~ 10 kg。高产牛易发生骨软症,因此严格控制精饲料喂量,严禁通过加料追求产奶量。

表 11-1　奶牛对钙、磷及维生素 D 需要量

生理状况 (kg)	钙		磷		维生素 D* (IU)
	日量 (g)	占干物质 (%)	日量 (g)	占干物质 (%)	
犊牛**	4～10	0.4	3～8.5	0.22	400～800
育成牛**	13～16	0.25	12～15	0.20	2 000～4 000
成年母牛**					
产奶量 0～10	40～50	0.3	30～40	0.25	5 000～6 000
产奶量 10～20	50～60	0.3	35～50	0.25	5 000～6 000
产奶量 20～30	60～80	0.3	50～70	0.25	5 000～6 000

*维生素 D 为日需要量；** 犊牛、育成牛、成年母牛体重分别为 50～100，200～400，550 kg。

5 铜缺乏症

铜缺乏症是由饲料和饮水中铜缺乏或/和钼过多引起的，临床上以被毛退色、下痢、贫血、骨质异常和繁殖性能降低等为特征的地方性代谢病。

● 病因

本病可分为原发性铜缺乏症和继发性铜缺乏症 2 种类型。

1. 原发性铜缺乏症　即单纯性铜缺乏症，是由于采食了在铜缺乏土地上生长的牧草，其中铜含量在 3 mg/kg 以下时，呈现铜缺乏症症状，铜含量为 3～5 mg/kg 时，多表现为亚临床铜缺乏症。

2. 继发性铜缺乏症　是指饲料或饮水中铜含量较为充足，由于牛机体组织对铜的吸收和利用受阻，所引起的铜缺乏症。如铜与钼等微量元素之间有着拮抗作用，当钼与铜的比例不当，铜含量虽多而钼含量多或接近生理值时，均可导致肠管对铜吸收机能降能，甚至使机体对铜的需要量增大。如牧草中（铜含量

为 7～14 mg/kg)若与过多的钼(3～20 mg/kg)共存时,也易发生铜缺乏症。

●症状

原发性铜缺乏症病牛食欲减退,异嗜,生长发育缓慢,犊牛更为明显。被毛无光泽,黑毛变为锈褐色,红毛变为暗褐色,眼周围被毛由于脱毛或退色,呈无毛或白色似眼镜外观。此外,还有消瘦、腹泻、脱水以及贫血现象。放牧病牛群性周期延迟,有不发情或一时性不妊,早产等繁殖机能障碍。妊娠母牛的铜缺乏症症状是泌乳量减少的同时,所生犊牛多表现跛行,步样强拘,甚至两腿相碰,关节肿大,骨质脆软,易骨折。重型病牛心肌萎缩和纤维化,往往发生急性心力衰竭,即使在轻微运动过后也易发癫,有的在 24 h 内突然死亡。

继发性铜缺乏症的症状,基本上与原发性铜缺乏症相同,但不同的是贫血程度较轻,而腹泻症状较重,以持续性腹泻为特征。

●防治

治疗可内服硫酸铜制剂,成年牛每天 2 g,犊牛每天 1 g,或成年牛每周 4 g,犊牛每周 2 g。还可用 0.2% 硫酸铜注射液(7.85 g $CuSO_4 \cdot 5H_2O$ 溶解在 100 mL 生理盐水中),成年牛用量为 125～250 mL,静脉注射,疗效可维持数月之久。

对铜缺乏土壤可施用含铜肥料,每公顷牧场草地上施用 5～7 kg 硫酸铜,便可使其上生长的牧草中铜含量达到牛生理需要量,并能维持几年有效。对舍饲牛群可皮下注射甘氨酸铜制剂,成年牛 400 mg(纯铜 120 mg),犊牛 200 mg(纯铜 60 mg),历时 3～4 个月,可起到预防效果。

❻ 钴缺乏症

钴缺乏症是由饲料和稻草中钴缺乏或不足，以及维生素 B_{12} 合成受到阻碍引起的，在临床上以厌食、营养不良和贫血等为特征的慢性代谢病。

● 病因

本病病因有以下几个方面：

(1)长期放牧于土壤缺钴（钴含量低于 0.25 mg/kg）的牧草场或持续性饲喂钴缺乏（0.04～0.07 mg/kg，按干重计）草类或稻草的牛群，多发本病。

(2)凡阻碍奶牛瘤胃内发酵过程中合成维生素 B_{12} 的因素或疾病，均可导致钴缺乏症。病初几周无临床症状，直到肝脏和其他组织中储存的维生素 B_{12} 消耗殆尽后才出现本病应有的症状。

● 症状

重型病牛除可视黏膜淡染或苍白，肌肉乏力、松弛以外，还有被毛无光泽，换毛延迟，体表残留皮垢（鳞屑），流泪，食欲减退，消瘦，贫血和腹下水肿等症状。犊牛生长发育缓慢，体重减轻，随饮食欲减退与废绝，反刍、瘤胃蠕动减弱甚至停止。多数便秘，排鸽卵大粪球，少数腹泻。由于病牛急剧性衰竭和重度贫血等，结局多数为死亡。犊牛贫血系小红细胞性、低血红蛋白性贫血。泌乳奶牛产奶量明显下降，性周期延迟，甚至不发情，不妊。妊娠母牛产生软弱犊牛、死胎等。

重型病牛血清总蛋白含量减少，红细胞数减少到 200 万～350 万个/mm^3，且属红细胞大小不匀症和小细胞性，血红蛋白含量减少为每 100 mL 8 g。白细胞总数减少，而其中嗜中性白细胞和小淋巴细胞增多。血浆中钴含量减少到 0.2 ~ 0.8 mg/kg。

病牛有皮下脂肪消失，体躯肌肉退色，肝脂肪变性，脾脏中含铁血黄素沉积，各个消化器官壁变薄，脏器萎缩、减轻，贫血，大脑皮质坏死等病变。

● 防治

对病牛投服氯化钴水溶液（5 ~ 35 mg/天），开始用其大剂量，逐渐减至小剂量，持续 2 ~ 3 个月便可见效。同时，还可投服维生素 B_{12}制剂，按饲喂饲料的 0.001 7% ~ 0.003 3% 比例混饲。对重型病牛，应用维生素 B_{12}和右旋糖酐铁合剂 4 ~ 6 mL，每 3 天肌肉注射一次。

对钴缺乏地区可施用钴盐肥料，一般每公顷每年施用 400 ~ 600 g。为了预防本病，还可混饲钴添加剂（日量为 0.3 ~ 2 mg）。

7 铁缺乏症

铁缺乏症是由摄取铁含量过低饲料等原因引起的，临床上以生长发育缓慢和贫血等为主要特征的营养代谢病。

本病在通常饲养条件下的成年牛群中极少发生，犊牛特别是在特定的饲养管理条件下的犊牛较易发病。

● 病因

本病病因有以下几个方面：

（1）在土壤铁缺乏的牧草场放牧或饲喂铁含量过少的饲草牛群，可发生缺铁性贫血；在集约化舍饲肉用小牛中，以牛奶为主的饲养条件下，也可发生缺铁性贫血。

（2）寄生虫（如吸血线虫、蜱等）侵袭等各种原因引起的过多失血可导致失血性贫血，铁代谢障碍可导致慢性贫血，即再生不全性贫血。

(3)胃肠吸收机能紊乱如胃液缺乏或腹泻等,饲喂含磷过多的精饲料以及肠黏膜产生脱铁铁蛋白等诱因,致使机体对铁吸收机能降低,可引起低铁血症。

● 症状

病犊牛食欲不振,异嗜,生长发育缓慢,可视黏膜淡染或苍白,消瘦,衰弱,便秘或下痢。重型病犊牛多呈现重剧性贫血症状,如心搏动亢进,心跳加快并伴发缩期性杂音和呼吸促迫等。血红蛋白和肌红蛋白含量减少。

● 防治

不论何种原因引起的铁缺乏症,均宜用铁制剂治疗。较适用的是硫酸亚铁制剂,口服,每天 2 次,每次 1 g,连用 2 周为一个疗程。对寄生虫性贫血病犊牛,可用葡聚糖铁、延胡索酸铁和谷氨酸铁等铁制剂注射,见效较快。若有条件可与维生素 B_{12}制剂混合注射,疗效更为明显。对轻型病犊牛还可补饲铁制剂,按每千克饲料添加 25 ~ 30 mg的比例混饲。

8 碘缺乏症

碘缺乏症又称为甲状腺肿。它是由饲喂或放牧在碘缺乏土壤上生长的饲草等原因引起的,临床上以甲状腺肿大、增生,生长发育缓慢和繁殖机能障碍等为特征的一种地方性代谢病或地方性甲状腺肿。

由碘缺乏引起的单纯性甲状腺肿在成年牛群中发生较少,临床表现为奶牛发情受到抑制而不妊。由于犊牛对碘缺乏较敏感,较易发生本病。

● 病因

本病可分为原发性碘缺乏症和继发性碘缺乏症2种类型。

1.原发性碘缺乏症 由于土壤、饲料和饮水中碘含量过少致使奶牛碘的摄取量不足所致。其中以土壤和水源为关键，因饲草中碘含量取决于土壤、水源、施肥、天气和季节等诸多因素。

2.继发性碘缺乏症 由于奶牛对碘需要量增多和致甲状腺肿的物质存在使然。例如，犊牛生长发育、母牛妊娠和泌乳等因素可使机体对碘需要量增多，白三叶草、油菜子、亚麻仁及其副产品、黄芜菁和大豆等含有致甲状腺肿素或致甲状腺肿物质，可使机体对碘吸收量减少。

● 症状

碘缺乏的妊娠母牛，除其腹内胎儿生长发育受到影响而多发生死胎吸收和偶发流产以外，往往妊娠期延长，产出犊牛体质虚弱而不能站立。有的犊牛被毛生长发育不全，稀毛或无毛，皮肤呈厚纸浆状。先天性甲状腺肿犊牛，多数死于窒息。少数幸存的犊牛，也多由于生长发育停滞成为侏儒牛。青年牛性器官成熟延缓，性周期不规律，受胎率降低，泌乳性能下降，产后胎衣停滞。公牛性欲减退，精子品质低劣，精液量也减少。

● 防治

舍饲期间对碘缺乏病牛及早补饲碘盐或碘饲料添加剂，或应用有机碘化合物40%溶解油剂，肌肉注射，疗效均明显，在预防上，犊牛宜用卢格氏液几滴内服，连用1周。对妊娠母牛，以含有0.015%碘盐，按1%比例添加在饲料中饲喂，起到较好的预防作用。

9 锰缺乏症

锰缺乏症是由饲喂锰含量过少的饲草(料)等原因引起的，临床上以成年牛不妊、犊牛先天性或后天性骨骼变形等为特征的普遍发生一种地方病。

● 病因

本病可分为原发性锰缺乏症和继发性锰缺乏症 2 种类型。

1.原发性锰缺乏症 是由于摄取锰含量过少的饲料所致。当土壤中锰含量在 3 mg/kg 以下，牧草中锰含量在 50 mg/kg 以下时，便使成年牛发生不妊症，犊牛出现骨骼变形。

2.继发性锰缺乏症 多发生于使饲料中锰的利用率降低有关因素存在时。如饲料中钙、磷含量过多，可使锰的吸收受阻而利用率降低，即相对地对锰需要量增多，可诱发锰缺乏症。

● 症状

牛锰缺乏症，多以生长缓慢，发育不良，四肢骨骼和关节畸形，繁殖性能降低(即性腺发育受阻)、不妊，以及脂质与碳水化合物代谢机能紊乱等为发病基础。

犊牛食欲严重减退，被毛干燥、退色，肢势异常(球节肿大、突起并扭转等)，跛行，站立困难。有的犊牛出生前即发生以肢腿弯曲为主的佝偻病(先天性锰缺乏症)。体质虚弱，体重减轻，肱骨的重量、长度以及抗断性能等显著降低。

母牛发情周期延迟，不发情或弱发情，卵巢萎缩，排卵停滞，受胎率降低或不妊。母牛妊娠期中胎儿吸收、死胎等情况发生增多。公牛睾丸萎缩，性欲减退，精液质量不良。

● 防治

每天给锰缺乏症母牛补饲锰添加剂(锰含量 2 g),对繁殖性能恢复有较好效果。犊牛连续投服硫酸锰,4 g/天(锰含量为 980 mg),有预防作用。但应注意的是,投服剂量不要过大,因为锰具有干扰牛对钴、锌的吸收利用率,导致犊牛生长发育缓慢、血红蛋白含量减少等副作用。

⑩ 锌缺乏症

锌缺乏症是由饲喂的饲料中锌含量过少等原因引起的,临床上以生长发育缓慢或停滞,皮肤角化不全,骨骼异常和繁殖机能障碍等为特征的微量元素缺乏症。奶牛自然发病实例报道较为少见。

● 病因

本病可分为原发性锌缺乏症和继发性锌缺乏症 2 种类型。

1. 原发性锌缺乏症 由于饲喂缺锌地带生长的牧草和谷类作物而发生本病。

2. 继发性锌缺乏症 由于饲喂的饲料中含有过多的钙或植酸钙镁等,阻碍牛机体对饲料中的锌吸收和利用,从而导致锌缺乏症。

犊牛饲喂锌含量为 40 mg/kg 的饲料后,仍能保持健康状态,但是在锌含量为 20 ~ 80 mg/kg(正常值为 93 mg/kg),钙含量为 0.6%的草场放牧牛群中,则多数发生角化不全症。

● 症状

锌缺乏症病牛,生长发育缓慢或停滞,食欲减退甚至废绝,皮肤角化不全，骨骼发育异常，繁殖机能紊乱。犊牛增重和生长终止，鼻镜、阴门、肛门、后肢和颈部皮肤易发角化不全、发痒、干燥、皲裂、肥厚、弹性减退，四肢、阴囊、鼻孔周围、颈部等处脱毛，出现皱襞。后肢弯曲，关节肿胀，僵硬，四肢乏力，步样强拘。公牛精液量和精子减少，精子活力降低；母牛从发情到分娩整个过程受到严重影响。

病牛口腔、蜂巢胃和真胃黏膜肥厚，蜂巢胃和真胃角化机能亢进。胆囊充满胆汁，膨大。

● 防治

治疗可用硫酸锌内服(2 g/天)或肌肉注射(1 g/周)，犊牛可连服硫酸锌(100 mg/kg)，经3~4周后可望痊愈。

对饲养和放牧在锌缺乏地带的牛群，平时要严格控制饲料中钙含量在0.5%~0.6%水平，同时宜在饲料中补加硫酸锌，25~50 mg/kg混饲。同时，也应注意到锌中毒(以不超过500~1 000 mg/kg剂量为稳妥)。

在饲喂新鲜青绿牧草时，适量添加大豆油，对治疗和预防锌缺乏症都可收到较好效果。

⑪ 硒缺乏症

硒缺乏症又称为犊牛硒反应性衰弱症，即白肌病。本病是由于采食或饲喂在硒缺乏土地上生长的饲草等原因引起的，临床上以营养性肌萎缩、生长发育缓慢以及成年母牛繁殖机能障碍等为特征的一种世界各国普遍发生的地方病。本病在成年牛发生较少，主要发生于1岁以内的犊牛，尤其是1~3月龄犊牛。

●病因

本病可分为原发性硒缺乏症和继发性硒缺乏症 2 种类型。

1.原发性硒缺乏症 由于土壤、饲草中硒含量过少,如土壤中硒含量在 0.5 mg/kg 以下,饲料干物质中硒含量在 0.1 mg/kg 以下,从而导致硒缺乏症。

2.继发性硒缺乏症 在土壤中硫化物含量过多(这多半是施用含硫肥料所致)或摄取硫酸盐量过大等情况下,由于硒与硫两者呈拮抗作用,降低了牛对饲料中硒的吸收、利用率,从而导致硒缺乏症。

突然过度运动、长途运输和天气骤变等应激作用,都可成为本病发生诱因。

●症状

根据发病的经过,硒缺乏症可分为最急性、急性和慢性 3 种类型。

最急性型多发生于 10～120 日龄犊牛,发病突然,心搏动亢进,心跳加快(140 次/min),心音微弱、节律不齐,共济失调,横卧地上,在短时间内死于心力衰竭。

急性型在临床上以运动、循环和呼吸机能障碍为主要症状。病犊牛精神沉郁,运步缓慢,步样强拘,站立困难,最终陷入全身麻痹。体温接近正常。心搏动亢进,心音极弱。呼吸数增加到 70～80 次/min,呼吸困难,咳嗽,有时有血液、黏液性鼻漏,肺泡呼吸音粗厉。四肢肌肉震颤,颈、肩和臀部肌肉发硬、肿胀,全身出汗。病牛被迫横卧,四肢侧伸,头抬不起来。舌和咽喉肌肉变性,吸吮或采食困难,常常空嚼、磨牙。一般在发病后 6～12 h 内死亡。

慢性型在临床症状上基本与急性型相同。尚有发育停滞,消化不良性腹泻，消瘦，被毛粗刚无光泽，脊柱弯曲，全身乏力，喜卧而不愿站立等表现。成年母牛繁殖性能降低，分娩的犊牛虚弱或死胎。轻型病犊牛经过及时合理治疗后可望痊愈。偶有异物性肺炎和肠炎等继发症，其死亡率为15%～30%。

病理变化主要发生在骨骼肌（以臀、肩胛和背腰部诸肌群为主）、心肌（以左心室为主）、膈肌和舌肌等，尤其是运动量较大的背部和后肢各肌群病变严重，多呈对称性病变。病变部肌肉退色，呈煮肉样或鱼肉样外观，并有与肌纤维呈平行的灰白至黄白色条纹。心肌变性严重时，心脏近似球形，心室扩张，心肌变薄，以左心室最明显，心内膜、中隔和乳头肌也有病变发生。

●防治

1.治疗方法 对硒缺乏症犊牛，在改善饲养管理的前提下，可定期注射亚硒酸钠溶液（0.1～0.2 mg/kg），或口服亚硒酸钠溶液，每50 kg体重10 mg，间隔2～3天再次投服。也可配合维生素E制剂，疗效较为理想。

2.预防措施 对妊娠母牛，可在分娩前1～2个月，将亚硒酸钠（0.1～0.2 mg/kg）和维生素E（日量为500～1 000 mg）混于饲料后饲喂，或在妊娠母牛分娩前1个月至分娩前2周时，皮下注射亚硒酸钠溶液（硒含量为100 mg）和维生素E注射液（维生素E剂量为1 000～1 500 mg）。

刚出生犊牛，应用亚硒酸钠溶液（3～5 mg）和维生素E（50～150 mg）混合皮下注射，间隔2周后再注射一次，可起到预防作用。

⑫ 维生素A缺乏症

维生素A又称视黄醇、视黄醛。除鱼类特别是鳕、鲛和肝脏等动物性饲料中含量较多以外，在植物类饲料中几乎不存在，但其前体——胡萝卜素在绿色植物性饲草和黄玉米中却大量存在。

● 病因

本病病因有以下几个方面。

(1)饲草中 β-胡萝卜素和维生素 A 含量不足，如在牧草调制过程中 β-胡萝卜素被破坏，青贮和谷物饲料的长期保存，使其含量减少。

(2)肠道将 β-胡萝卜素转化为维生素 A 及维生素 A 吸收机能紊乱，如胃肠卡他，寄生虫寄生，饲喂精饲料尤其是过饲含硝酸盐多的或含无机磷少的饲料，氯化萘中毒等。

(3)生理功能异常，如肝功能减退，肝片吸虫病，体温升高和甲状腺机能亢进等。

(4)哺乳和饲喂代用乳，如初生犊牛初乳哺饲期缩短，哺乳量不足，代用乳加热调制过程中维生素 A 破坏等。

● 症状

干眼病和夜盲症：是维生素 A 缺乏症的特征性症状之一。干眼病病牛角膜混浊、肥厚并伴发损伤，易发继发性角膜炎，使视觉生理功能逐步减弱，甚至丧失。夜盲症病牛每逢早晚光线较暗时，便呈现步态不稳，严重时碰撞所有障碍物。

泌尿器官疾病：多发生于公牛。由于输尿管上皮细胞角质化和尿道黏膜病理变化，则伴发细胞脱落，易发尿石症，呈现排尿困难，全身性浮肿，特别是胸前、前肢和关节处较为明显，最终多死于尿毒症。

生殖器官疾病：由于黏膜角质化，使公牛产精液性能降低，性欲减退；母牛不孕，发生卵巢囊肿、胎衣停滞；妊娠母牛多在后期发生流产、死胎或犊牛生后数日死亡，并多见先天性畸形（瞎眼，咬合不全等），体质过度虚弱或生长发育不全等。

骨组织疾病：生长发育犊牛骨组织生长受阻，骨化不全性骨质疏松、软化，骨骼变形，致使骨收容的中枢神经受到一定挤压，尤其是视神经孔变狭后压迫视神经，往往导致失明。

中枢神经系统疾病：这主要是由于脑脊髓液压升高，而相继发生运动失调，步态踉跄，全身性痉挛，斜颈，站立不稳，昏睡等神经症状。

其他症状：食欲减退，异嗜，消瘦，贫血，被毛粗刚无光泽，皮屑增多，生长发育缓慢，成母牛泌乳性能大大降低。由于牛机体抵抗力降低，易发感染性疾病——乳房炎、子宫内膜炎、膀胱炎、支气管炎或支气管肺炎、卡他性肠炎和皮肤真菌病等。

● 防治

1.治疗方法　临床上除维生素 A 缺乏性眼病和骨骼变形病牛多无治疗效果以外，发病初期奶牛，从速应用大剂量维生素A，按440 IU/kg的剂量，肌肉注射或经口投服，随后每天按该剂量的1/4～1/3投服，历时 1 周便可减轻症状。也可用富含维生素 A 或 β-胡萝卜素的优质饲草或维生素 A 强化饲料饲喂病牛，可收到明显效果。

2.预防措施　在 5～6 月份饲喂青绿饲草量不宜少于 3～4 kg。冬季里 β-胡萝卜素来源奇缺时，可补饲维生素 A 添加剂或鱼肝油制剂。

⑬ 维生素 D 缺乏症

维生素 D 是一种固醇类衍生物，共有 6～8 种，其中与动物营养学有着最为密切关系的只有维生素 D_2（麦角固醇）和维生

素 D_3(胆钙化醇)2 种。维生素 D 缺乏时,由于肠黏膜对钙、磷的吸收机能降低,可使处于生长过程中的犊牛发生佝偻病,使成年牛尤其是妊娠或哺乳母牛发生骨软症。

● 病因

本病病因有以下几个方面。

(1)阳光照射过少,这又与长期舍饲,阴天多雾时放牧,冬季日照时间过短等有关。

(2)饲喂干草加工方法不当,在植物性饲草中的麦角固醇多不存在于生长着的青绿叶中,而只是存在于枯死植物叶中或日光晒干的干草中。由于现代饲草多采用迅速烤干的加工方法,而不是在日光照射下晒干的加工方法,使饲草维生素 D 含量减少。

● 症状

维生素 D 缺乏对奶牛特别是对犊牛、妊娠母牛和泌乳母牛的影响,首先是使其生长发育(增重)缓慢和生产性能明显降低。由于食欲大减,牛只生长发育不良,消瘦,被毛粗刚无光泽。同时,骨化过程受阻,掌骨、蹠骨肿大,膝关节增大,有前肢向前或侧方弯曲和弓背等异常姿势。随病势发展,病牛运动减少,步态强拘,跛行。知觉过敏,不时发生搐搦,甚至强直性痉挛,被迫卧地,不能站立。由于胸腔严重地变形,引起呼吸促迫或呼吸困难。有的伴发前胃弛缓和轻型瘤胃臌气等。泌乳母牛泌乳量明显减少,妊娠母牛多发早产,或出现所产犊牛虚弱、畸形等。

● 防治

在多使牛群受到日光照射,饲喂豆科植物性饲草的同时,对患维生素 D 缺乏症的犊牛还要治疗,应用大于维持剂量 10 倍以上的维生素 D 制剂,每天或隔日一次,疗程为 1 周。若与维生素 A 制剂同时投服,其食欲、营养状态可望改善,血钙、血磷含量和碱性磷酸酯酶等项指标也得恢复常态。但严重的骨骼变形仍然残留。

预防维生素 D 缺乏症发生的有效措施之一是,对不同生长发育阶段牛群——犊牛、育成牛和成年奶牛等,补饲动物性蛋白质饲料,保证每天摄取量在 7 ~ 12 IU/kg。平时也应注意日粮中钙、磷含量及其比例(2:1)问题。

⑭ 维生素 E 缺乏症

维生素 E 即生育酚。当牛缺乏维生素 E 时,可发生一系列疾病,如肌肉营养不良、白肌病等。

● 病因

本病可分为原发性维生素 E 缺乏症和继发性维生素 E 缺乏症 2 种类型。

1.原发性维生素 E 缺乏症 多发生于成年牛,特别是妊娠、分娩和哺乳母牛,是由于饲喂劣质干草、稻草、块根和豆壳类以及长期储存的干草和陈旧青贮等饲料和饲草所致。

2.继发性维生素 E 缺乏症 多发生于犊牛,往往是由于饲喂富含不饱和脂肪酸的动物性和植物性饲料引起的。如饲喂鳕鱼、肝、鱼肝油、猪油、大豆油、椰子油、玉米油和亚麻子油等过多,使维生素 E 消耗过多,可引起相对性维生素 E 缺乏。

各种应激,如天气恶劣,长途运输或运动过强,腹泻,体温升高,营养不良以及含硫氨基酸——胱氨酸和亮氨酸不足等,皆可促使本病发生。

● 症状

生后 4 月龄以内犊牛发生较多，病型分为心脏型（急性型）和肌肉型（慢性型）2 类。前者以心肌尤其是心室肌肉凝固性坏死为主要病变，在运动中突然发生心搏动亢进、心律不齐和心音微弱等心力衰竭症状而死亡。后者以骨骼肌深部肌束发生硬化、变性和严重性坏死为主要病变。临床上呈现运动障碍，不爱活动，步样强拘，四肢站立困难。重症病牛陷入全身性麻痹，不能站立，只能取被迫横卧姿势。当咽喉肌肉变性、坏死时，多数病牛由于采食、呼吸困难，经过 6 ~ 12 h 死亡。

病理变化主要在心肌和骨骼肌。左心室肌肉有白色或灰白色与肌纤维平行条纹病灶。骨骼肌色淡，有斑块状稍混浊的坏死病灶，常发部位为肩胛、背腰和臀部肌肉以及膈肌等。

血液、尿液生化学检验：如血清谷草转氨酶活性升高（500 ~ 2 500 kU/mL），血清 GPT 活性达 70 ~ 700 kU/mL；血钾、血镁含量减少，而血钠、血钙和血磷含量增多。尿液肌酸酐含量增多。

● 防治

对已发病病牛，在饲喂富含维生素 E 和无不饱和脂肪酸饲料的同时，应注意牛舍、牛体保温，禁止病牛运动。

在治疗上应用大剂量维生素 E 制剂（750 ~ 1 000 mg/天）口服或肌肉注射。

新生犊牛可皮下注射维生素 E（50 ~ 150 mg）和亚硒酸钠注射液（3 mg），隔 2 ~ 4 周后再注射一次维生素 E 制剂（500 mg）。

妊娠母牛宜在分娩前 1 ~ 2 个月，混饲维生素 E 制剂（1 000 ~ 1 500 mg）和亚硒酸钠（20 ~ 25 mg），隔几周后按上述剂量再混饲一次。

⑮ 维生素K缺乏症

维生素K是一组萘醌衍生物，其中活性强的有维生素K_1和维生素K_2 2种。前者多存在于青绿植物，特别是紫花苜蓿中，后者多存在于动物肝脏和鱼粉中。维生素K可由肠道内和瘤胃内的微生物群大量合成。所以，在通常饲养条件下的奶牛几乎不发生维生素K缺乏症。只是偶然由于某些原因影响或破坏维生素K的存在和合成时，才有可能发生维生素K缺乏症。

●病因

当长期投服大量水杨酸盐和抗生素药物时，由于前者与维生素K呈拮抗作用，后者使胃肠道内微生物群受到抑制等原因，维生素K含量减少。此外，在肝脏和胃肠道疾病(如黄疸、急性腹泻等)时，由于胆汁产生减少，排泄到肠腔内胆汁减少，致使维生素K吸收减少，可诱发维生素K缺乏症。

当饲喂腐败变质草木樨发生中毒时，由于草木樨在腐败过程中产生的双香豆素与维生素K呈拮抗作用，可导致维生素K缺乏症。

●症状

由于凝血酶原含量减少，血液凝固性降低，即血液凝固不全和凝血时间延长，加上血管通透性改变，在临床上以出血性病变为病理基础。本病的主要症状是皮下和胃肠道出血、贫血、水肿和各种机能紊乱等。奶牛泌乳性能明显降低，结局为多数病牛死亡。

●防治

1. 治疗方法 为了防止血液凝固不全和提高血液凝固性，可肌肉注射维生素 K_1、维生素 K_2 和维生素 K_3 制剂(3 mg/kg)，还可采取输血、补液(生理盐水和葡萄糖注射液等)以及其他对症疗法。

2. 预防措施 加强饲养管理，不饲喂腐败变质牧草，切忌直接投服大量抗生素药物。

在加强饲养管理的基础上，提高奶牛机体抵抗力，减少消化道疾病的发生，是预防本病发生的关键。

16 B族维生素缺乏症

B族维生素包括维生素 B_1(硫胺素)、维生素 B_2(核黄素)、维生素 B_5(烟酸)、维生素 B_3(泛酸)、维生素 B_6(吡哆醇)、生物素、叶酸、胆碱和维生素 B_{12}(氰钴胺素)等多种，这些维生素均可在牛瘤胃内由微生物群合成。瘤胃内合成的这类维生素含量与所饲喂的饲料中维生素含量并无平行关系，即使饲喂含有大量维生素的饲料，不一定就在瘤胃内由其中微生物群合成大量维生素，详见表 11-2。

表 11-2 饲喂不同饲料与瘤胃内 B 族维生素含量

维生素种类	干草		干草＋精饲料		经氢氧化钠处理秸秆＋酪蛋白	
	饲料	瘤胃内	饲料	瘤胃内	饲料	瘤胃内
硫胺素	0.8	2.1	5	3	0	1.8
核黄素	13	11	9	13	1	12
烟酸	27	50	32	60	2.1	52
泛酸	11	10	19	28	1.2	18
吡哆醇	2.7	2.8	2.5	2.5	0.25	2.4
生物素	0.14	0.16	0.12	0.22	0.004	0.17
叶酸	0.40	1.7	0.25	2.3	0.08	1
氰钴胺素	0	5	0	6.5	0	8.3

通常,在标准饲养条件下,奶牛是不易发生 B 族维生素缺乏症的。只有瘤胃发育尚未达到成熟阶段的犊牛,在大剂量应用抗生素类药物以及饲喂钴缺少饲料或其他原因等情况下,才有可能发生 B 族维生素缺乏症。

● 维生素 B_1 缺乏症

维生素 B_1 又称为硫胺素。它广泛地分布于植物性饲料中,如各种谷物胚芽、麦麸、米糠、豆类和酵母中含量丰富,禾本科植物、块根和青绿饲草中含量也较多。牛瘤胃内由微生物群合成的硫胺素基本上能满足自身所必需的需要量,所以在通常饲养条件下,牛是不易发生硫胺素缺乏症的。

1.病因 本病可分为原发性和继发性 2 种类型。前者主要是由于瘤胃尚未发育成熟,硫胺素合成量过少,又吃不到优质母乳或吸收机能受阻等,致使犊牛机体中储存硫胺素含量过少而发生缺乏症,但自然发病在临床上较为少见;后者是由于妊娠、泌乳母牛代谢机能旺盛,加上饲喂过多碳水化合物饲料,瘤胃内硫胺素分解酶活性升高(确切机制尚不清楚)等,导致硫胺素需要量增多,引起硫胺素相对缺乏,这在临床上较为多见。

2.症状 近年来发生于 3 ~ 11 月龄犊牛的大脑皮层坏死症又称为脑灰质软化症就是硫胺素缺乏引起的。发病犊牛临床表现为精神沉郁,昏睡,倦怠,有的惊厥、痉挛。食欲大减,腹泻,脱水,血尿。步态踉跄,甚至共济失调。严重病犊牛最终死亡,死亡率为 4% ~ 5%。剖检病变主要是脑组织即大脑皮质广泛性软化、坏死。

3.防治 在犊牛发病初期除肌肉注射硫胺素注射液(50 mg)或投服酵母制剂以外,包括成年母牛在内,在日粮中补加一些精饲料——麦麸、豆芽、花生饼和豆饼等,可收到较好效果。

● 维生素 B_2 缺乏症

维生素 B_2 又称为核黄素。它在谷物及其副产品中含量较少,而在青绿饲料、酵母和动物性蛋白质中含量较多。牛瘤胃内微生物群合成的维生素 B_2 足以满足自身生理需要量。

1.症状 牛发生本病的实例很少,但人工复制发病试验可获成功。病犊牛临床症状是,生长发育缓慢,嘴唇、口角和鼻孔周围黏膜充血明显,食欲大减,流涎,流泪,脱毛,腹泻,出现全身性痉挛等神经症状。严重病犊牛可死亡。

2.防治 治疗可用核黄素(50~100 mg)和酵母制剂投服。为预防本病,在加强饲养管理以维持瘤胃消化机能的同时,还可在每千克饲料中补加核黄素(3.5~4 mg)。

● 维生素 B_5 缺乏症

维生素 B_5 又称为烟酸,即抗糙皮病维生素。维生素 B_5 广泛地存在于鱼粉、血粉、肉粉、青绿饲料、小麦胚芽、花生饼和优质干草中。牛瘤胃内微生物群合成的维生素 B_5 可满足自身生理需要量,所以牛自然发生烟酸缺乏症的实例报道极少。只有在牛前胃疾病过程中,瘤胃中微生物群失调时,才可能发生本病。

1.症状 病犊牛口腔溃疡,皮炎,食欲大减,呕吐、腹泻和严重脱水,贫血,消瘦,生长发育不良。陷入高度衰竭的病犊牛,往往突发死亡。

2.防治 对病犊牛应用烟酸制剂皮下注射(0.2 mg/kg),可收到疗效。为预防本病,可在饲料中加富含烟酸的饲料——鱼粉、血粉和麸皮等。

● 维生素 B_3 缺乏症

维生素 B_3 又称为泛酸。它在自然界分布较广泛,如在肝脏、卵黄、肉类、乳汁、酵母、谷物(玉米除外)、青绿饲草等当中含量较多。在牛瘤胃内由微生物群能合成,故自然发生泛酸缺乏症的很少。

1.症状 曾应用玉米饲喂犊牛,进行人工复制发病试验,获得成功。发生泛酸缺乏症的犊牛,厌食,生长发育缓慢或中止,体重减轻,消瘦明显。从鼻孔流出大量鼻漏,被毛粗糙无光泽,颌下部皮肤发炎,皮肤与被毛变为灰白色。腹泻,脱水,四肢乏力,不能站立。病势严重者多数预后死亡。

2.防治 在饲料中补加酵母制剂,对病犊牛有明显疗效,对健康牛则有预防作用。

● 维生素 B_6 缺乏症

维生素 B_6 又称为吡哆素,包括吡哆醇、吡哆醛和吡哆胺。它在自然界中广泛存在,如肝脏、肉类、发酵饲料、谷物类子实和青菜类等中吡哆醇含量较多。在饲料中三者以不同的比例存在,并可互相转化;在动物机体内只是吡哆醇能转化为吡哆醛和吡哆胺,但吡哆醛和吡哆胺却不能再转化为吡哆醇。参与动物机体内蛋白质代谢的为与磷酸结合的磷酸吡哆醛,它作为氨基酸脱羧酶、氨基酸转移酶以及色氨酸分解酶等多种酶的辅酶,参与蛋白质的合成。

1.症状 在通常饲养条件下,由瘤胃内微生物群合成的便可满足奶牛自身生理需要量,在临床上几乎不发生维生素 B_6 缺乏症。但在高蛋白饲料饲喂过多时,由于对维生素 B_6 的需要量增多而偶发本病。同时,人工复制发病试验也获成功。其临床症状是生长发育缓慢,皮炎,眼炎,口炎,尚发生痉挛,贫血。

2.防治 除应用酵母添加剂、糠麸或植物性蛋白质饲料可收到较好效果以外,在每千克牛奶中添加吡哆醇 2 mg,补饲犊牛,预防效果较好。

● 生物素缺乏症

生物素广泛地存在于青绿饲料以及动物性饲料中。前者如黄豆类和菠菜等,后者如肝、肾、心脏和卵黄等,其中生物素含量较多。牛瘤胃内微生物群能合成生物素,因此奶牛自然发病的较少。

生物素是动物机体中许多羧化酶的辅酶,如在丙酮酸转变为草酰乙酸,乙酰辅酶 A 转变为丙二酸单酰辅酶 A 等过程中生物素是不可缺少的重要物质。丙酰基辅酶 A 羧化酶活性降低是本病的指标之一。

犊牛发病后,其症状以出血,皮脂溢出为特征的皮炎为主。被毛剥脱,生长发育缓慢,严重病犊牛出现后躯麻痹后死亡。

● 叶酸缺乏症

叶酸在自然界分布较广泛,如各种植物的叶、谷物、豆类子实、块根和动物肝脏中叶酸含量较多。牛瘤胃中微生物群可合成叶酸,通常不易发生叶酸缺乏症。但是,长期应用抑制细菌的磺胺类药物以及某些原因导致胃肠吸收机能紊乱等,也可导致该病发生。

根据犊牛的人工复制发病试验,该病临床上呈现生长发育缓慢,脑水肿,大肠炎和巨红细胞性贫血等症状。病犊牛多数结局死亡。

● 胆碱缺乏症

胆碱可促进肝脏对脂肪酸的利用,防止脂肪在肝脏中过多贮积,所以胆碱又称为抗脂肪肝维生素。胆碱在谷物中含量较少,而在动物性饲料、青绿饲料以及大豆、花生等中含量较多。通常采食饲料中的蛋氨酸、胱氨酸和甜菜碱等在牛机体内可相互置换合成胆碱,故牛几乎不发生胆碱缺乏症。只有在大剂量应用磺胺类药物和抗生素时,才有可能诱发本病。

1.症状 初生犊牛食欲减退,生长发育不良,消瘦,体质虚弱,不能站立,呼吸困难和脂肪肝等。

曾应用缺乏胆碱饲料进行人工复制初生犊牛发病试验,结果在第七天后便出现急性综合征。剖检可见脂肪肝,心肌和动脉等处也沉积一定量脂肪。

2.防治 在禁止应用磺胺类药物和抗生素以促进体内胆碱的合成的前提下,及时饲喂富含胆碱成分的饲料,补充蛋氨酸等,可起到预防本病发生的作用。

● 维生素 B_{12}缺乏症

维生素 B_{12}又称为氰钴胺素,即钴维生素。维生素 B_{12}是抗恶性贫血因子。除肝脏、肉类、奶、蛋、鱼粉中含有一定量的维生素 B_{12}以外,在一般植物性饲料中也含有维生素 B_{12}成分。牛瘤胃内灰色链球菌、橄榄色链球菌和丙酸菌等在进行发酵过程中可合成维生素 B_{12},但在这个过程中必须有钴的参与。实验证明,在 100 g 瘤胃内容物干物质中,维生素 B_{12}含量可达 50 μg。所以,在通常饲养条件下,牛不易发生维生素 B_{12}缺乏症。

1.病因 主要是日粮中钴含量过少,犊牛瘤胃机能发育不全,投服大量丙酸,瘤胃疾病等,导致瘤胃内微生物群发酵过程异常,而影响维生素 B_{12}的合成。

2.症状 犊牛发生本病时,食欲不振,异嗜,瘤胃蠕动减弱。营养不良,被毛逆立无光泽,生长发育缓慢,由于四肢肌肉乏力和全身虚弱,病犊牛站立困难,强迫走动时呈现运动失调。母牛发病后发情减弱乃至不发情。病牛往往伴发正红细胞性或小红细胞性贫血。

3.防治 对病犊牛宜注射维生素 B_{12}制剂,以改善症状并减轻贫血程度。在犊牛日粮中添加维生素 B_{12}可收到预防发病的效果。

⑰ 维生素 C 缺乏症

维生素 C 又称为抗坏血酸，它是抗坏血因子，在自然界中分布广泛，如青绿饲料、青贮和马铃薯等中维生素 C 含量较多。牛瘤胃内微生物群不能合成维生素 C，维生素 C 在瘤胃内被微生物和化学作用破坏。但在肝脏内却能合成维生素 C，故在通常饲养条件下，牛几乎也不会发病。只有在肝脏疾病过程中，其合成作用降低时，偶有本病的发生。

● 症状

病牛齿龈肿胀、出血、溃疡，牙齿松动，骨质脆弱。有的由于毛细血管变脆和通透性增大等原因，全身性出血。也有的耳、颈和鬐甲处出现被毛脱落、皮炎和结痂等皮肤病变。由于本病致使促肾上腺皮质激素等分泌紊乱，可诱发酮病和不妊症，公牛精子活力降低，机体抵抗力降低而易发各种感染性疾病。

● 防治

1.治疗方法 对病牛宜应用抗坏血酸注射液，皮下注射（剂量 1 000 ~ 2 000 mg），若与 B 族维生素注射液并用，疗效更为明显。

2.预防措施 平时只要做到饲喂一定量富含维生素 C 饲料，如马铃薯、胡萝卜和谷物发芽饲料等，就可明显地减少本病的发生。

为了便于了解维生素的功用及其缺乏症，现将奶牛主要维生素缺乏症的鉴别列于表 11-3。

表 11-3 各种维生素的主要生理功能及奶牛缺乏症

类别	名 称	主要生理功能	缺乏症
脂溶性维生素	维生素 A(视黄醇、视黄醛)	维持视觉、黏膜生理功能和骨形成机能,促进生长发育	夜盲,黏膜、上皮组织角化,生长缓慢,繁殖障碍
	维生素 D(麦角固醇、胆钙化醇)	促进钙、磷吸收和骨质钙化作用	生长发育受阻,佝偻病(幼犊),骨质软化(成年牛)
	维生素 E(生育酚)	抗氧化作用	生长缓慢,白肌病
	维生素 K(叶绿醌)	凝血酶原(Ⅱ、Ⅶ、Ⅸ、Ⅹ因子)	血液凝固时间延长,皮下、胃肠黏膜出血
水溶性维生素	维生素 B_1(硫胺素)	糖、脂类代谢中的辅酶	生长缓慢,脑皮质坏死(症)
	维生素 B_2(核黄素)	参与机体内生物氧化	发育受阻,口炎和皮炎
	维生素 B_5(烟酸)	辅酶Ⅰ、辅酶Ⅱ的组成成分,参与机体内生物氧化	生长发育不良,口炎,肠炎,溃疡
	维生素 B_3(泛酸)	辅酶 A 的组成成分,参与碳水化合物等的代谢	发育缓慢,消瘦,腹泻,被毛退色
	维生素 B_6(吡哆醇)	辅酶的组成成分,参与脂肪酸代谢和蛋白质合成	生长缓慢,口炎,皮炎,贫血
	维生素 B_7(生物素)	多种辅酶,脂肪合成	生长缓慢,皮炎,后躯麻痹
	叶酸	核酸、嘌呤代谢、合成	生长发育不良,各种血液病
	胆碱	卵磷脂合成,脂质代谢	生长发育不良,脂肪肝
	维生素 B_{12}(氰钴胺素、羟钴胺素)	核酸、氨基酸生物合成	生长缓慢,营养不良,贫血
	维生素 C(抗坏血酸)	羟脯氨酸合成,酪氨酸代谢	坏血病,抗病力降低

第12章 奶牛的中毒病

❶ 尿素中毒

尿素是动物体内蛋白质分解的最终产物。工业合成的尿素含氮量为47%，1 kg尿素相当于2.8 kg蛋白质的营养价值，也相当于7 kg豆饼，5～8 kg油渣和26～28 kg谷物饲料的蛋白质，故常作为反刍动物的蛋白质饲料。

瘤胃细菌能产生脲酶。尿素在瘤胃内脲酶作用下水解为二氧化碳和氨，分解出的氨被瘤胃微生物利用，形成微生物蛋白，最终被奶牛消化利用。然而，由于饲喂不当，常常引起尿素中毒。

● 病因

饲料中突然增添大量尿素，没有一个适应过程；尿素与饲料混合不均，尿素溶于水内饲喂；尿素保管不严，致使奶牛误食。

● 症状

中毒症状出现的迟早和轻重程度与食入尿素量有关。通常症状出现在食入中毒量的尿素后 30 ~ 60 min。表现沉郁、痴呆，继而呈现不安、感觉过敏，肌肉抽搐、震颤，步态不稳，流涎，瘤胃臌胀，磨牙，踢腹，呻吟，呼吸困难，脉搏加快，反复出现强直性痉挛，最后倒地，肛门松弛，窒息死亡。尿液 pH 值升高，血氨升高，血容量下降至 10% ~ 15%。

剖检，瘤胃具氨臭味，黏膜发黑，肠道出血，肺水肿、充血，有瘀血斑，心包积液，心内外膜出血，肝、肾脂肪变性。

● 防治

1.治疗方法

(1)食醋或5%醋酸 3 000 ~ 5 000 mL，加水一次灌服。其目的是降低瘤胃 pH 值，减少尿素分解和吸收。

(2)金霉素 10 ~ 20 mg/kg，一次灌服，每天 2 ~ 3 次。

(3)可利用解毒、解痉药物。如苯巴比妥 10 ~ 15 mg/kg，肌肉注射。硫代硫酸钠 1.25 mg/kg，用时以灭菌注射用水配成 5% ~ 20%溶液，静脉注射。

2.预防措施 预防是关键，故应提高尿素饲喂技术。

(1)严格控制尿素喂量，每 100 kg 体重喂量为 20 ~ 50 g，每头成年奶牛每天喂 150 g 左右。在蛋白质不足时，尿素喂量不能超过日粮总氮量的 1/3，在蛋白质充足时，不需补加。

(2)尿素不能单独饲喂，应和豆类饲料、糖稀及其他饲料混合饲喂。

(3)饲喂尿素后不能立即饮水,更不能将尿素溶于水中饲喂。

(4)瘤胃微生物区系尚未发育完全的犊牛,不应饲喂。

❷ 棉子饼中毒

棉子饼是一种富含蛋白质、磷的精饲料,可作为奶牛蛋白质的补充饲料,因其含有有毒物质棉酚和环丙烯脂肪酸,如长期饲喂较多,有毒的棉酚在肝中蓄积,常引起奶牛中毒。

● 病因

本病病因有以下几个方面。

(1)饲喂不当,长期或大量饲喂棉子饼。

(2)棉子饼未经加工去毒处理。

(3)日粮配合不平衡,饲料单纯,缺乏维生素 A 和钙。

● 症状

急性病例呈瘤胃积食,初有腹痛、便秘,后期腹泻,脱水,酸中毒,胃肠炎。慢性中毒者食欲降低,腹泻,黄疸,尿频,孕牛流产。犊牛症状明显,表现食欲下降,腹泻,黄疸,夜盲症。

● 防治

1.治疗方法 已发生中毒的病牛,可静脉注射葡萄糖溶液。

2.预防措施 为防止棉子饼中毒,可采取如下措施:

(1)加强棉子饼保管,防止霉变,已发生霉变者,不要饲喂。

(2)严格掌握喂量,按日粮精料计算,一般喂量为 5%~15%。不要长期大量饲喂,更不应单独饲喂,饲喂一段时间后,应停喂一段时间。例如,每天饲喂生棉子饼 1.5~2.5 kg,连续喂 10 ~ 15 天后停喂 8 ~ 10 天，如此交替，可不发生中毒。

(3)生棉子饼内含 0.04% ~ 2.5%棉酚，经加热处理，可使其毒性变小，当棉酚含量低于 0.02%时，可消除毒性。因此，可采用加热水煮法处理生棉子饼。

(4)铁能与游离棉酚形成复合体，使棉酚失去活性，故可用 2%硫酸亚铁溶液充分浸泡后再喂。

(5)碱处理法。用 2%石灰水、1%氢氧化钠溶液或 2.5%碳酸氢钠溶液浸泡 24 h，然后用清水冲洗、去碱后再喂。

(6)饲喂平衡日粮，日粮中充分提供胡萝卜素和钙。棉子饼可与 5%豆饼、2%鱼粉混合后饲喂。

(7)不同生理阶段的牛只对棉子饼敏感性不同，孕牛和 3 ~ 4 月龄犊牛，不宜饲喂。

3 黄曲霉毒素中毒

黄曲霉毒素是黄曲霉菌、寄生曲霉菌感染饲草、饲料后的代谢产物。牛采食感染黄曲霉菌的饲草、饲料而发生的中毒称黄曲霉毒素中毒。犊牛比成年牛易感。

● 病因

各种农作物的子实如玉米、花生、大麦、小麦、黄豆及其副产品，在收藏过程中未适当干燥，储藏中又通风不良，极易为黄曲霉菌感染，饲喂时若未经去毒处理，牛吃了这种饲料后发病。

● 症状

犊牛食欲减退，被毛粗乱，增重缓慢，继而食欲废绝，磨牙，呻吟，一侧或两侧角膜混浊，失明，腹痛，下痢，粪呈黏液样、混有血液。成年牛精神沉郁，反应迟钝，食欲、反刍减少或停止，瘤胃臌气，有的间歇性腹泻，贫血、消瘦，孕牛早产或流产。少数病牛惊恐不安、转圈运动，以至昏迷死亡。剖检见肝苍白、硬变，表面有灰白色区，肝坏死，肠系膜、真胃黏膜、直肠黏膜水肿，胆囊肿大，胆管上皮增生。

● 防治

对收获的饲料应及时干燥，储存中要通风，并定期抽样检查。为防止霉败，储存期间可用福尔马林熏蒸料库。已霉变饲料不再利用。污染较轻者，可用0.1%漂白粉水溶液浸泡，或将污染的玉米、黄豆、小麦等磨成粉，加水、搅拌、沉淀，倒去上清液，再加水沉淀，反复多次冲洗，直到浸泡的水清亮无色为止，取沉淀物饲喂。对病畜采取：

(1)硫酸镁500~1 000 g或人工盐300 g，加水一次灌服。

(2)25%葡萄糖溶液、20%葡萄糖酸钙溶液各500 mL，维生素50 mL，静脉注射。

(3)5%葡萄糖生理盐水1 000 mL，20%安钠咖10 mL，40%乌洛托品50 mL，四环素250万IU，静脉注射。

(4)精心护理病畜，可喂青绿饲草、胡萝卜等。

4 霉败稻草中毒

牛长期采食霉烂稻草而发生的中毒称霉败稻草中毒。其临床特征是蹄腿肿胀、溃烂，蹄匣脱落和跛行。因此，又称“烂腿病”“肿腿病”“脱靴病”等。我国产水稻地区常见发生，奶牛时有发生，黄牛、水牛都有发生。

● 病因

稻草收割后，阴雨天多、潮湿，未经充分晾干而堆放，某些真菌

(镰刀菌)寄生于稻草,引起稻草发霉、腐烂,同时产生毒素。长期饲喂霉败稻草,真菌产生的毒素便引起了牛的急性或慢性中毒。

● 症状

病变主要表现在耳尖、尾尖、蹄部及腕、跗关节以下部位的皮肤和皮下组织。初期蹄冠微肿,有痛感,波及腕关节、跗关节时,跛行明显。蹄冠及系部脱毛,皮温低,先是黄色液体渗出,继而皮肤破溃、出血、化脓、坏死、腐臭,久不愈合,蹄匣脱落。有的病牛在跗关节以下部位,皮肤坏死,干硬如木,紧箍于骨骼上。耳尖、尾尖坏死,干硬,呈暗褐色,与健部界线分明,最后脱落。通常病牛体温、脉搏、食欲、瘤胃蠕动、排粪、排尿无明显变化。

● 防治

1.治疗方法

(1)患部处理。用0.1%高锰酸钾溶液、3%双氧水、0.1%新洁尔灭溶液冲洗患部,涂布磺胺、抗生素(四环素、红霉素软膏),蹄部装蹄绷带。

(2)补液。10%~25%葡萄糖溶液1 000~1 500 mL、5%维生素C 40~60 mL、5%碳酸氢钠溶液500 mL,一次静脉注射。

2.预防措施 收割的稻草及时晾晒,已晒干的稻草及时堆贮;堆贮稻草时应做好防雨浸渍工作,草垛顶用泥土或塑料布封好;凡被雨水浸渍而又发生霉烂的稻草,一律不再喂牛;对发生中毒的病畜加强护理,将其置于清洁、干燥场地,给予优质饲料如青干草、苜蓿等,单独饲喂。

5 硝酸盐、亚硝酸盐中毒

本病是由于牛采食大量含有硝酸盐的饲草、饲料而引起的急性中毒,表现为可视黏膜发绀、呼吸困难等急性贫血性缺氧症状。

●病因

本病病因有以下几个方面。

(1)饲喂白菜、青草、块根、玉米、高粱等硝酸盐含量高的植物,当饲料搭配不当,碳水化合物饲料喂量不足时,易使硝酸盐转化为亚硝酸盐而发病。

(2)各种青绿饲料储存不当,堆积、腐烂、变质后继续饲喂。

(3)饮用被人畜粪尿和垃圾所污染的井水或误食被硝酸钠、硝酸铵化肥污染的饲草及饮水。

●症状

长期饲喂富含硝酸盐的饲料后,严重者突然死亡。轻症病牛精神沉郁,食欲、反刍停止。呆立不动,或步态不稳、四肢无力,流涎,瘤胃臌胀,磨牙,呻吟,腹痛。体温正常或降低,呼吸浅表、增数,心跳加快,肌肉震颤,眼结膜、阴道黏膜发绀,乳房皮肤苍白,孕牛流产。剖检可见血液凝固不全,呈酱油色,遇空气后不久变为鲜红色,胃肠道出血,气管黏膜出血,肺充血、水肿,心肌出血,肝肿大,肾充血、出血。

●防治

1.治疗方法 对病牛应尽早确诊,及时治疗,切勿延误治疗时机。

(1)美蓝(亚甲基蓝)。剂量为 8 ~ 9 mg/kg,用生理盐水或5%葡萄糖溶液配成 2% ~ 4%溶液,一次静脉注射。

(2)甲苯胺蓝。用量为 5 mg/kg,配成 5%水溶液,一次静脉注射。

(3) 40% ~ 50% 葡萄糖溶液 500 mL，5% 维生素 C 40 ~ 100 mL，静脉注射。

(4)输血。可选取有血缘关系的健康牛血液 3 ~ 5 L，静脉注射。

(5)为纠正休克，兴奋呼吸，强心利尿，解毒，可用尼可刹米 20 mL，或樟脑油 20 mL，或苯甲酸钠咖啡因 20 ~ 50 mL 等，皮下或肌肉注射。

2. 预防措施 加强饲养管理是预防本病的关键。具体措施是：

(1)饲料要多样化。饲喂青绿饲料时按量供应，并要有充足的含糖饲料，供应一定量维生素 A、维生素 D 和碘盐，必要时可加喂抗生素添加剂，四环素按每千克体重 30 ~ 40 mg 混入饲料中饲喂。

(2)加强饲料保管。未饲喂完的青绿饲草应摊开，不要堆放，已发热、变质的饲料应废弃。

(3)合理使用肥料。加强对化肥的保管，减少化肥对饲料、饮水的污染，防止误食。

⑥有机磷中毒

有机磷杀虫剂不仅用于作物的杀虫，以保护农作物、牧草和蔬菜的正常生长，而且也用于畜禽的杀虫和驱虫，但常因使用不当而出现中毒。

有机磷杀虫剂应用很广，引起中毒的药物种类很多，最常见的有甲拌磷(3911)、对硫磷(1605)、内吸磷(1059)、敌敌畏、敌百虫、乐果、乙硫磷(1240)等。

●病因

本病病因有以下几个方面。

(1)采食、误食或偷食喷洒过有机磷杀虫剂不久的农作物、牧草、蔬菜及用有机磷杀虫剂拌过的或浸泡过的种子。

(2)在防治畜禽内外寄生虫病、皮肤病时,不遵守药物的使用方法,滥用或过量应用有机磷杀虫剂。

(3)不执行使用、保管有机磷杀虫剂的安全操作规程,如农药与饲料不分开存放,在池塘、水槽旁边拌药或洗刷拌药用具,致使药物污染饲料和饮水而引起中毒。

● 症状

病牛不安,流涎、流鼻涕,食欲、反刍停止。不时呻吟、磨牙;肢端发凉,易出冷汗;粪便稀,呈水样,内含血液;结膜发绀,眼球震颤;呼吸促迫,心跳加快。中毒严重病牛多因呼吸麻痹死亡。

剖检见胃肠黏膜充血、出血、肿胀,气管内有白色泡沫,肺充血,心内膜有不规则的白斑,肝、脾、肾肿大。

● 防治

1.治疗方法 中毒病牛置于通风、安静的地方,用以下方法处置。

(1)促进毒物排出,防止毒物继续吸收。用硫酸钠 500 g 或活性炭 200 ~ 300 g,加水一次灌服。严禁使用油类泻剂。

(2)补充体液,促进毒物排出。可用 5% 葡萄糖生理盐水 1 000 mL、5% 葡萄糖溶液 1 000 mL,一次静脉注射。

(3)使用解毒剂。

①硫酸阿托品。按每千克体重 0.5 ~ 1.0 mg 的用量,皮下注射,每隔 1 ~ 2 h 注射一次,观察 10 h,病情不再恶化时,可完全停药。

②解磷定。按每千克体重 20 ~ 50 mg 的用量静脉注射,与阿托品配合使用,效果更佳。

③双解磷。首次用量3～6 g,静脉注射。以后每2 h注射一次,剂量减半。

2.预防措施 预防的关键是提高对农药毒性的认识,防止被牛吃进,可从以下几个方面入手:加强有机磷杀虫剂的保管和贮放,准确掌握有机磷杀虫剂的用法与用量,不能滥用;刚喷洒过有机磷杀虫剂的田间、地头和沟边,至少1周内不能让牛靠近,此处的作物、青草和池水,1个月内不能饲喂和饮用;加强污水处理,有机磷农药厂的废水要严格处理,不能随意排放。

7 有机氟化合物中毒

有机氟化合物最常用的制剂有氟乙酰胺、氟乙酸钠、甘氟等,因其具有杀虫、毒鼠作用,又常因误食而引起中毒,故俗称鼠药中毒。

● 病因

主要是吃了被有机氟化合物处理或污染的植物、谷物、饲料及饮水;为防治农林作物的蚜、螨和灭除杂草时喷洒的药物残留在作物上,作物被牛食入;灭鼠时,拌有鼠药的毒饵放置不当而被牛误食。

● 症状

突然发病,表现精神沉郁,食欲废绝,磨牙,呻吟,全身无力,不愿走动,体温正常或偏低,心跳加快、节律不齐。严重中毒病牛,步态不稳,阵发性痉挛,突然倒地,抽搐,角弓反张。

剖检见血液暗红色,肠道广泛出血,心肌松软,心包及心内膜出血,肝、肾充血、肿胀。

● 防治

1.治疗方法 对已发生中毒的病牛，应尽快抢救。

(1)洗胃和导泻。初期用0.02%高锰酸钾溶液或石灰水洗胃。最后用硫酸钠500～1 000 g加水灌服。

(2)使用特效解毒剂。解氟灵(50%乙酰胺)0.1 g/kg，肌肉注射；醋精100 mL，加水500 mL，或95%酒精100～200 mL加水适量，一次灌服。

(3)对症治疗。可选用解除痉挛、镇静和消除脑水肿的药物。20%葡萄糖酸钙500 mL，50%葡萄糖溶液500 mL，20%甘露醇或25%山梨醇500 mL，一次静脉注射。乙酰丙嗪每千克体重50～100 μg，肌肉或静脉注射。纠正酸中毒可用5%碳酸氢钠溶液500～1 000 mL，一次静脉注射。

2.预防措施 加强有机氟化合物农药的保管和使用，严禁误食。中毒死亡牛只的尸体，应深埋，严禁食用。

8 慢性氟中毒

氟是动物体必需的一种微量元素。正常情况下，齿釉含氟化钙0.01%～0.02%，骨骼中含氟化钙0.01%～0.03%。由于经饲料或饮水持续摄取中毒量的氟所致的慢性中毒，称氟中毒；由氟中毒所致的慢性疾病，称为氟病。其特征是，牙齿发生齿斑、过度磨损，骨质疏松及间歇性跛行。

● 病因

本病病因有以下几个方面。

(1)自然条件性致病。有氟酸盐分布的某些盆地、盐碱地及氟石和磷灰石矿区，由于水土、饲料中含氟量过高，常常引起人畜共患的“地方性骨氟症”。

(2)工业氟化物对环境的污染。炼钢厂、磷肥厂综合配套措施不全,对废水、废气、废渣等“三废”处理不严,造成大气、水、土、植被被氟化物污染而引起该病。

(3)日粮中补喂磷酸钙中的氟含量过高。未测定磷酸钙的含氟量,盲目乱喂,若其含氟量高于 100 mg/kg,也会引起慢性氟中毒的发生。

● 症状

(1)急性中毒。瘤胃蠕动停止,食欲废绝,反刍停止,便秘或腹泻,惊恐,瞳孔散大。感觉过敏,空嚼磨牙,肌肉震颤、抽搐,虚脱,呼吸困难,常于几小时内死亡。

(2)慢性中毒。采食量减少,反刍和瘤胃运动减少、减弱,粪便秘结或下痢,时间久之则营养不良,被毛无光,皮肤弹性降低,产奶量下降。关节僵直,跛行或卧地。幼畜发育不良,成年牛营养不良,易发酮病。通常全身变化不明显,但见病牛有结膜炎症状,如结膜肿胀、潮红,流泪,羞明,胸、腹下皮肤发炎。其主要特征症状是牙齿和骨骼的损害。

①牙齿变化。失去光泽,齿上有淡黄色、棕色、黑色斑点、斑条或斑块,偶见釉质裂隙的色素沉着带,重者呈白垩状,并有大面积黄色及黑色锈斑(氟斑牙)。门齿松动,排列不齐,高度磨损;臼齿呈波状,高度磨损,特别是第 1~3 前臼齿严重磨平或脱落。门齿、臼齿釉质均有很多裂纹,易成块脱落,呈石灰样,质地疏松。

②骨骼及关节变化。头部肿大,下颌骨肿胀,四肢变形,腕关节肿胀。尾骨多扭曲,1~4 尾椎骨软化或吸收。腰荐部凹陷,坐骨结节、髋结节肿大,向外突出,严重病牛两侧肋骨有鸡蛋大的骨赘。弓背,运步强硬,不灵活,运步或负重时,可听见有清

亮的“咔咔”声,似如行走在板石路上的蹄音。病牛起卧拘谨小心,有痛感,常卧地不起。

● 防治

1.治疗方法 一旦发病,应立即供给柔软、优质饲料,适当增加蛋白质水平,尽可能增加采食量,以增强机体体质,促进全身状况好转。药物治疗。

(1)补钙。用20%葡萄糖酸钙和25%葡萄糖注射液各500 mL,一次静脉注射,每天一次,连续5~7天。

(2)中和消化道残留氟。用硫酸铝30 g,一次灌服,每天一次,连续数天。

(3)蛇纹石(主要成分是,SiO_2 39.26%,MgO 38.51%,Fe_2O_3 8.53%,F 590 mg/kg)12 g,早晚饲喂,连续服15天,停药3~5天,再喂。

(4)生滑石粉每天40~50 g,分2次拌入饲料中喂服,连服数天。

(5)日粮中补加乳酸钙,每天50 g,连续服用。

2.预防措施 在饲养过程中,应加强饲草、饲料和矿物质特别是磷酸钙中含氟量的测定,做到心中有数。牛日粮中含氟量不应超过100 mg/kg,严防长期饲喂氟含量高的饲料而引起发病。牛场应远离氟污染区。为了减少氟危害,因此应采取如下措施:

①修建防氟水井,减少由饮水中摄入的氟。

②用生滑石粉30~40 g/天,拌入饲料中饲喂。

③在饮水中加入新鲜的熟石灰,通过调节,使其含量为500~1 000 mg/kg,静置几天后饮用。

第13章 奶牛产科病与繁殖疾病

❶流产

由于胚胎或胎儿与母体的正常关系破坏，致使胚胎早期死亡，或从子宫中排出死亡的或不足月的胎儿，称为妊娠中断，临床上常称为流产。

●病因

流产原因复杂，有传染性和非传染性2类。

1.传染性 由特定的病原微生物所引起的，见表13-1。

表13-1 已知能引起奶牛流产的传染病

病 名	病 原	诊断病料	流产时间	适用疫苗
布氏杆菌病	流产布氏杆菌	流产牛血液，胎儿、胎衣	妊娠7～9个月	6月龄牛接种19号苗、猪2号苗、羊5号苗
钩端螺旋体病	钩端螺旋体	流产牛血液，胎儿、胎衣	妊娠7～9个月，感染后6周内	死苗，免疫期为6～12个月
李氏杆菌病	单核细胞增多性李氏杆菌	胎儿、胎衣，子宫排出物	妊娠6～9个月，严重子宫炎	无
沙氏门杆菌病	都柏林沙门氏菌和鼠沙门氏菌	胎儿	妊娠6～9个月，胎衣腐烂	适合部分血清型
弧菌病	胎儿弧菌，胎儿弧菌性病变种，胎儿弧菌肠道变种	胎儿、胎衣，子宫排出物，阴道黏液	通常在妊娠2～6个月	死苗，配种前30～60天用
毛滴虫病	胎儿三毛滴虫	胎儿、胎衣，子宫排出物，阴道黏液	通常在妊娠2～6个月	无
牛病毒性腹泻(黏膜病)	牛黏膜病病毒	流产牛血样(2次采样，间隔3周)，胎儿、胎衣	整个妊娠期间均可发生，疾病暴发后4天至3个月	弱毒苗和死苗

续表 13-1

病名	病原	诊断病料	流产时间	适用疫苗
牛传染性鼻气管炎	牛甲型疱疹病毒	流产牛血样，2次采样，间隔3周，胎儿、胎衣	整个妊娠期间均可发生，疾病暴发后4天至3个月	弱毒苗和死苗
卡他性阴道子宫颈炎	卡他性阴道子宫颈炎病毒	流产牛血样，2次采样，间隔3周	妊娠5~7个月	无

2.非传染性

(1)饲养不当。饲料不足，母体和胎儿得不到足够的营养；日粮单纯，长期缺乏必需的矿物质和维生素，如钙、钴、铁、锰、维生素A、维生素E、维生素D等；饲料品质不良，饲喂发霉、变质的饲料。

(2)管理不善。孕牛腹壁受到踢蹴、顶伤、压挤、冲撞，入圈门时互相拥挤，冰地上的突然滑倒，跳跃围栏时的抻伤和震荡，饲养员的警吓、抽打等；兽医和配种员技术失误，如粗暴地对妊牛做直肠检查，妊娠母牛假发情的再配种，误用催情药物(如己烯雌酚)、子宫收缩药物(如麦角新碱和垂体后叶素)及大量使用泻剂(如硫酸镁)和麻醉药(如水合氯醛)等。

(3)全身性疾病和生殖器官疾病。前者如胃肠炎、瘤胃臌胀及伴有高热和呼吸困难的疾病；后者如慢性子宫内膜炎，子宫内膜变性、瘢痕，子宫与周围组织粘连。

(4)其他。除此之外，胎衣水肿、脐带水肿、胎水过多、胎儿畸形、胎盘炎等都可引起流产。

●症状

1.胚胎消失　母牛配种后经检查已确认妊娠，但经过一段时间后，母牛又出现发情，妊娠现象消失，这是妊娠早期胚胎死亡、液化而被吸收的一种流产。因其无明显症状，常不易发现，又称隐性流产。

2.排出死胎 妊娠末期，母牛乳房肿胀，从阴道内排出污浊分泌物，直肠检查无胎动，阴道检查见子宫颈微开张，子宫颈黏液栓溶解，有的死胎已进入产道。

3.排出不足月胎儿 又叫早产。母牛具有同正常分娩相似的分娩前兆和分娩过程，早产胎儿能否成活与距分娩时间的远近及有无吸吮反射有关。早产胎儿月龄愈小，又无吸吮反射，多不能成活；反之，则有成活的可能，但应加强护理。

4.胎儿干尸化 胎儿死亡后，子宫颈闭锁，子宫内无腐败菌感染，致使死胎长期停留于子宫内，胎膜及胎盘发生退行变性，胎水被吸收，子宫缩小，胎儿表面呈鞣革状，表面附红褐色黏液。直肠检查，子宫大小与妊娠时间不一致，但能摸到硬固物体的存在。

5.胎儿浸溶 死胎软组织被分解成液体排出体外，骨骼仍滞留在子宫内。病牛体温升高，食欲降低，腹泻。后期，患牛消瘦，努责，从阴门流出褐色黏稠液体。阴道检查，子宫颈开张，阴道黏膜充血，有时见碎骨块；直肠检查可触摸到滞留的骨片。

● 防治

1.治疗方法 治疗应根据流产胎儿的月份、胎儿排出与否及母体的状况等灵活处理。

对于先兆流产和习惯性流产的母牛，当经阴道检查，子宫颈口闭锁，子宫颈黏液栓尚未溶解，直检胎儿仍存活时，应将母牛置于安静的环境中，以减少外界刺激。同时，可肌肉注射黄体酮 50 ~ 100 mg，每天或隔日一次，连用数次，以保胎。如保胎无效，子宫颈开张，胎儿进入产道，应尽快使其产出。

若胎儿已死，应尽早促使其排出，并控制感染。先促使子宫颈开张，可肌肉注射己烯雌酚 20 ~ 30 mg。用药 12 ~ 34 h 后，子宫颈开张，术者洗净手臂和母牛后躯后，将手伸入产道内，如胎儿已进入产道，将其拉出；如子宫颈口尚未完全开张，可继续使用雌激素类药物，并向子宫内注入抗生素，控制产道感染。等子宫颈开张，向内注入大量润滑剂（液体石蜡 1 500 ~ 2 000 mL，软皂溶液 3 000 mL）后，伸入手拉出胎儿或取出骨片等。

排出胎儿后的牛，可用土霉素 2 ~ 4 g，或金霉素 1.5 ~ 2 g，溶于 150 mL 蒸馏水中，一次灌入子宫内，隔日一次，直到阴道分泌物清亮为止。

2.预防措施 流产为奶牛场常见的一种妊娠期疾病，其所造成的危害，不仅在于胎儿死亡，使产犊率下降，更重要的是破坏了正常的产犊时间，延长了母牛空怀天数和产犊间隔，直接影响到本胎次的泌乳量和终生产奶量。因此，防止奶牛流产是奶牛生产中一项经常化的工作。

（1）加强饲养管理。饲料要多样化，日粮要平衡，要根据生理性状的改变及时调整。在能量、蛋白质饲料合理供给同时，应充分重视矿物质（钙、磷、锰、锌、铁）饲料和维生素 A、维生素 D、维生素 E 的供应，不喂发霉变质饲料，不轰、打、赶牛只。在对妊娠牛进行治疗时，用药应慎重，不可乱用泻剂和催情药物。

（2）已有临床流产发生时，应查明原因。对每一个流产牛应单独喂养，对流产胎儿、胎膜应仔细检查，观察胎儿有无畸形，胎盘有无水肿、坏死。为确诊病性，可采母牛血液、子宫分泌物、胎儿皱胃及其内容物、肝、脾进行微生物学检查，检查母牛是否有全身性疾病，并了解饲养管理情况。流产胎儿、胎衣、褥草应深埋或焚烧。

（3）疫苗注射。为防止传染病引起的流产，应做到：给 5 ~ 6 月龄犊牛接种猪 2 号菌苗或羊 5 号菌苗。成年母牛每年进行 1 ~ 2 次布氏杆菌病试管凝集反应检验，检出阳性牛应隔离。随着牛群扩大，外引牛只的频繁，一些新传染病如牛传染性鼻气管炎和牛病毒性腹泻病也渐渐蔓延，为此应考虑接种疫苗。老疫区对 5~7 月龄犊牛可接种弱毒疫苗。

❷ 妊娠浮肿

妊娠浮肿是妊娠末期在母牛乳房、腹下和后肢发生的水肿，特征是间质组织间隙液体过量蓄积。一般于产前 1 个月左右开始出现，产前 10 天显著，产后 2 周左右自行消退。

● 病因

1. 遗传因素　荷斯坦牛、更赛牛易患。

2. 血流滞缓　怀孕后期，足月的子宫压迫腹腔后部脉管，肿大的乳房影响孕牛运动，使乳房、下腹、后肢等处静脉血回流滞缓，引起毛细血管渗透性升高，液体渗出增加，潴留于组织间隙，形成水肿。

3. 营养不足　怀孕后期母体血液总量增加，血浆蛋白浓度相对下降，同时胎儿迅速增长，对蛋白质等物质需求大大增加，如果孕牛从饲料中摄取蛋白质等不足，血浆蛋白浓度更加下降，将使血液与组织间水分失去生理的动态平衡，导致组织中水分潴留。

4. 内分泌变化　怀孕期间内分泌变化使肾小管远端对钠的重吸收增加，使组织内钠量增加，导致体内水的潴留。

5. 心、肾机能　怀孕期间母牛新陈代谢旺盛、循环血量增加，心、肾功能负担加重，正常情况下能得到生理性代偿，当心、肾功能异常时，代偿困难，容易发生水肿。

● 症状

妊娠浮肿多数为生理现象，当浮肿严重时，才被认为是疾病。

初期乳房皮肤渐进性充血，乳房膨大肿胀。然后，肿胀向腹下蔓延，呈扁平状，左右对称。触之如面团，压之留指痕，皮温稍低。严重时，可蔓延至前胸、阴门及下肢，可以影响食欲和运步。水肿分为无水肿、轻度、中度、严重水肿。

● 防治

大部分产后逐渐自消，不需治疗。限制饮水、多汁饲料和食盐量，给予富含蛋白质、维生素和矿物质的饲料，要有适当运动。严重者可采用强心、利尿，但切忌局部乱刺放液。20%安钠咖20 mL，肌肉注射，每天2次，连用3～5天。严重者可用下方：50%葡萄糖500 mL，10%葡萄糖1 500 mL，10%葡萄糖酸钙500 mL，水解蛋白酶500 mL，20%安钠咖10 mL，静脉注射，每天1次，连用多日。据介绍饮绿茶多次，疗效理想，可用绿茶次品0.25 kg，开水冲泡约半脸盆，去叶饮服。

3 阵缩努责微弱

阵缩努责微弱是指子宫肌、腹肌及膈肌收缩力微弱，以致不能产出胎儿。

● 症状

分娩开始后阵缩努责力量弱、时间短、间歇时间长，并不随分娩的进展而逐渐加强；或分娩开始阵缩努责正常，由于难产胎儿长时间不能排出，因子宫肌肉过度疲乏而使阵缩努责减弱，甚至停止。前者为原发性，见于体况不好的母牛；后者为继发性。

● 防治

本病特点是,产道往往开张良好或轻度狭窄,胎囊不破或流出胎水缓慢,不见分娩进展。对产道开张良好,胎儿姿势正常的可以试用药物催产,但要控制剂量,即少剂量,多次用,每次间隔0.5 h左右,最好是静脉滴注。药物催产可使子宫收缩、宫颈开张。催产素肌肉注射后5~10 min开始作用,持续约30 min。禁止一次性大剂量应用,这会导致子宫长时间强直性收缩、宫颈收缩。也不能用麦角催产,它不引起子宫生理性收缩,且剂量难以控制,稍大就引起子宫强直性收缩(表13-2)。最佳的疗法是立即使用牵引术拉出胎儿,胎儿产出后再使用缩宫药。

表13-2 垂体后叶素与麦角制剂作用比较

比较项目	垂体后叶素	麦角制剂
作用性质	小剂量(5 IU)能使妊娠子宫收缩力增强,收缩频率增加,保持一缩一舒的节律性收缩,使分娩顺利进行	剂量稍大就引起子宫强直性收缩
作用部位	对子宫体、子宫角作用强,对子宫颈作用弱,与宫缩特点相符	对子宫角、子宫颈作用无差别
作用时间	注射后3~5 min开始起作用,可持续20~30 min	注射后10~30 min开始起作用,可持续几小时
临床使用	小剂量可用于猪的引产,牛的单纯性宫缩微弱可以试用,但要子宫颈开张良好,胎儿姿势正常,大剂量用于产后促进子宫收缩	禁用于引产和催产,只用于促进产后子宫收缩

4 阴道脱

阴道壁从正常位置突出于阴门外,称为阴道脱。阴道部分突出于阴门外,称不完全脱出;全部突出于阴门外,称完全脱出。多见于怀孕末期和产后的母牛。

● 病因

(1)怀孕后期,胎儿过大、胎水过多和双胎,腹内压增高,压迫阴道。

(2)营养不良,年老,体质瘦弱,运动不足等使全身组织张力不足。

(3)阴道遭受过分刺激,强烈努责。

● 症状

阴道部分脱出,患牛卧地时,见阴门处有鹅蛋至拳头大带状物,粉红色,站立时,脱出部分多能自行缩回。反复脱出时,黏膜充血、水肿、干燥,流出带血液体,阴道壁极度松弛,站立后不能自行回缩。

阴道全部脱出,阴门外有一球状物,篮球大,色红有光泽,不能缩回。随病时延长,水肿,色由紫变暗红,黏膜干燥,常因被粪、泥土和褥草污染而糜烂、坏死。

病牛精神不安,弓背,努责。常引起直肠脱、流产。

● 防治

1.治疗方法 当不完全脱出时,可进行酒精注射。在阴门两旁及上下部选择4点,每点注射70%酒精100 mL,进针深度为10 cm,以刺激阴门周围组织肿胀,压迫阴门。完全脱出时,应采取整复法和阴门固定法。

(1)整复法。步骤如下:

①保定。站立保定。

②消毒。用0.1%高锰酸钾溶液或0.05%~0.1%新洁尔灭溶液充分洗净,再用2%明矾溶液清洗。如有伤口,用2%龙胆紫或磺胺膏涂布;如有出血,要止血;水肿严重者用消毒针头

刺扎,放出瘀血和渗出液。

③整复。术者消毒手臂,用两手掌从靠近阴门的部分开始,逐渐将脱出的阴道向阴门内推。送入后,手臂在阴道内停留一段时间,待母牛不努责时,再抽出手臂。

(2)阴门固定法。为防止阴道再次脱出,可缝合阴门。方法有圆枕缝合、袋口缝合和双内翻缝合。袋口缝合固定确实,方法是取一长粗线,从一侧阴门下角距阴门裂 2~4 cm 处进针,距进针点 3~4 cm处出针,隔 2~3 cm 处再进针,以同样距离和方法环绕阴门缝合一圈,将缝线拉紧打结即可。

缝合后用青霉素 250 万~300 万 IU 肌肉注射,每天 2 次,连续注射 3~4 天。约 7 天后便可以拆线。

2.预防措施 要加强饲养管理,供应易消化的全价饲料,保持牛舍、运动场地面平整,加强运动。

5 子宫脱

子宫全部翻转脱出于阴门之外,称为子宫脱。奶牛常发生于分娩后数小时内。

● 病因

(1)子宫扩张、弛缓。如胎儿过大、双胎、胎水过多及胎膜水肿可引起子宫扩张、弛缓。

(2)助产不当。如产道干燥,胎儿过大时,强行拉出胎儿。

(3)兽医治疗技术失误。如分娩时过量使用催产素,在胎衣上系以重物牵引胎衣。

(4)饲养管理不当。饲料单纯,品质差,运动不足,母牛全身张力降低。

●症状

子宫完全脱出于阴门外,呈椭圆形袋状物下垂于跗关节处(图 13-1)。如胎衣脱落,可见子宫黏膜上红色、暗红色,圆形或椭圆形母体胎盘,受外部摩擦,易出血、水肿,进而呈黑色、冻肉样,并有干裂。

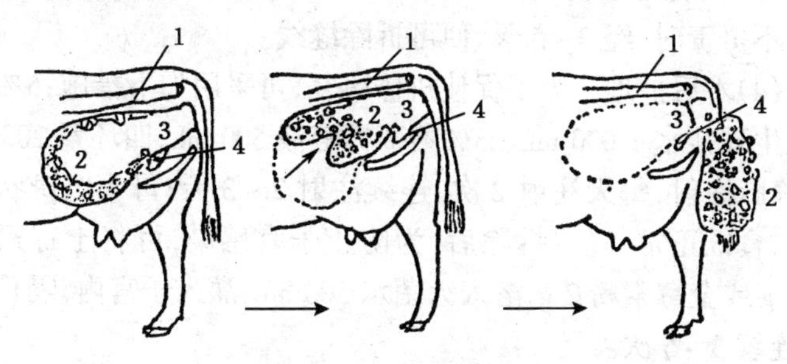

图 13-1 奶牛子宫脱

1.直肠;2.子宫;3.阴道;4.膀胱

患牛精神不安,弓腰。脱出时间较长者,胎盘坏死,受损伤严重和感染时,可引起大出血和败血症。体温升高,呼吸急速,心跳加快,战栗,卧地不起,黏膜苍白,死亡。

●防治

1.治疗方法 治疗采用整复法。

(1)术前准备。备好来苏儿、5%碘酊、2%奴夫卡因、高锰酸钾、淀粉、抗生素、毛巾、脸盆、绳、塑料布、缝针、缝线、注射器和针头等。

(2)麻醉。硬膜外麻醉,后海穴注射。

(3)整复步骤。母牛站立或侧卧,用温的 0.1%高锰酸钾溶液彻底冲洗脱出部分,再用 2%明矾溶液冲洗,除去胎衣、处理好伤口。助手将洗净的子宫用纱布、塑料布兜起，术者用拳顶住子宫角末端凹陷，趁母牛不努责时，将其向前推送。也可用手从阴门两侧一部分一部分向子宫内压迫推送，至送入腹腔原位为止。放入金霉素胶囊 4 粒，注射催产素 50 ~ 100 IU，促使子宫收缩。为防止子宫再度脱出，可缝合阴门，常采用结节缝合法，缝合3 ~ 5 针，缝针上密下稀，以不妨碍排尿为原则。加强观察，当病牛不努责时，经 3 ~ 5 天，便可拆除缝线。

(4)术后护理。为了促使机体康复，可采用如下措施：5%葡萄糖生理盐水 1 000 mL、25%葡萄糖溶液 500 mL、四环素 200 万 IU，静脉注射，每天注射 2 次，连续注射 2 ~ 3 天；母牛全身状况好转，食欲正常，缝线拆除后，为防止子宫感染，可将土霉素粉 2 ~ 3 g 或金霉素粉 2 g，溶入灭菌水 300 mL，灌入子宫内，隔日一次，连续 3 ~ 5 次。

2.预防措施 加强饲养管理，供应充足的矿物质和维生素，增加运动，提高机体的张力；严格遵守助产操作规程，产道干燥时应灌入润滑剂，牵引时用力不能过猛、过快；母牛分娩后应有专人看护，发现努责强烈，应及时处置。

6 子宫捻转

子宫捻转是指子宫围绕自身纵轴发生的扭转，以牛尤其是奶牛多发。子宫捻转大多发生在妊娠后期或临产以前，但都在难产时才被发现。捻转的角度以 180° ~ 270° 为多，个别可达 720°。

● 病因

(1)与牛子宫解剖特点有关。牛子宫角呈羊角状弯曲，大弯在上，小弯在下，固定子宫的阔韧带附着在小弯处，大弯呈游离状态。未孕时,子宫角常因胃、肠、膀胱的充盈度变化而发生移位。怀孕后,子宫角逐渐增大增重,前移下垂,大弯的游离性随之增大,阔韧带固定子宫的部位相对逐渐缩小,怀孕子宫角几乎完全处于游离状态。怀孕 3~4 个月做直检时,经常可以感知子宫角向右或左呈 90°左右的扭转,并不影响胎儿发育。同时,牛在起、卧时,都是后躯先起或后躯后卧,瞬间内脏前移,本已游离的怀孕子宫又出现了短暂的悬空状态,起卧过程稍有不适或动作过大就极易引起子宫捻转。受左侧瘤胃的影响,子宫向右捻转为多。

(2)运动不足、肌肉韧带松弛,也容易诱发子宫捻转,舍饲牛较放牧牛多发子宫捻转。

● 症状

(1)临产前出现消化异常。子宫过度捻转属脏器移位,它影响邻近的胃肠活动,孕牛出现瘤胃弛缓等固有症状。

(2)产道子宫内检查。子宫捻转程度轻和捻转部位在子宫颈前的,检查时手可通过子宫颈进入子宫,但通道不直,呈顺时针或逆时针方向旋转。捻转程度大、捻转部位在子宫颈后的,检查时感觉阴道紧张,呈漏斗状,阴道前端黏膜形成纵走的螺旋状皱襞,手指可探到旋转的方向,但不能通过。阴道视诊也可观察到这种变化。产道检查可确定子宫捻转的部位、方向,估计捻转的程度,比直肠检查更直接。

● 防治

简便有效的疗法是翻转母体术。翻转母体术治疗成功的关键是:正确判断方向;翻转母体迅速,头和四肢翻转协调一致;翻转一次子宫未复位的,将牛体轻轻翻回原位,再急速翻转一次,如此直至子宫复位;翻转一次,产道检查一次,以防翻过造成子宫向对侧捻转,并验证判断方向是否正确。

子宫捻转常继发宫缩微弱、胎位不正、子宫颈口开张不全。捻转子宫复位后应立即矫正异常胎位,牵引拉出胎儿,不要再等母牛自产。

其他疗法,如体外上抬下压法、徒手直肠复位法、产道子宫内徒手复位法等,对子宫捻转程度不大的可以试用。

剖腹复位法有剖腹后使捻转子宫复位,胎儿从产道产出和切开子宫取出胎儿后再使捻转子宫复位 2 种。可根据病例情况选用。

7 胎衣不下

胎衣不下又叫胎盘停滞,是指母牛产出胎儿后,超过胎衣排出时间,胎衣仍不排出而滞留于子宫内。据对黑白花奶牛胎衣脱落时间统计,产后 10 h 内脱落者占 95%,故认为奶牛产后 10 h 如胎衣不脱落,为胎衣不下。

● 病因

(1)产后子宫弛缓,乏力。饲料单纯、品质差,矿物质、维生素不足或缺乏,机体过瘦,母体过肥(因在干奶期精料喂量过大),胎儿过大,胎水过多,双胎及难产等均可引起子宫弛缓,乏力。

(2)由于子宫炎症而引起胎盘粘连。布氏杆菌病、子宫内膜炎、慢性饲料中毒,均可造成子宫黏膜的炎症,由于结缔组织增生,使母体胎盘和胎儿胎盘粘连,导致胎衣不下。

(3)子宫颈闭合过早。产后子宫套叠,未孕角强烈收缩,胎衣被夹,导致脱落的胎衣也不能排出。

●症状

(1)全部胎衣不下。全部胎衣不下是指整个胎衣停滞于子宫内,多由于子宫垂于腹腔或脐带断端过短所致。外观看不见胎衣,或部分胎衣垂于阴门外。垂于阴门外的胎衣,初为粉红色,后呈暗紫色、熟肉色,上附草屑、粪土,具腐臭味。子宫颈开张,阴道内有褐色、稀薄分泌物。通常胎衣不下对奶牛全身影响较小,少数病牛因胎衣腐败,恶露潴留,毒素吸收,表现出体温升高,食欲减退或废绝等全身症状。头胎牛表现举尾、弓腰、不安和努责。

(2)部分胎衣不下。部分胎衣不下因胎衣残存部分留于子宫内,故不易发现,只有通过产道检查,或经 3 ~ 4 天后,由阴道内排出熟肉样的胎衣块才被发现。

●防治

1.治疗方法 治疗方法有药物疗法和胎衣剥离 2 种。

(1)药物疗法。

①垂体后叶素或催产素 50 ~ 100 IU,产后 24 h 内肌肉注射,麦角新碱 10 ~ 20 mg,一次肌肉注射。

②甲基硫酸新斯的明 30 ~ 37 mg,一次肌肉注射,重复注射用量为 20 mg。

③20%葡萄糖和 20%葡萄糖酸钙各 500 mL,产犊即可静脉注射。

④子宫内注入。10%氯化钠液 1 000 ~ 1 500 mL,胰蛋白酶 5 ~ 10 g,洗必泰 2 ~ 3 g,混合,一次注入子宫内;金霉素或土霉素粉 2 ~ 3 g,蒸馏水 200 mL,一次灌入,隔日一次。

⑤中草药。益母草 500 g,车前子 200 g,酒 100 mL,灌服;穿山甲 50 g,大戟 30 g,滑石 50 g,海金沙 50 g,车前子 150 g,灌服。

(2)胎衣剥离。术者左手握住外露胎衣,右手沿胎衣与子宫黏膜之间，触摸到胎盘，食指与中指夹住胎儿胎盘基部的绒毛膜，用拇指剥离子叶周缘，扭转绒毛膜，将绒毛膜从子宫肉阜中拔出，这样由近到远，逐个将胎儿胎盘剥掉。胎衣剥离后，再向子宫内灌入抗生素，直到阴道分泌物清亮为止。在剥离时，应视胎衣易剥的程度进行，胎衣容易剥离者剥，否则不应硬剥，以防止子宫黏膜出血和滞留于子宫内的残存胎衣引起子宫内膜炎。

2.预防措施

(1)加强饲养管理。注意饲料的精、粗比例，矿物质与维生素的供应；助产时应注意消毒，操作要仔细，防止产道损伤；做好防疫，净化牛群，对布氏杆菌病牛应按防疫制度处理，对流产牛应经化验，确诊病性。

(2)药物预防。产前 40 天，每天肌肉注射亚硒酸钠维生素 E 溶液(含亚硒酸钠 10 mg，维生素 E 5 000 IU)10 mL，连续注射 4 次；产前 5 ~ 6 天，肌肉注射维生素 D_3 300 万 IU，连续注射 3 ~ 5 天；产前 7 天，静脉注射 20% 葡萄糖酸钙和 25% 葡萄糖溶液各 500 mL，每天一次，连续注射 3 ~ 5 次。

8 产后瘫痪

产后瘫痪又叫乳热症，为奶牛分娩后 1 ~ 3 天发生的一种急性低血钙症。病的特征是知觉减退或消失，四肢瘫痪，卧地不起，精神抑制和昏迷。该病的发病特点是，产后 3 天内发病多，5 胎以上的高产牛发病多。

● 病因

目前，本病发生原因还不够清楚，但认为血钙调节功能紊乱与本病有关。分娩后，由于泌乳，产后第一天失钙 19 g，磷 17 g，钙从乳中大量排出，故造成血钙的急剧下降，出现低血钙(4.7 ~

5.9 mg/dL)、低血磷(0.24～1.6 mg/dL)。血钙过低时,甲状旁腺功能紊乱,甲状旁腺激素分泌下降,肾脏中1,25-二羟维生素D_3合成降低,破骨细胞功能降低,不能充分动员骨钙入血,使血钙不能得以补充。据认为,甲状旁腺功能抑制与干奶期特别是产前饲喂高钙、低磷饲料和维生素D缺乏有密切关系。

●症状

病初,食欲降低或废绝,体温正常或稍降低(37.5℃),或对外界反应迟钝,或站立时前后肢频频倒步。有的病牛,当人接触时,张口吐舌,摇头晃耳,敏感性增高。

典型症状是卧地不起。见步态不稳,共济失调。倒地初,兴奋不安,试图站立,站立后,四肢无力,左右摇晃,摔倒后则安然卧地。伏卧时,颈部呈S状弯曲,也有头颈弯向胸一侧,鼻镜干燥,眼睑闭合,嗜睡。鼻端、耳尖、蹄末梢发凉,针刺反应消失,以跗关节以下,知觉消失明显,球节弯曲。病牛昏迷时,侧卧于地,四肢直伸,呼吸微弱,易伴发瘤胃臌胀。脉搏增数,心音模糊不清。

●防治

1.治疗方法 用20%葡萄糖酸钙溶液和25%葡萄糖溶液各500 mL,一次静脉注射,每天2～3次,直到能站立为止。如多次使用钙剂仍不能站立者,可用20%磷酸二氢钠500 mL,或3%次磷酸钙溶液1 000 mL,或安钠咖硫酸镁注射液100～150 mL,一次静脉注射。

乳房送风法多适用于病程较轻患牛,而且宜早期使用。其方法是向4个乳区内打满气体。打气的量,以乳房皮肤紧张,各乳区界线清楚为止。

因本病伴有咽喉麻痹,有的病牛治愈后复发,故不要采用口服灌药;对痊愈牛要加强看护,继续监护治疗 1~2 天。

2.预防措施 产前饲喂低钙饲料,钙、磷比以 1:(1~3)为宜;增加阴离子饲料喂量,产前 21 天,每头牛可补饲 50~100 g 的氯化铵;产前5~7 天,每头牛每天肌肉注射维生素 D_3 2 000~3 000 IU 或静脉注射 25%葡萄糖溶液和 20%葡萄糖酸钙溶液各 500 mL,每天一次,连用 2~3 天。

⑨乳头漏奶

许多母牛在挤奶时间之前,由于乳房膨胀,乳房内部压力增大,奶从乳头内流出,这种漏奶现象属正常的或生理性的。

在非挤奶时间,经常地或持续性地从母牛乳头内流出乳汁,这是不正常的,这种影响泌乳潜能的漏奶,称乳头漏奶。

乳头漏奶是由于乳头受伤,致使乳头括约肌的正常紧张性遭受破坏,乳头末端纤维化,乳不能潴留在乳房内而从乳头排出。奶牛时有发生,以后部乳头多见。

●病因

主要原因是乳头括约肌发育不全,乳房和乳头受伤发炎引起乳头括约肌松弛、麻痹或萎缩,少数奶牛在酷热时或在发情期时发生暂时性的漏奶,外伤使乳头尖端断裂而漏奶。

●症状

乳汁成滴地自然流出,尤其是在母牛卧下时,乳房受压,乳汁可大量流出。由于乳汁经常不自主地外流,患区乳房较其他乳区松软,产奶量大为降低。

● 防治

加强奶牛乳房卫生保健，减少乳头损伤。严格执行挤奶操作规程，手工挤奶采用拳握式，严禁用手指挤压乳头；机器挤奶要控制机器的压力和时间，压力不能过大，挤奶时间不能过长。运动场要平整，随时除去牛棚地面的各种砖瓦、石块及尖锐异物，给奶牛提供优良的生活环境。

本病无好的治疗方法。临床可试用樟脑酒精、1%～2%碘软膏涂布乳头。据报道，用结核菌素注射器在乳头括约肌的4个等距离点注射复方碘溶液，对漏奶的治愈率约达50%。

⑩ 血乳

血乳是指血液进入乳中，使乳汁呈淡红色或血红色。奶牛常见，特别是产后不久的奶牛易发生。

● 病因

产后母牛乳房肿胀，过度充血。当乳房受到外力作用，如牛只相互爬跨，卧地时后肢挤压，突然于硬地上滑倒，牛只出圈时拥挤等，极易发生机械性损伤，造成乳房血管破裂，血液从血管裂口流出，进入乳腺腺泡或输乳管内。

因乳房炎或某些传染病如炭疽、腐败梭菌感染而发生的乳中带血，乳呈红色，这是原发性疾病的症状表现，不能视为真正的血乳。

● 症状

血乳突然出现，无全身变化，精神、食欲正常，乳房肿胀，稍有热感，一侧或两侧乳房挤出的乳呈淡红色或深红色，有时血乳中含有血凝块。挤乳时稍有痛感，牛只不安、躲避。

● 防治

对病畜要精心护理,减少或暂不给精料和多汁饲料,控制饮水量,挤乳时小心,不要按摩乳房,通常经 3~10 天,乳汁和产奶量即可恢复正常。

为了促进恢复,可使用止血药。安络血 20 mL(含 100 mg)肌肉注射,每天 2~3 次;维生素 K_3 10 mL(含 40 mg),肌肉注射,每天注射 2~3 次;止血敏 10~20 mL,静脉或肌肉注射;仙鹤草素注射液 20~40 mL,肌肉注射,每天 2~3 次。

为增强体质,可用 25% 葡萄糖溶液,20% 葡萄糖酸钙溶液各 500 mL,静脉注射;为防止全身感染和促进乳房炎症消退,可用青霉素 250 万~300 万 IU,肌肉注射,每天 2 次,连续注射3 天。

11 乳房炎

乳房炎为乳房实质、间质的炎症。临床型乳房炎,产奶量明显下降,炎乳废弃,继而乳区化脓坏疽,失去泌乳能力,经济损失严重。隐性乳房炎影响生产:流行面广,为临床型乳房炎的15~40倍;产奶量降低 4%~10%;牛奶品质下降,乳糖、乳脂、乳钙减少,乳蛋白升高、变性,钠和氯增多;为临床型乳房炎发生的基础。为此,预防乳房炎的发生,已是当前奶牛场十分重要的一项工作。

● 病因

1.感染 病原由乳头管口侵入是该病发生的主要原因。细菌有无乳链球菌、金黄色葡萄球菌、化脓性棒状杆菌、大肠杆菌、产气杆菌、克雷伯氏杆菌,真菌有酵母菌、念珠菌、胞浆菌等,病毒有口蹄疫病毒等。

2.中毒 如饲料中毒,胃肠疾病、子宫疾病时毒素的吸收。

3.饲养管理不当　常见有奶牛场环境卫生差,运动场潮湿泥泞,不严格执行挤乳操作规程,挤奶时过度挤压乳头,挤奶机器不配套,洗乳房水更换不及时,突然更换挤乳员,乳房及乳头外伤等。

● 症状

(1)临床型乳房炎。外观见乳房、乳汁已发生明显异常。轻者乳汁稀薄,呈灰白色,有絮状物,乳房疼痛不明显,产奶量、全身变化不大;重者乳区肿胀,皮肤变红,质地硬,疼痛明显,乳量剧减,呈淡灰色,体温升高,乳上淋巴结肿胀如核桃大;极重者,食欲废绝,体温升高 41℃以上,稽留多日,心跳 100 次/min 以上,泌乳停止。乳房坚硬如石,皮肤发紫,龟裂,疼痛,仅能从乳房内挤出一两把黄水,此类乳房炎虽能治愈,但往往留下后遗症,临床表现为乳房萎缩和乳房硬结。

乳房萎缩:乳房实质受损,泌乳能力丧失,患区乳房变小,乳头上举,4 个乳区极不对称。

乳房硬结:由于乳房间质结缔组织增生,乳房实质发生萎缩所致。特征是乳房增大,不因挤出乳汁而缩小。患乳区全部或部分肿胀变硬,似"软骨",质韧,局部无热无痛,泌乳减少,乳汁稀薄,灰白色,含絮状物,不能恢复。

(2)隐性乳房炎。又称亚临床型乳房炎,为无临床症状表现的一种乳房炎。其特征是乳房和乳汁无肉眼可见异常,然而乳汁在理化性质、细菌学上已发生变化。具体表现:pH 值 7.0 以上,呈偏碱性,乳内有奶块、絮状物、纤维,氯化钠含量在 0.14% 以上,体细胞数在50 万个/mL 以上,细菌数和电导值增高等。

● 防治

1.加强饲养管理,搞好挤奶卫生

(1)保持环境和牛体卫生,保持运动场干燥,及时清除粪便,每天刷拭牛体,以减少乳房感染。

(2)严格执行挤奶操作规程,洗乳房时要彻底,可用40~50℃温水、0.002 5%~0.000 5%碘液和0.1%高锰酸钾溶液。手工挤乳应采用拳握式,为防止乳头黏膜损伤,严禁用手指头捋乳头;机械挤乳要维持机器正常功能,勿使真空压力过高,抽乳频率不应过快,不要跑空机。除每天洗涤管道、乳杯外,乳杯内鞘每周消毒一次,可在0.25%苛性钠溶液中煮沸15 min,或在5%苛性钠溶液中浸泡。

2.定期进行隐性乳房炎检测 现常用的诊断方法为加州乳房炎试验(CMT)。操作方法是,在诊断盘(深1.5 cm、直径5 cm的乳白色平皿)内加被检乳样2 mL,再加CMT诊断液2 mL,平置诊断盘并使呈同心圆旋转摇动,将乳汁与诊断液充分混合,经10~30 s后,根据表13-3的标准判定。

表13-3 CMT判定标准

反应结果	乳汁反应	反应物相应细胞数(万个/mL)
阴性(-)	混合物呈液状,盘底无沉淀	0~20
可逆(±)	混合物呈液状,有微量沉淀,摇动后沉淀物消失	15~50
弱阳性(+)	有少量黏性沉淀,不呈胶状,摇动时,沉淀物散布盘底,有一定黏附性	47~150
阳性(++)	沉淀物多而黏稠,流动性差,微呈胶状,旋转诊断盘,凝胶物集中,停转时,呈凹凸状附于盘底	80~500
强阳性(+++)	沉淀物呈凝胶状,几乎完全黏附于盘底,旋转诊断盘,凝胶物呈团块状,难散开	350以上
碱性乳	混合物呈淡紫红色、紫红色或深紫红色	
酸性乳	混合物呈淡黄色、黄色	

3.挤奶后乳头药浴 乳头皮肤无汗腺和皮脂腺,容易皲裂,其外口常有微生物污染。挤奶后,乳房内负压升高,乳头管松

弛,微生物极易侵入。因此,每次挤奶后 1 min 内,应将乳头在盛有药液的浴杯中浸泡 0.5 min。常用药液有 4% 次氯酸钠,0.5% ~ 1% 碘伏,0.3% ~ 0.5% 洗必泰和 0.2% 过氧乙酸。药浴应长期坚持,不能时用时停。

4. 干奶期注射干奶药 奶牛干奶期,由于乳腺细胞变性和对感染抵抗力降低,微生物极易侵入,故应将抗生素药物如青霉素、苄青霉素、先锋霉素等制成乳剂、水剂使用。

5. 及时淘汰患有慢性或顽固性疾病的牛 为消除传染源,对久治无效病牛要及时淘汰。

6. 尽早治疗临床型病牛

(1)消炎、抑菌,防止败血症。乳房内注入青霉素 80 万 IU,链霉素 1 g,红霉素 300 ~ 500 mg,每天 2 次。全身注射,可用青霉素 250 万 IU,四环素 250 万 ~ 300 万 IU 等,静脉或肌肉注射。

(2)封闭疗法。可用 0.25% ~ 0.5% 普鲁卡因 200 ~ 300 mL,一次静脉注射,以减少发病乳区的疼痛,加速炎灶的新陈代谢;也可进行乳房基底部封闭,在病区乳房基底部注射 0.25% ~ 0.5% 普鲁卡因 150 ~ 300 mL。

(3)全身疗法。较重病牛,可用滋补剂和强壮剂。25% ~ 40% 葡萄糖溶液 500 mL,葡萄糖生理盐水 1 000 ~ 1 500 mL,维生素 C,静脉注射。对酸中毒病牛可用 5% 碳酸氢钠或 40% 乌洛托品 50 ~ 100 mL,一次静脉注射。

(4)激光疗法。用二氧化碳激光机,氦氖激光机照射交巢穴。

⑫ 酒精阳性乳

酒精阳性乳是加入 68% ~ 70% 酒精发生凝结现象的乳的总称。分高酸度酒精阳性乳和低酸度酒精阳性乳 2 种。

高酸度酒精阳性乳：指滴定酸度增高(0.20以上)，加入70%酒精凝固的乳。主要是在挤奶过程中，由于挤奶机管道、挤奶罐消毒不严，挤奶场环境卫生不良，牛奶保管、运输不当及未及时冷却等，细菌繁殖、生长，乳糖分解成乳酸，乳酸升高，蛋白变性所致。

低酸度酒精阳性乳：指乳的滴定酸度正常(0.10~0.18)，乳酸含量不高，加入70%酒精发生凝固的乳。

● 病因

1.饲养管理失调

(1)日粮不平衡，可消化粗蛋白和总可消化养分的过量或缺乏。据调查，泌乳牛空怀时饲料不足、营养缺乏，妊娠中的泌乳牛饲料过剩，发病率较高。

(2)矿物质的不足或过量。日粮中矿物质如钙、磷、镁、钠等的含量及比例直接影响牛乳矿物质含量的变化。

(3)饲料发霉变质，易引起奶牛生理状况改变，体内代谢平衡失调。

2.乳中无机离子含量改变 牛奶中钙、磷、镁、磷酸盐、柠檬酸盐之间的平衡是保证牛奶稳定性的必要条件。如果其中任何一种含量过多，都会影响牛奶稳定性的改变。

3.乳蛋白稳定性降低 牛奶蛋白质包括酪蛋白(占3/4)、乳白蛋白(占1/6)及很少量的乳球蛋白和免疫蛋白。酪蛋白具有亲水性，能和钙、磷结合、吸附，凝聚成非溶性的微胶粒分散于溶液中。因此，酪蛋白成分改变，α_s-酪蛋白增加，κ-酪蛋白减少，则是酒精阳性乳发生的原因。

4.疾病的并发 存在各种潜在性疾病，如肝功能障碍、骨软症、繁殖障碍时，都易出现酒精阳性乳。

5.其他因素 各种不良因素作用于牛体都可能成为酒精阳

性乳发生的诱因。例如,酷热、寒冷,气温突然改变,过度疲劳,挤乳过度,牛棚阴暗、潮湿、通风不良,刺激性气体(氨气),杂音,车辆运输等各种应激因素刺激牛只,引起内分泌系统机能失去平衡,使乳腺组织分泌的乳汁异常。乳腺异常发达或畸形的牛,其乳腺对外界刺激更为敏感,也易分泌酒精阳性乳。

● 症状

酒精阳性乳出现后,乳房和乳汁无任何肉眼可见异常,乳成分与正常乳无差异(表 13-4),只是在收购乳时,经酒精试验后才可被发现。

表 13-4 酒精阳性乳与正常牛奶主要成分含量的比较 %

类别	样品(份)	水分	干物质	粗蛋白	粗脂肪
酒精阳性乳	8	88.17±0.792	11.8±0.795	3.44±0.631	3.18±0.222
正常乳	4	89.0±0.213	11.0±0.795	2.46±0.413	2.79±0.098
t 检验		$P>0.05$	$P>0.05$	$P>0.05$	$P>0.05$

● 防治

迄今为止,引起酒精阳性乳发生的绝对因子尚未发现,本病也没有特效治疗方法。因此,加强饲养管理,消除各种不良环境条件,减少各种应激因素对奶牛的刺激,增强机体抵抗力,使全身生理机能和乳腺机能免受影响,是防治酒精阳性乳的惟一有效途径。

1.加强饲养管理,供应均衡日粮 根据奶牛不同生理阶段的营养需要合理供应日粮,精料特别是蛋白饲料的喂量不应过高或不足。粗饲料要充足,保证优质干草如秋白草、苜蓿的足够进食量。重视矿物质的供应,注意日粮中钙、磷、镁、钠的供应量和比例。饲料要固定,不能突然更换。加强饲料保管,严禁饲喂发霉、变质、腐败饲料。加强挤乳卫生和环境卫生,提供良好的环境条件。天热季节，做好防暑降温工作，如安排风扇；冬季应做好防寒保暖工作，如运动场内铺垫褥草、设置挡风墙等。

2.药物治疗 药物治疗的目的是调节机体全身代谢、解毒保肝、改善乳腺机能。

(1)柠檬酸钠 150 g，分 2 次内服，连服 7 天。

(2)10%柠檬酸钠 300 mL，分 2～3 次，皮下注射。

(3)磷酸二氢钠 40～70 g，一次内服。每天一次，连服 7～10 天。

(4)丙酸钠 150 g，一次内服，每天一次，连服 7～10 天。

(5)为恢复乳腺机能，可用 2%甲硫基尿嘧啶 20 mL，一次肌肉注射，与维生素 B_1 合用效果更好。

(6)调节乳腺毛细血管通透性，可肌肉注射维生素 C。

(7)奶牛发情时出现酒精阳性乳，认为与性周期有关，可肌肉注射黄体酮。

⑬ 子宫内膜炎

子宫内膜炎为奶牛常见的一种疾病。发生子宫内膜炎时，由于炎性产物及细菌毒素对精子的直接危害，使受精卵形成受阻，胚胎着床障碍，临床上出现流产，因此它是引起奶牛不孕症发生的主要因素之一。

● 病因

原发性的主要原因是分娩时或产后细菌感染。多见于分娩、助产时消毒不严，助产不当，使产道损伤，胎衣不下、子宫颈炎、子宫弛缓等处理不当，配种时人工输精器械及生殖器官消毒不严，输精器械对生殖道的损伤等。继发性的见于布氏杆菌病、结核病。

●症状

1.慢性黏液性子宫内膜炎 性周期、发情、排卵正常,然而屡配不妊,或配妊后胚胎死亡、流产。阴道内有多量混浊或透明含絮状物的黏液,检查见子宫颈口开张,黏膜充血;直检见子宫角增粗,子宫壁肥厚,弹性减弱,收缩反应微弱。病程延长者,由于子宫腺体分泌功能加强,炎性分泌物因子宫颈管黏膜肿胀、闭锁,不能排出体外而蓄积于子宫内,形成子宫积水,致使生殖能力丧失。

2.慢性黏性脓性子宫内膜炎 性周期不规律,表现不发情、发情微弱或持续发情;阴道分泌物稀薄,发情时增多,为灰白色、黄褐色脓汁;子宫颈阴道部充血,子宫颈口开张;子宫角粗大肥厚,子宫壁肥厚不均,收缩反应微弱。当子宫颈口闭锁时,脓汁不能排出而蓄积于子宫内,形成子宫蓄脓,见子宫增大,子宫壁肥厚,厚薄不均,有波动,具弹性。卵巢有黄体或囊肿存在,生殖力往往不能恢复。

●防治

1.治疗方法

(1)子宫冲洗法。即将配制的药液 100~150 mL,注入子宫后,将其导出,再灌注,再导出,直至排出液体清亮为止。冲洗液有1%苏打液、0.9%生理盐水、0.1%高锰酸钾溶液、0.1%雷夫奴尔溶液等。

(2)子宫内注入法。

抗生素注入:常用土霉素 2 g,金霉素粉 1~1.5 g,青霉素 100万 IU 或链霉素 200万 IU 溶于 150 mL 蒸馏水中,一次注入子宫内。

碘液注入:取5%碘液 20 mL 加蒸馏水 500~600 mL,一次注入子宫内。此药液对慢性子宫内膜炎有效。

(3)激素疗法。己烯雌酚 15~25 mL,一次肌肉注射,可使子宫开张,有利于子宫内分泌物排出;麦角新碱 10~20 mg,一次肌肉注射。

(4)全身疗法。对伴有体温升高、体质衰弱病畜,可补糖、补碱、补钙,使用抗生素、磺胺类药物静脉注射治疗。

2.预防措施 加强兽医卫生保健工作,减少产道的损伤和感染机会。助产消毒要严、操作要细,人工输精器械和生殖器官要彻底清洗。加强饲养管理,饲料配合要平衡,充分重视矿物质、维生素饲料的供应,以减少胎衣不下的发生;干奶期控制精料喂量,防止产后酮病、子宫复旧不全等病的发生。流产牛要隔离,流产胎儿应作细菌分离,确定病性,防止布氏杆菌病的流行。

⑭ 卵巢囊肿

牛的卵巢囊肿分卵泡囊肿和黄体囊肿 2 种。卵泡囊肿是由卵泡上皮变性,卵泡壁结缔组织增生、增厚,卵细胞死亡,卵泡液未被吸收或增多所致。其特征是,性周期破坏,频繁发情或发情持续,配种不妊。

● 病因

精饲料喂量过多,特别是蛋白质饲料如豆饼、黄豆喂量增多,蛋白质过剩而能量饲料不足;过度追求产奶量,常发生于 2~6 胎的高产牛;缺乏光照,运动不足;反复发生过该病的患牛具有该病的遗传因子,故认为与遗传因素有关;内分泌系统功能失调,脑垂体前叶分泌促卵泡素过多,或在治疗中不正确的使用激素治疗;继发于胎衣不下、子宫炎、卵巢炎和流产等。

●症状

卵泡囊肿患牛发情紊乱,无正常发情周期,发情频繁且持续时间较长,性欲旺盛、强烈,过度兴奋,常见患牛追逐或爬跨其他母牛。时间久者,食欲降低,产奶量下降,患牛被毛粗刚无光,消瘦。慕雄狂(卵泡囊肿)患牛,颈部肌肉发达、增厚,目光怒视,刨土,焦急不安,大声哞叫。眼、胸部、皮肤和声音极像公牛,坐骨韧带松弛,尾根翘起,致使尾根与坐骨结节间形成一凹陷,阴门浮肿、松弛,乳房萎缩,从阴门内排出的黏液量增加,黏稠、灰白而不透明,子宫颈口开张、松弛。直肠检查见骨盆韧带松弛,子宫颈外口肥大,子宫增大、壁厚而柔软,一侧或两侧卵巢上有1～4个直径为1.9～7.5 cm大小的囊肿,突出于卵巢表面、壁薄,指压容易破裂。有时可触摸到壁厚、波动性较差的囊泡。无发情或发情弱的患牛,多为黄体囊肿。卵泡囊肿和黄体囊肿的具体鉴别见表13-5。

表13-5　卵泡囊肿与黄体囊肿的区别

项目	卵泡囊肿	黄体囊肿
病性	退化中的非卵细胞存在10天以上,可能不治而愈	粒膜细胞不同程度黄体化,并长期存在
发情	持续,频繁	不发情或轻微
卵泡大小	2.5 cm以上	2.5 cm以上
卵泡数目	几个或单个,一侧或两侧,呈多泡性,融合	多为单泡性
状态	壁薄,紧张,波动,膨满	壁厚有弹性
穿刺液	透明的淡黄色	琥珀色、灰黄、褐色
比例	70%	30%
血清孕酮	0.10～0.93 ng/mL	1.5～7.1 ng/mL

●防治

预防的根本原则是加强饲养管理。日粮要平衡,精、粗比和矿物质、维生素的供应都应注意,严禁为追求产奶量而过度饲喂蛋白质饲料。治疗时,一定要区别囊肿的类型。

1.对卵泡囊肿的治疗

(1)用手挤破囊肿。即手伸入直肠,触摸到卵泡囊肿物,用手将其挤破。因本法易继发出血并因此造成卵巢和输卵管系膜粘连,应引起注意。

(2)促性腺激素释放激素或促黄体素释放激素类似物 50~500 μg,一次肌肉注射,连续注射 1~4 次。

(3)促黄素 100~200 IU,一次肌肉注射,连续注射 5~7 天。一般用药后 3~6 天囊肿黄体化,15~30 天发情恢复正常。

(4)绒毛膜促性腺激素 5 000~10 000 IU,一次肌肉注射。

(5)孕酮 50~100 mg,一次肌肉注射,连用 14 天,总剂量为 750~1 000 mg。

2.对黄体囊肿的治疗

(1)$PGF_{2\alpha}$ 5~10 mg,一次肌肉注射,注射后 3~5 天发情。氟前列烯醇 0.5~1 mg,氯前列烯醇 500 μg,一次肌肉注射。必要时,7~10 天后再注射一次。目前,国内常用的是 15-甲基前列腺素 $F_{2\alpha}$,牛每次肌肉注射 2 mg,用药后 3~5 天发情。

(2)垂体后叶素 50 IU,一次肌肉注射,隔日一次,共注射 2~3 次。

(3)催产素 200 IU,一次肌肉注射,每 2 h 注一次,每天连续注射 2 次,总量为 400 IU。

药物治疗卵巢囊肿的效果,临床上以囊肿的消失和发情配孕为判断标准。为提高疗效,应加强饲养,增强体质。同时,可结合内服碘化钾。碘化钾每天一次,每次 150 mg,连服 7 天。子宫治疗常用金霉素或土霉素 1~2 g,子宫注入。这对治疗卵泡囊肿和黄体囊肿都有作用。

⑮ 持久黄体

持久黄体也称永久黄体、黄体滞留。由于在分娩后或排卵后，妊娠黄体或周期黄体及其功能超过正常时间而不消失，黄体分泌助孕素的作用持续，抑制了卵泡的发育，因此该病的临床特征是，性周期消失，久不发情。

● 病因

饲养管理不当，长期饲喂单纯而品质低劣的饲料；日粮配合不平衡，矿物质和维生素不足；圈舍阴暗，阳光不足，运动不足；高产乳牛分娩后，产量高而持续，发情延迟而易患本病。子宫疾病如胎衣不下、慢性子宫内膜炎、子宫弛缓、子宫复旧不全，子宫内存在异物，如胎儿浸溶、木乃伊，子宫积水、蓄脓，子宫肿瘤等，均会影响黄体的消退和吸收，而导致持久黄体。

● 症状

发情周期消失，母牛长时间不发情。直肠检查，一侧或两侧卵巢体积增大，卵巢内有持久黄体存在，部分黄体呈圆锥状或蘑菇状突出于卵巢表面，质地稍硬。黄体不突出于卵巢表面时，可使卵巢增大而硬。子宫收缩微弱，可发现有子宫疾病或子宫内存有异物。

● 防治

1.治疗方法　治疗原则是消除病因，促使黄体自行消退。

(1)$PGF_{2\alpha}$ 5～10 mg，一次肌肉注射或一次注入子宫内。

(2)氟前列烯醇或氯前列烯醇 0.5～1 mg，一次肌肉注射，必要时，可间隔 7～10 天重复用药一次。

(3)促黄体素释放激素类似物400～500 μg,一次肌肉注射,连续注射1～4次。

(4)胎盘组织液20 mL,一次皮下注射。一个疗程注射4次,每次间隔5天。

(5)孕马血清(或全血)20～30 mL,一次肌肉注射,隔7天后再注射一次,用量为30～40 mL。

(6)伴有子宫炎时,应先肌肉注射己烯雌酚15～20 mL,促使子宫颈口开张,再向子宫内灌注抗生素。取土霉素或金霉素2 g,溶于蒸馏水150～200 mL,一次灌入子宫,隔日一次。

2.预防措施 造成持久黄体的原因复杂,与机体过肥或过瘦,产奶量高而持续,卵巢功能不全和子宫疾病等综合因素有关,因此应加强饲养管理。

16 奶牛不孕症

奶牛不孕症是指奶牛不受胎而言,即奶牛达到繁殖年龄后或分娩后的一定时间,经过多次配种而未受胎。

奶牛不孕症为奶牛场内的一种常见症候表现。由于不妊,母牛不能按期繁殖,延长了产犊间隔,有的奶牛因长期不孕导致生产能力丧失而失去饲养价值被淘汰,对奶牛生产影响极大。

引起奶牛不孕的原因很多(表13-6),故防治母牛不孕,应采取以下综合措施:

1.加强不孕牛的检查 查明不孕的原因,确切地诊断,来源于全面调查和检查。当牛群中大批母牛(10%以上)发生不孕时,应对其饲养管理、全身健康状况、繁殖技术水平等进行全面的调查和研究。要查看日粮组成、饲料种类与品质、矿物质的比例与含量;查看母牛全身健康状况与营养状况,是肥还是瘦;子宫的肥厚程度、收缩反应,有无积水、蓄脓和炎症;卵巢大小、质

表 13-6　母牛不孕的原因分析

不孕的种类	引起不孕的原因
先天性不孕	幼稚病,生殖器官畸形,异性双胎
后天获得性不孕	
饲养性	饲料品质不良,饲料配合不平衡,蛋白质、矿物质、维生素饲料的不足或缺乏,能量、蛋白质水平过高,奶牛过肥
管理利用性	过度催高产,运动不足,环境卫生不良,助产时产道感染
繁殖技术失误	1)发情鉴定技术不佳,漏掉发情牛 2)精液处理不当,精液受损,配种技术不良 3)妊娠诊断不准确,未妊牛被判为已妊牛
气候因素	气候突然变化
衰老性	生殖器官萎缩,机能减退
疾病性	1)传染病和寄生虫病,如结核病、布氏杆菌病、沙门氏菌病、霉形体病 2)生殖器官疾病,如子宫疾患、子宫内膜炎、卵巢疾患(卵泡囊肿、持久黄体、卵巢静止)和输卵管发炎等

度,有无卵泡、黄体;发情周期是否正常,配种次数多少。同时,对精液品质进行检查,观察精子活力是否好,密度是否高等。通过上述检查,从中找出造成不孕的主要原因,根据具体情况,采取有效的措施,以消除不孕。

2.加强产房期的护理　为了促进牛产后体质的恢复、减少产后子宫内膜炎的发生而影响配种。

(1)临产母牛要自然分娩,需要助产时,要做好消毒卫生(术者手臂清洗,助产器械消毒,母畜后躯用消毒液清洗)工作。助产要细心,不可粗鲁,防止产道损伤,减少产道微生物感染。

(2)加强胎衣不下的处置。凡胎衣不下牛只,强调剥离后用抗生素灌注。如胎衣粘连过紧,不易剥脱,一律用抗生素(金霉素粉1~2 g,土霉素粉 2~4 g)灌入子宫,隔日一次,直到阴道分泌物清亮为止。

(3)对出产房牛只要严格检查。胎衣自行脱落牛只,产后15天可以出产房;凡子宫内膜炎、胎衣不下者一律在产房内经治疗后出产房。凡出产房牛只,必须坚持以下3条标准:第一,食欲、泌乳正常,全身健康状况良好;第二,卵巢正常,子宫复旧良好;第三,阴道分泌物清亮或呈暗褐色,胶冻样,无臭味。

3.加强发情鉴定 及时而正确地发现发情母牛,不漏掉发情牛,不错过母牛发情期,是预防不孕的先决条件。

(1)人工授精员、挤奶员应密切配合,要经常注意观察母牛的发情表现。大型奶牛场因母牛头数较多,可选择有经验、认真负责的人员任发情鉴定员,专门观察牛只发情,凡发情牛只要予以标明。

(2)对发情不明显的母牛,可进行阴道检查,观察阴道黏膜和黏液,子宫颈口的开张情况;也可进行直肠检查,触摸子宫、卵巢和卵泡变化情况。

4.及时而准确的输精 在正确发情鉴定的前提下,准确而适时的输精是提高受妊率、预防不孕的关键。

(1)固定配种员,不要随便更换。

(2)配种员应熟悉全群母牛的繁殖情况和配种情况,要进行详细的配种记录。

(3)配种员要严格遵守人工授精的操作规程,要严格地进行精液品质的检查,要做好冻精的解冻,正确掌握受精时间进行输精,操作要仔细,消毒要严格,输精部位要准确。

5.加强对母牛生殖器官疾病和全身性疾病的治疗 奶牛全身疾病和生殖器官疾病均可引起母牛不孕。疾病不同,治疗方法各异。因此,要对母牛做仔细检查,确定其病性,不应采取不合理的治疗。如用药治疗可参照表13-7(LRH为促性腺激素释放激素,LH为促黄体素,HCG为绒毛膜促性腺激素,PMSG为孕马血清促性腺激素。)和表 13-8。实践证明,奶牛的不孕原因复杂,宜采用综合防制措施,特别是大批母牛发生不孕时,应作为一个群体的问题,进行深入全面的调查和研究。在加强母牛饲养管理的前提下,坚持发情鉴定要细,输精操作要准,患有疾病要治疗等综合措施,以减少或消除母牛的不孕。

表 13-7　母牛临床不孕症的病因与治疗

临床表现	原　因	卵巢变化	治　疗*
发情延迟(发情周期长)	1)卵泡发育异常 2)持久黄体 3)木乃伊胎儿	排卵延迟或不排卵 卵巢增大而硬,表面不光滑	1)LRH 2)FSH 100 ~ 200 IU,隔日一次,连续注射 2 ~ 3 次 3)LH 100 ~ 200 IU
发情缩短(发情周期短)	1)卵泡囊肿 2)黄体功能不全	卵巢上有 1 ~ 2 个或以上大卵泡,有波动,母牛呈慕雄狂	1)LH 100 ~ 200 IU 2)HCG 5 000 ~ 10 000 IU,肌肉注射 3)激光照射交巢穴
长期不发情	1)卵巢静止 2)卵巢萎缩 3)隐性发情 4)持久黄体	卵巢硬,无卵泡或黄体 卵巢缩小,无卵泡和黄体 有卵泡,但无发情 卵巢增大而硬,有黄体	1)HCG 2 500 ~ 5 000 IU,静脉注射 2)己烯雌酚 20 ~ 25 mg 3)PMSG 20 ~ 40 mL,肌肉注射 4)LH 100 ~ 200 IU,肌肉注射 5)$PGF_{2\alpha}$ 5 ~ 10 mg,LRH-A 400 ~ 500 μg,肌肉注射
性周期正常屡配不孕	1)输卵管炎 2)隐性子宫内膜炎 3)慢性子宫内膜炎	生殖器官、性机能正常,从子宫内排出混浊黏液	1%盐水洗子宫,后注青霉素、链霉素 1%苏打水洗子宫,后注抗生素

* 在采用本表中治疗方法时,应同时参考表 13-8,以便对症下药。

表13-8　奶牛常用生殖激素的种类、特性及作用

来源部位	激素名称	缩写符号	作　用	用量与用法
丘脑下部	1)促卵泡素释放激素	FSHRH	促使促卵泡素释放	400～600 μg，一次肌肉注射，可连续注射1～4次
	2)促黄体素释放激素	LHRH	促使促黄体素释放	
	3)促乳素释放激素	PRH	促使促乳素释放	
	4)促乳素抑制激素	PIH	抑制促乳素释放	
垂体前叶	1)促卵泡素	FSH	刺激卵泡生长、成熟，促进精子生成	100～200 IU，一次肌肉注射，隔日一次，可连用2～3次
	2)促黄体素	LH	促进卵泡成熟、排卵及分泌雌激素，促进黄体生成孕酮	100～200 IU，一次肌肉注射
	3)促乳素	LTH	刺激乳腺发育，维持对孕酮分泌	
卵泡、胎盘、黄体	1)雌激素		激起母牛发情，增强子宫收缩	20～25 mg，肌肉注射
	2)孕酮		促使母牛发情，维持胚胎发育，刺激乳腺发育	50～100 mg，隔日肌肉注射一次，总用量为400～500 mg
卵巢、睾丸、子宫内膜胎盘	前列腺素	1)PGEI	控制卵泡排卵	5～10 mg，肌肉注射
		2)$PGF_{3\alpha}$	促进排卵，使输精管松弛	
		3)$PGF_{2\alpha}$	对黄体有明显溶解作用，使输卵管收缩，有利于受精和着床	
		4)PGE	促使子宫收缩	
		5)PGF	使子宫松弛	
子宫内膜杯状组织	孕马血清促性腺激素	PMSG	类似促卵泡素，刺激发情，促进排卵和精子形成	第一次20～30 mL，第二次30～40 mL，肌肉注射
胎盘	人绒毛膜促性腺激素（绒膜激素）	HCG	促使卵泡成熟、排卵和黄体形成	5 000～10 000 IU，一次肌肉注射，静脉注射时减半

第14章 奶牛的外科病

❶ 蹄变形

蹄变形又称变形蹄,是指蹄的外观形状发生改变而不同于正常蹄形,为奶牛的一种常见病。其发生特点是,高产牛、年老牛发病多,后蹄多于前蹄。

● 病因

(1)日粮配合不平衡,钙、磷供应不足或比例不当。

(2)管理不当。厩舍阴暗、潮湿,运动场泥泞,粪、尿不及时清扫,牛蹄长期于粪、尿、泥水中浸渍,致使蹄角质变软。

(3)为了追求产奶量,饲料中过量增加精饲料喂量,粗饲料品质差,喂量少,精、粗比例不当,使牛长期处于酸中毒,引起牛蹄叶炎,导致蹄变形。

(4)不重视保护牛蹄,不定期修整牛蹄。

(5)与遗传有关。公牛蹄变形能影响后代,易引起后代蹄变形。

● 症状

蹄变形牛,全身变化不明显,精神、食欲正常,严重蹄变形常会引起肢势改变,两后肢呈"X"状,弓背,行走不便。变形蹄易引发蹄病,常见蹄糜烂,冠关节炎,球关节化脓等,奶牛食欲减退,产奶量下降,卧地不起。

蹄变形分类较多,从生产出发,将其分为长蹄、宽蹄和翻卷蹄。

1.长蹄 即延蹄。指蹄的两侧支超过了正常蹄支的长度,蹄角质过度延伸,外观呈长形。

2.宽蹄 蹄两侧支长度、宽度都超过了正常蹄支的范围,外观大而宽,俗称"大脚板"。蹄角质部较薄,蹄踵部较低,驻立和运步时,蹄负重不实,蹄前缘稍向上翻,返回不易。

3.翻卷蹄 蹄两侧支中之一,蹄底翻卷。从正面看,翻卷蹄支窄小,呈翻卷状,蹄尖部细长向上翻卷;从蹄底看,外侧缘过度磨灭,内侧缘角质增厚,蹄底面极度不平。

● 防治

加强饲养管理,饲料要品质好、搭配合理,充分重视钙、磷的供应;运动场应保持清洁干燥,及时清除粪便;严禁单纯为追求高产而片面加喂精饲料的现象。对已见有蹄变形的高产奶牛,日粮中可加钙粉 50 g,长期饲喂,同时肌肉注射维生素 D_3 10 000 IU,每天一次,连续注射 7 ~ 10 天;加强选育,对公牛后代蹄形要普查,凡蹄变形的公牛或后代蹄变形多的公牛,不用其精液;严格执行蹄卫生保健制度,坚持定期修蹄,防止蹄变形加重。

❷ 蹄糜烂

蹄糜烂是指蹄底和球负面角质的糜烂。常因深部组织继发感染,临床上出现跛行。

本病以乳牛多发,后蹄多于前蹄,阴雨潮湿的季节比干燥季节发病多,内侧指和外侧趾比外侧指和内侧趾多发,老龄牛比青年牛多发。经对奶牛发病统计,本病占蹄病总发生率的7%。

● 病因

以下原因均可导致或诱发本病:牛舍阴暗潮湿,运动场泥泞,粪便未及时清除,致使圈舍、运动场内污物堆积,牛蹄长期于污水、粪尿中浸渍,角质变软,细菌感染;蹄形不正,蹄底负重不均;指间皮炎、球部糜烂、牛患热性病;管理不当,未定期进行修蹄,无完善的护蹄措施。

● 症状

本病常呈慢性过程,患牛无异常表现。当深部组织感染化脓时,出现跛行。患牛频频倒步,球关节以下屈曲,站立时减负体重。有的患牛踢腹,患蹄打地。前蹄患病时,前肢向前伸出。检查蹄底或修蹄时,见蹄底磨灭不正,蹄底或球部出现黑色小洞,有时许多小洞可融合为一个大洞或沟,表面角质疏松、碎裂、糜烂、化脓,蹄底常形成潜道,潜道内充满污灰色、污黑色或黑色液体,具腐臭难闻气味。

炎症蔓延到蹄冠、球节时,关节肿胀,皮肤增厚,失去弹性,疼痛明显。化脓后,关节破溃,流出乳酪样脓汁。病牛全身症状严重,体温升高,食欲减退,产奶量下降,消瘦,运步呈"三脚跳",

喜卧不站或卧地不起。

● 防治

单纯性蹄糜烂，先将患蹄清理干净，修理平整，去除糜烂角质，直到将黑色腐臭脓汁放出。用10%硫酸铜溶液彻底洗净创口，创内涂10%碘酊，填塞松馏油棉球或放入硫酸铜粉、高锰酸钾粉，装蹄绷带。

深部组织感染化脓，并伴有体温升高、食欲废绝时，可用磺胺类药物和抗生素治疗。10%磺胺噻唑钠100~200 mL，一次静脉注射，每天一次，连续注射7天；磺胺二甲基嘧啶0.12 g/kg，一次静脉注射；金霉素或四环素0.01 g/kg，静脉注射；5%碳酸氢钠溶液500~1 000 mL、25%葡萄糖溶液500 mL、5%葡萄糖生理盐水1 000 mL，一次静脉注射。关节发炎者，可应用巴布剂、酒精鱼石脂绷带包扎。

本病预防的关键是加强管理，注意环境卫生。运动场内石块、异物及时清除，粪便及时处理，减少蹄部外伤和细菌感染；定期修蹄，保护蹄形，防止变形蹄发生；4%硫酸铜浴蹄，5~7天一次，长期坚持，以抑制蹄部化脓性微生物的繁殖、侵入，促进蹄角质硬度增加。已发病牛只，积极对症治疗，加强护理，促进尽早痊愈。

③ 腐蹄病

腐蹄病是指奶牛蹄真皮坏死、化脓的一种疾病。以后蹄多发，成年奶牛发病最多，雨季最为流行。

● 病因

本病病因有以下几个方面。

(1)饲养管理不当,如日粮中钙、磷缺乏或比例不当,运动场泥泞潮湿,蹄长期浸泡于污秽的泥坑、粪尿之中,石子、铁片、煤渣等异物引起蹄的外伤等,都可导致细菌感染。

(2)病原主要为坏死杆菌,除此以外,还有链球菌、化脓性棒状杆菌等。

● 症状

患牛频频提举病肢,患蹄打地、踢腹,跛行,喜卧。蹄部检查见趾间皮肤红、肿、敏感,系部直立或下沉,蹄冠呈红色、暗紫色,温热、肿胀和敏感。前蹄发病,患蹄向前伸出。病程长者,随着深部组织化脓,形成微黄、灰白色,周围有炎症的化脓区,与健康组织分界清楚。当炎症波及腱、趾间韧带、冠关节或蹄关节时,全身症状明显,体温升高,跛行严重,有恶臭脓性的分泌物。通常经过修蹄,找出病灶,扩创消毒,腐蹄病都能治愈,但如伴发关节的化脓,则治疗困难。

● 防治

1.治疗方法

(1)急性腐蹄病。应消除炎症,可用抗生素和磺胺类药物全身治疗。金霉素、四环素每千克体重用 0.01 g,或磺胺二甲基嘧啶每千克体重用 0.12 g,一次静脉注射,每天 1~2 次,连续 3~5 天。青霉素 250 万 IU,一次肌肉注射,每天 2 次,连用 3~5 天。整群发病时,应着眼于全群治疗。有人主张将四环素或金霉素,按每千克体重 2 mg 的剂量混入饲料中饲喂,连喂 1 周。

(2)慢性腐蹄病。应将病畜从畜群中挑出,单独隔离饲养,并进行蹄部处理。先将患蹄修理平整,找出腐败化脓灶,用小刀由腐烂的角质部向内深挖,直至黑色污秽腐臭脓汁流出,用

10%硫酸铜溶液,0.1%高锰酸钾溶液洗净患部,创内涂10%碘酊,最后填入松馏油或高锰酸钾粉、硫酸铜粉,装蹄绷带,隔2~3天换药一次。当炎症侵害到两个蹄趾、系关节时,可采用热敷、巴布剂等,以减轻感染。局部可用10%鱼石脂酒精绷带包扎,全身用青霉素200万~250万IU。一次肌肉注射,每天2次,也可用10%磺胺噻唑钠200 mL,一次静脉注射,每天一次,连续注射7天。食欲减退,体温升高者,可用葡萄糖、5%碳酸氢钠500 mL等,静脉注射。

2.预防措施 本病应加强预防:及时清扫牛棚和运动场,保持牛蹄清洁、干燥,防止外伤发生;加强饲养,日粮要平衡,充分重视钙、磷的供应和比例,防止骨质疏松症的发生;定期用4%硫酸铜溶液喷洒牛蹄,及时修蹄,保证蹄部健康。

4 指(趾)间赘生

指(趾)间赘生又称指(趾)间增生、指(趾)间皮肤增殖,为指(趾)间皮肤组织的慢性增殖性疾病。

本病多发生于2~4胎的奶牛,7胎后发病较少,后蹄比前蹄多发。

● 病因

根据对增生物的组织学观察,没有显示皮肤慢性炎症的变化,皮肤脂肪和结缔组织正常,组织进行性变化到一定程度就停止,故认为组织的过度增生与遗传有关。蹄指(趾)向外过度开张,引起指(趾)间皮肤过度伸展与紧张,圈舍阴暗潮湿,运动场污秽、泥泞,粪便不及时清除,微量元素锌、镁、钼的缺乏或比例失调等,都为指(趾)间增生发生的重要条件。

● 症状

初期，指(趾)间隙背侧穹隆部皮肤发红、肿胀，有一小的舌状突出，此时无跛行出现。随病程发展，增生物不断增大，有些病例增生组织完全填满指(趾)间隙，甚至达到地面，压迫蹄部而使两指(趾)分开，外观呈持久性跛行。

增生物由于受压迫坏死，或受外力损伤，表面破溃，被坏死杆菌、霉菌等感染，有恶臭渗出物从破溃面流出，或有干痂覆盖于破溃面，有的形成疣样乳头状增生。由于真皮暴露，当受到挤压及外力作用，疼痛异常时，跛行更加严重。

● 防治

1.治疗方法 治疗方法有药物治疗和手术切除法 2 种。

(1)药物治疗。用 0.1%高锰酸钾溶液或 2%来苏儿彻底清洗患蹄，增生部可撒布硫酸铜粉、高锰酸钾粉等，装蹄绷带，48～72 h 后换药一次，直到增生物消除。

(2)手术切除法。将牛横卧或柱栏内保定，局部(掌、跖部)用 2%～3%奴夫卡因麻醉，用绳套或徒手将两指(趾)分开，充分暴露增生物，用钳夹住增生物，沿其基部做梭形切口，切开皮肤及结缔组织直到脂肪显露为止，创内撒布抗生素，创缘用丝线做 2～3 针结节缝合，外涂以松馏油，用绷带包扎，隔 3～4 天更换绷带一次，2 周后拆除绷带。

2.预防措施 加强管理，保持局部干燥，牛床、运动场应及时清扫，保持卫生，减少牛蹄部感染机会。坚持用硫酸铜溶液浴蹄，定期修蹄，防止蹄变形发生。

❺ 蹄叶炎

蹄叶炎为蹄真皮与角小叶的弥漫性、非化脓性的渗出性炎症。其临床特征是,蹄角质软弱、疼痛和不同程度的跛行。

本病多发生于青年牛及胎次较低牛,散发,也有群发现象,肉牛、奶牛都有发病。

●病因

饲料中精饲料过多,粗饲料不足或缺乏,奶牛分娩时后肢的水肿使蹄真皮的抵抗力降低,持续而不合理的过度负重,甲状腺机能减退,对某些药物如抗蠕虫剂、雌激素及含雌激素高的牧草的变态反应,胎衣不下、乳房炎、子宫炎、酮病、妊娠毒血症等,都可能是使本病发生的因素。

●症状

(1)急性病例。体温升高达40～41℃,心动亢进,脉搏在100次/min以上。食欲减退,出汗,肌肉震颤,蹄冠部肿胀,蹄壁叩诊有疼痛。两前肢发病时,见两前肢交替负重;两后蹄发病时,头低下,两前肢后踏,两后肢稍向前伸,不愿走动;行走时步态强拘,腹壁紧缩;四蹄发病时,四肢频频交替负重,为避免疼痛,肢势改变,弓背站立。喜在软地上行走,对硬地躲避,喜卧,卧地后,四肢伸直呈侧卧姿势。

(2)慢性病例。全身症状轻微,患蹄变形,见患指(趾)前缘弯曲,趾尖翘起,蹄轮向后下方延伸且彼此分离,蹄踵高而蹄冠部倾斜度变小,蹄壁伸长,系部和球节下沉,弓背,全身僵直,步态强拘,消瘦。

●防治

1.治疗方法 应加强护理病畜,将其置于清洁、干燥的软地上饲喂,充分休息,促使蹄内血液循环恢复。

为使扩张的血管收缩,减少渗出,可进行蹄部冷浴,0.25%

普鲁卡因 1 000 mL 静脉注射封闭。

为缓解疼痛，可用1%普鲁卡因 20～30 mL 行指（趾）神经封闭，也可用乙酰普鲁吗嗪。

放血疗法：成年牛放血 1 000～2 000 mL。放血后可静脉注射 5%～7%碳酸氢钠溶液 500～1 000 mL，5%～10%葡萄糖溶液 500～1 000 mL。也可用 10%水杨酸钠溶液 100 mL，20%葡萄糖酸钙溶液500 mL，分别静脉注射。

对慢性病例，加强饲养，供给易消化饲料，并辅以对症治疗，以促机体营养和体质恢复。保护蹄角质，合理修蹄，促进蹄形和蹄机能的恢复。

2.预防措施 加强饲养管理，严格控制精料喂量，保证粗纤维供给量。为防止瘤胃酸度增高，可投服碳酸氢钠（以精料的1%为宜）、0.8%氧化镁（按干物质计）等缓冲物质。

建立健全蹄卫生保健制度。定期修蹄，避免蹄壁受压，保持或维护蹄正常机能。保持运动场干燥与平整，防止或减少蹄受到机械性刺激而发生外伤。

及时治疗子宫炎、乳房炎和胎衣停滞等原发疾病，防止继发性蹄叶炎的发生。

6 脓肿

脓肿是指组织或器官由于化脓性感染，组织细胞死亡、溶解并形成有脓膜包围的内有脓汁潴留的局限性肿胀。为奶牛常发病。

● 病因

本病病因有以下几个方面。

（1）各种组织遭受钝性外力如打击、角抵、挤压等而发生挫伤和血肿，经细菌感染而化脓。常见的细菌有葡萄球菌、链球菌、绿脓杆菌、大肠杆菌和腐败菌。

(2)不严格执行兽医卫生操作规程,注射消毒不严密而将病原菌带入。

(3)注射各种化学刺激性药物,如水合氯醛、松节油、氯化钙等。

(4)病原微生物经血液或淋巴由原发病灶转移到组织或器官内而形成脓肿。

●症状

深在性的脓肿因无外观无法见到,故常被忽视。如牛创伤性网胃-横膈膜炎所致的胸壁、肺、肝、脾的脓肿,仅见患畜体温升高,食欲和精神不振,消瘦,产奶量下降等症状。

浅在性的脓肿常见于皮下和肌间。初期局部增温,疼痛,肿胀,浅色皮肤潮红,脓肿周围水肿,后期肿胀局限,界线清楚。成熟脓肿中央出现波动感,皮肤变薄,被毛脱落,自溃后向外流出脓汁。因为血肿、脓肿和淋巴外渗的外部症状相似,故应注意鉴别(表14-1)。

表14-1 脓肿、血肿和淋巴外渗的临床鉴别

项目	脓肿	血肿	淋巴外渗
病因	1)组织损伤后细菌感染 2)血液、淋巴转移	挫伤而引起血管断裂	钝性外力引起淋巴管断裂
发生部位	外部:头、颈、胸、腹部及乳房 内部:心、肝、脾、肺	胸、腹部	
肿胀速度	逐渐	迅速	逐渐
疼痛反应	明显	初期有	无
穿刺物	脓汁	血液	橙黄色透明液体
肿胀特性	初弥漫,后局限,有波动	初局限,有波动,后有捻发音	界线明显,有波动,压触有拍水音
自溃性	有	无	无
全身反应	深在性的有体温升高,食欲废绝	不明显	不明显

● 防治

预防措施是,加强管理,防止外力对牛的损伤。不轰赶、不打牛,精料不应磨得过细,喂量要合理,及时清除饲料中各种尖锐异物,防止创伤性网胃炎所带来的继发症状。加强兽医消毒卫生制度,提高兽医操作技术水平,注射器要严格消毒,静脉注射要确切,不把刺激性药物漏于皮下。

已发脓肿时,病初用1%奴夫卡因青霉素溶液分点注射于脓肿周围,后用10%~30%鱼石脂患部涂布,促使脓肿成熟。当脓肿成熟后,切开脓肿将脓汁排出。切开部位在脓肿腔的下方,局部剪毛,10%碘酊消毒,切开皮肤和脓膜,排出脓汁,用0.1%高锰酸钾溶液或过氧化氢溶液充分冲洗脓腔,最后向腔内撒布磺胺粉或青霉素粉,隔2~3天处理一次。

7 血肿

血肿是一种特殊性溢血。当机体受到挫伤时,从血管内流出的血液将周围组织分开,形成充满血液的肿胀,即为血肿。牛的血肿常发生于胸部、腹部和乳房前的皮下或筋膜下。

● 症状

肿胀于外伤后立即出现,迅速增大,界线不清,局部不增温,无明显疼痛,但肿胀有明显的波动和弹性,故肿胀部皮肤较为紧张。经3~5天后,肿胀处变硬,沿肿胀周围形成坚实的分界线,触诊出现捻发音,局部温度增高,所属淋巴结肿大。通常在发病1周内,肿胀中央可有明显波动,穿刺可抽出血液。筋膜下血肿多由于血液沿筋膜或向肌间浸润,肿胀发展不快也不明显,只形成界线不清的弥漫性肿胀。大动脉受伤时可形成搏动性血肿,在表面可感到搏动，局部无炎性现象，听诊时可听到特殊的流水音。

血肿发生后，由于血肿内压力升高，血液向血肿腔内流灌停止，血肿腔内血液逐渐凝固，后期可被厚的结缔组织包围，血液分解成褐色液体，液体内的色素被吸收，最后变为透明，包囊内钙盐沉着，故变得厚而硬。

小的血肿内的血块很快析出血清，经淋巴管吸收，血凝块在蛋白分解酶的作用下溶解、吸收而肿胀消失，血肿腔被结缔组织填充而痊愈。

血肿被感染后，内部分解液化可形成脓肿。由于挫伤组织的分解产物和血肿内血液成分的分解产物吸收，可出现全身症状，如体温升高，食欲减退等。

●防治

治疗原则是制止溢血，排除积血，防止继发感染。病初，患部剪毛，涂布5%碘酊，防止感染，装压迫绷带以防止血肿发展。小的血肿经一定时间可自行止血，大的血肿，特别是动脉性血肿，如不能自然止血，且有危及生命时，应及时切开血肿，手术结扎出血的血管。大血肿可在发病后4~5天，在严格无菌的条件下，进行手术切开，取出血凝块。对已感染的血肿，应迅速手术切开，进行开放疗法。

药物治疗可用：10%氯化钙150~200 mL，一次静脉注射；1%仙鹤草素注射液20~50 mL，肌肉注射；止血敏注射液20 mL或维生素K_3注射液20~30 mL，肌肉注射。

第15章 奶牛的寄生虫病

1 焦虫病

焦虫病是由焦虫(巴贝斯科、泰勒科)寄生于红细胞和网状内皮细胞内所引起的急性、热性寄生虫病。其临床特征是,高烧、贫血、消瘦和出血性胃肠炎。

● 病原

病原体(焦虫)通过璃眼蜱传播。当带有病原体子孢子的璃眼蜱吸叮牛血时,即引起牛发病,并很快传播,因此流行很广。病牛出现迅速消瘦、产奶量显著降低和死亡,对生产影响严重。以1～2岁牛只发病最多,6～9月份易发病,呈明显的季节性。

● 症状

本病呈急性经过,初期,体温升高达40～42℃,持续多日,呈稽留热型。患畜精神沉郁，呆立、伏卧，食欲下降，反刍停止；可视黏膜潮红，变成贫血、黄疸；流泪，角膜呈灰色；心跳加快，80～120次/min；呼吸增数，80～110次/min；肌肉震颤，步态不稳；粪中带血，便秘与腹泻交替；尿呈淡黄色至深黄色；血液稀薄。随病程延长，体质极度衰弱，眼睑、尾根部皮肤出现粟粒至扁豆大、深红色结节，突出于皮肤，患畜贫血，消瘦，死亡。

● 防治

1.治疗方法

(1)贝尼尔。每千克体重3.5～7 mg，配成7%溶液，肌肉注射，每天一次，连续注射3天。

(2)黄色素。每千克体重3～4 mg，配成0.5%～1%溶液，静脉注射。

(3)阿卡普林。每千克体重1 mg，用生理盐水配成1%～2%溶液，皮下注射。

(4)台盼蓝。每千克体重5.0 mg，用生理盐水配成1%溶液，静脉注射。

(5)输血。选用与其有亲缘关系的健康牛血，犊牛用300～500 mL，成年牛用1 500～2 000 mL，一次静脉注射。

(6)输液。可选用5%葡萄糖生理盐水1 500～2 000 mL，25%葡萄糖溶液500 mL，5%维生素C 40～60 mL，一次静脉注射。

2.预防措施

(1)阻断传播媒介，消灭蜱。

消灭圈舍内的幼蜱：在10～11月份，用0.33%敌敌畏或0.2%～0.5%敌百虫水溶液，喷洒圈舍的墙壁、牛栏和砖缝。

消灭牛体上的幼蜱：在2～3月份，用0.05%蝇毒磷或0.5%敌百虫溶液喷洒牛体，隔7～15天再进行一次。

(2)病牛和带虫牛集中饲养,彻底治疗。

(3)控制病牛、带虫牛,不能随意引入或调出。要引牛时,必须隔离检查,确定无病并给以杀蜱处理后,才能进场。

2 肝片吸虫病

肝片吸虫病是由寄生于牛肝脏、胆管内的片形属吸虫引起的,急性、慢性肝炎和胆管炎,并伴发全身性中毒现象和营养障碍,呈地方性流行的寄生虫病。

● 病原

在我国发现的片形属吸虫有两个种:即肝片吸虫和大片吸虫。肝片吸虫外观呈叶状,新鲜虫体呈棕红色,长 20 ~ 40 mm,宽10 ~ 13 mm,前部突出呈锥形,口吸盘位于锥形前端。大片吸虫比肝片吸虫大,长 30 ~ 75 mm,宽 5 ~ 12 mm,虫体两侧缘较平行,肩不明显,后端钝圆。

虫卵为卵圆形,黄色或黄褐色,窄端有不明显的卵盖,卵内充满卵黄细胞,并有一个胚细胞。肝片吸虫卵大小为(107 ~ 158)μm × (70 ~ 100)μm,大片吸虫卵大小为(144 ~ 208)μm × (75 ~ 90) μm。

● 发育史

肝片吸虫的发育史见图 15-1。

● 流行

本病在多雨年份,特别是在久旱逢雨的温暖季节常呈暴发流行。我国的北方地区,动物常在夏季感染,而在气候温和的南方,全年都可受感染,但以夏、秋季较多。

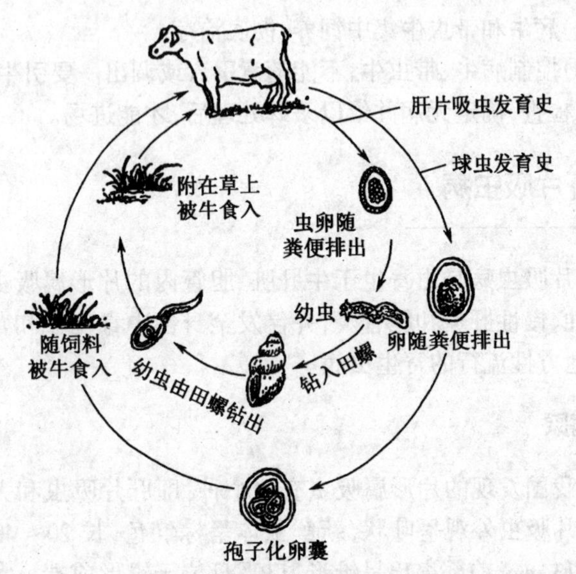

图 15-1 肝片吸虫及球虫的发育史

● 症状

轻微感染时一般无临床症状，严重感染时可引起发病，犊牛症状比成年牛明显。病牛逐渐消瘦，食欲减退，反刍异常，出现周期性瘤胃臌胀或前胃弛缓，下痢，贫血，水肿，产奶量下降，流产，极度消瘦而死亡。间质性肝炎和胆囊炎，肝脏质度变硬，肝小叶萎缩，胆管扩张，管壁增厚，常出现钙化变硬，胆管呈绳索状突出于肝脏表面。胆管内壁粗糙，内含大量血性黏液、虫体以及黑褐色或黄褐色呈粒状或块状的磷酸盐结石，胆囊肿大。在肺组织中有时可找到虫体引起的结节，内含 1～2 条虫体。

● 防治

1. 治疗方法

(1)硝氯酚(拜耳 9015)。粉剂，3～4 mg/kg，一次口服。针剂,0.5～1.0 mg/kg,深部肌肉注射。

(2)丙硫苯咪唑(抗蠕敏)。20～30 mg/kg,一次口服,或10 mg/kg,经瓣胃投予。

(3)硫双二氯酚。40～50 mg/kg,一次口服。

(4)硫溴酚(抗虫-349)。30～50 mg/kg,一次口服。

2.预防措施

(1)定期驱虫。驱虫的时间和次数应根据流行地区的具体情况而定。在我国北方地区,每年应进行2次驱虫:一次在秋末冬初,主要是防止牛冬季发病;另一次在冬末春初,目的是减少牛在放牧时散播病原。南方地区每年应进行3次驱虫。

(2)粪便无害化处理。牛的粪便应堆积起来,进行发酵处理,以杀死虫卵。驱虫后1～2天排出的粪便尤其应作发酵处理。

(3)放牧地的选择。选择地势高而干燥的地方做放牧地或建牧场,有条件的地方可考虑有计划地分段使用牧地。一般来说,夏季在某一地段的放牧1.5～2个月后,就应移到另一地段放牧。

(4)消灭中间宿主。灭螺是预防本病的重要措施,灭螺同时可进行农田水利建设、草场改良,以改变螺的滋生条件,如牧地面积不大,亦可饲养家鸭,消灭螺蛳。

3 球虫病

牛球虫病是由艾美耳科艾美耳属的球虫寄生于牛肠道黏膜上皮细胞内引起的原虫病,多发生于犊牛。常以季节性地方散发或流行的形式发生,死亡率为20%～40%。

● 病原

邱氏艾美耳球虫主要寄生于直肠,有时在盲肠和结肠下段也能发现。卵囊为圆形或椭圆形,在低倍显微镜下观察无色,在高倍显微镜下呈淡玫瑰色。卵囊的大小为(17～20)μm×(14～17)μm,孢子形成需2～3天。

牛艾美耳球虫寄生于小肠、盲肠和结肠。卵囊呈椭圆形,在低倍显微镜下呈淡黄色至玫瑰色。卵囊壁两层,光滑,内壁为淡褐色。卵囊的大小为(27～29) μm×(20～21) μm,孢子形成需2～3天。

球虫发育史见图7-2。

●流行

各种品种的牛对本病均有感染性,但以2岁以内的犊牛患病严重,死亡率也高,成年牛多半是带虫者。本病一般多发生在4～9月份。在潮湿、多沼泽的草场放牧的牛群,很容易发生感染。冬季舍饲期间亦可能发病,主要是因为饲料、垫草、母牛的乳房被粪污染,使犊牛易受感染。

●症状

急性的病程通常为10～15天,也有的犊牛在发病后1～2天即发生死亡。病初期,病牛表现为精神沉郁,被毛松乱,体温略升高或正常,粪便稀薄稍带血液。约1周后,症状加剧。病牛食欲废绝,消瘦,精神委靡,喜躺卧。体温上升到40～41℃,瘤胃蠕动和反刍停止,肠蠕动增强。排出带血的稀粪,其中混有纤维素性假膜,恶臭。病末期粪便呈黑色,几乎全是血液,体温下降,在恶病质状态下死亡。慢性者可能长期下痢,消瘦,贫血,最后死亡。

尸体消瘦,可视黏膜苍白,后肢和肛门周围污秽。直肠黏膜肥厚,有出血性炎症变化,淋巴滤泡肿大,有白色或灰色小溃疡,其表面覆有凝乳样薄膜。直肠内容物呈褐色,恶臭,含有纤维素性假膜和黏膜碎片。

● 防治

1.治疗方法

(1)呋喃西林。7~10 mg/kg,连用7天。

(2)鱼石脂银。500 mL水中加入0.2~1 g,口服,每天2次。另可用1:500倍鱼石脂银热溶液灌服,每天2~3次,直到症状减退为止。

(3)氨丙啉。犊牛20~25 mg/kg,口服,连用4~5天。

(4)莫能菌素。每吨饲料20~30 g,连喂7~10天。

(5)磺胺二甲基嘧啶。犊牛每天口服磺胺二甲基嘧啶(100 mg/kg),连用2天,亦可配合使用酞磺胺噻唑,前者可抑制球虫的无性繁殖,后者可预防肠内继发细菌感染。

2.预防措施 在流行地区,应当采取隔离、治疗、消毒等综合性措施。成年牛多半是带虫者,应当把成年牛与犊牛分开饲养,发现病牛后应立即隔离治疗。牛圈要保持干燥,粪便要勤清除,粪便和垫草等污秽物应集中进行生物热发酵处理,饲料和饮水要保持清洁卫生。

4 牛皮蝇蛆病

牛皮蝇蛆病是由皮蝇(牛皮蝇和蚊皮蝇)的幼虫寄生于牛背部皮下所引起的寄生虫病。其临床特征是,寄生部位形成瘤肿、凸起。

● 病原

皮蝇成虫外形似蜜蜂,棕褐色。夏季皮蝇在牛毛上产卵,经4~7天,卵孵化出幼虫,幼虫沿毛孔钻入皮肤。进入体内的幼虫移行到食道壁并寄生约6个月,再从食道壁移行到牛背部皮下，寄生2个月。翌年春季，成熟的幼虫由皮下钻出，落地入土变成蛹，经1~2个月，蛹羽化为成虫。成虫再在牛毛上产卵，卵继续孵化发育。

●症状

成虫产卵时，常常引起奶牛不安，影响休息和采食。幼虫移行至皮下，使牛疼痛、发痒；幼虫寄生在牛背部形成结节，局部增大成小的瘤肿，凸起于皮肤表面，从中可挤出幼虫；幼虫从皮下钻出后留下一小的空洞，当继发细菌感染时，可形成小的脓肿，牛皮质量因此而大受影响。大量皮蝇蛆寄生时，牛背部出现无数的凸起，严重者，引起奶牛贫血、消瘦、产奶量下降。

●防治

预防的关键是消灭成虫，防止其在牛体上产卵，消灭寄生于牛体内的幼虫，切断其变为成虫而继续传播疾病的途径。

1.加强灭蝇工作 夏季对牛舍、运动场定期用除虫菊酯等灭蝇剂喷雾。

2.保持牛体卫生 经常刷拭牛体，保持牛体卫生。当发现背部有瘤肿时，可用2%敌百虫溶液擦洗患部，隔10~20天擦洗一次。如瘤肿较软，可用手指从结节内挤出幼虫。亚胺硫磷乳油，每千克体重30 mL，擦洗牛背。

3.消灭进入体内的幼虫 当怀疑有本病时，为预防幼虫在体内寄生，可用：倍硫磷4~10 mg/kg，肌肉注射；10%~15%敌百虫溶液0.1~0.2 mL/kg，肌肉注射。蝇毒磷按4 mg/kg的剂量，配成15%丙酮溶液，臀部肌肉注射。

第16章　犊牛疾病

❶ 脐带炎

脐带炎是指犊牛出生后，脐带断端感染细菌而发生的化脓性、坏疽性炎症。

● 病因

接产时，脐带断端消毒不严或不消毒，产房或犊牛舍卫生不良，运动场泥泞潮湿，褥草不及时更换，粪便不及时清除，致使犊牛卧地后脐带受到感染，犊牛相互吸吮脐带。

●症状

新生犊牛急性脐带感染，初期常不被注意，仅见消化不良、下痢。由于脐部化脓、坏死，患犊脐带局部增温，体温升高，呼吸、脉搏加快，精神沉郁，弓腰，臌胀，消化不良，瘦弱。检查脐部有蜂窝织炎，脐带断端与其周围组织肿胀，触诊局部疼痛。脐管增大，铅笔粗至手指粗，质地坚硬，似一索状物。断端由脓性物附着而结痂，除去痂皮，手压可从脐管或脐尿管中挤出污秽浓稠脓汁，具恶臭。肿胀波及周围腹部，脐孔周围形成脓肿。严重者可继发关节炎、肝脓肿等。

犊牛脐疝时，脐部也增大，故应予以鉴别。脐疝质地柔软，触摸无痛感，将内容物慢慢送回腹腔内，肿胀消退后，可摸到疝孔。这都是脐带炎所不具有的。

●防治

1.治疗方法　对已发生脐带炎的病犊应及时治疗，其方法如下：

(1)局部处理。脐部剪毛，可用10%碘酊、硫酸铜粉或高锰酸钾粉涂布。青霉素80万~160万IU，用注射用水20~30 mL溶解后，于肿胀部皮下分点注射。

(2)已形成脓肿时，应切开排脓，用0.1%高锰酸钾溶液冲洗，撒布碘仿磺胺粉或其他抗生素。

(3)对症治疗。对体温升高者可用抗生素治疗，以防止败血症发生。

(4)青霉素100万~120万IU，一次肌肉注射，每天2次；磺胺甲氧苄胺嘧啶22 mg/kg，每天2次；头孢噻呋2.2 mg/kg，每天2次。

2.预防措施

(1)加强产房消毒卫生工作。临产母牛应单独置于清洁、干净的产圈内。胎儿产出后,在距腹壁 5 cm 处,用剪刀将脐带剪断,随即将断端浸泡于 10%碘酊内 1 min。

(2)经常保持犊牛牛床、圈舍清洁,褥草要勤换,粪便及时清扫,运动场要干燥。定期用 1%~2%火碱消毒。

(3)新生犊牛应采用单圈饲养,即一头犊牛一个圈舍,这可杜绝相互吸吮脐带的机会,防止脐带炎和其他疾病的发生。

❷脐疝

脐疝主要发生于犊牛。有的在出生时就出现(先天性脐疝),有的在出生后数天或数周发生。犊牛先天性脐疝常在出生后数月消失,也有逐渐增大或发生嵌顿的。脐疝内容物是肠袢或网膜,主要病因是脐孔没有闭锁或腹壁发生缺陷。

●症状

脐部有明显的局限性肿胀,柔软,无疼痛,易整复。疝肿可有拳大至小儿头大,内容物整复后可触到疝轮,听诊可听到肠蠕动音。随着结缔组织增生,疝轮增厚,确定肿胀内容物性质困难。诊断时应与脐部脓肿、脐带炎相区别,必要时,可进行穿刺检查。

●防治

治疗可采取局部治疗和手术疗法。

(1)局部治疗。用 95%酒精 15~20 mL 分 4 点注入疝轮周围的肌肉。

(2)手术疗法。术前应停食,以降低腹压。病牛仰卧或横卧保定,术部剪毛,局部浸润麻醉。做纺锤形切口后,向四周分离皮肤与疝囊,将疝囊充分暴露,如疝囊与疝内容物没有粘连,将疝内容物还纳至腹腔后,疝轮作褥状缝合,皮肤作结节缝合。手术能否成功,关键在于增生的疝轮能否愈合。因此,对病程较长,疝轮增厚、光滑的病例,切开皮肤后要将增生的疝轮用外科手术刀削薄,以使之成新鲜创面,行纽扣状外翻缝合或纽扣状衣襟缝合。

术后应精心护理,脐部可用宽绷带包扎,保持 7 ~ 10 天;限制进食,防止过饱,更要限制活动,防止腹压增高。

③ 犊牛下痢

犊牛下痢是由于吃奶过多或吃进酸败、变质牛乳,临床呈现消化不良或拉稀的一种犊牛常见病,也称为犊牛饮食性腹泻。由于下痢,致使犊牛营养不良,生长发育受阻,以 1 月龄内犊牛多见。

● 病因

1. 饲养不当 喂乳量过多或喂了变质、酸败乳,致使犊牛大批发病;也常见于犊牛食入过多精料后发病;突然变更饲养员,喂乳温度或数量不定致使犊牛发病。

2. 卫生条件不良 运动场泥泞,犊牛舍潮湿,喂奶用具(奶罐、奶桶)不清洗,犊牛喝进污水等。

3. 气候 气候骤变,寒冷,阴雨潮湿等。

4. 缺硒 可引起犊牛缺硒性腹泻。

● 症状

发病犊牛以排出灰白色、水样、腥臭粪便为特征,有的粪内带有黏液或呈血汤样，肛门周围、尾根常被粪便污染。食欲减退或废绝，低头，腹部紧缩，伴体温升高者，浑身发抖，腹泻时发时停。病程长者，肷部凹陷，肋骨外露，消瘦明显。步态蹒跚，喜卧而不愿行走。由于稀粪长期浸渍，见肛门附近及坐骨结节处被毛脱落。如伴有沙门氏菌、大肠杆菌感染，腹泻更为严重，出现脱水、酸中毒和肺炎症状。缺硒的犊牛除腹泻外，还表现出白肌病，四肢僵硬、震颤、无力。

● 防治

治疗应根据全身状况，如有无体温升高、脱水、酸中毒以及食欲等，分别采取不同的方法。一般性下痢可停止喂奶1天，用口服营养补液盐（葡萄糖56.7%，蛋白质19.9%，碳酸氢钠12.68%，氯化钾3.6%，甘氨酸3.12%，氯化钠2.84%，磷酸钙1.33%，硫酸镁0.76%）每袋200 g，加水4 000 mL，犊牛每次灌服1 000～2 000 mL，每天灌2～3次。腹泻有食欲者，可用磺胺脒、苏打粉各4 g，乳酶生1 g，一次内服，每天2～3次。拉稀伴臌胀者，可用氧化镁2 g，一次内服，每天2次。粪中带血者，可先灌服液体石蜡100～150 mL，清理其肠道后，再灌服磺胺脒、苏打粉各4 g。当伴有体温升高，脱水明显时，应及时补充电解质、补碱、补糖和应用抗生素。处方：葡萄糖生理盐水1 000～2 000 mL，5%碳酸氢钠溶液50～100 mL，20%葡萄糖溶液250 mL，四环素100万IU，一次静脉注射，每天2～3次。缺硒犊牛可用0.1%亚硒酸钠溶液5～10 mL，一次肌肉注射，隔10～20天重复注射一次，共注射2～3次。

预防的方法是加强饲养管理，坚持犊牛饲喂操作规程，喂乳要定温、定时、定量，不喂变质、酸败牛乳。

❹ 犊牛大肠杆菌病

犊牛大肠杆菌病又叫犊牛白痢,是由大肠杆菌引起的一种急性败血性传染病。其临床特征是,急性腹泻、脱水和酸中毒。

● 病原

病原性大肠杆菌为短小杆菌,不产生芽孢,有鞭毛,能运动,革兰氏染色阴性。通常引起犊牛发病的血清型有 O_{20},O_{35},O_{75},O_{101}等,其中以 O_{75}致病性最强。

● 流行

该病主要发生于生后 1~3 日龄的犊牛,散发或地方性流行,全年均可发生。自然感染由病菌污染饲料、褥草、喂乳用具经消化道感染,子宫内感染和脐带感染也有可能。

大肠杆菌为条件性致病菌,各种不良因素,如母牛的营养不良,不喂或不及时饲喂初乳,厩舍阴暗潮湿,饲养密度过大,喂乳用具不洗刷,褥草不勤垫,寒冷等,都将使机体抵抗力降低而诱发本病。

● 症状

1.肠毒血症型 病犊不见症状而突然死亡,病程稍长者呈中毒性神经症状,先兴奋后沉郁,体温稍高、正常或降低,脉搏和呼吸增数,不见腹泻,昏迷死亡。

2.败血型 出生后 3 天内发病,精神沉郁,体温升高至 41℃以上。腹泻者,粪呈淡黄色似打碎鸡蛋汤,腥臭;不腹泻者,粪呈柠檬色,稍干,外覆血液。多数于病后 1~2 天死亡,死亡率 80%以上。

3.肠型　以腹泻为特征。粪呈粥样或水样，黄色、灰白色，内含凝乳块、血丝、血块和气泡，腥臭。肛门失禁，粪便污染后躯，腹痛，多喜卧而不愿站立，脱水，虚脱，1～3天死亡。后期多伴有肺炎。痊愈者，发育缓慢。

无典型病理特征，仅见肠胃黏膜卡他性、出血性炎症，肠系膜淋巴结肿大，心内外膜出血，肝、肾肿大、变性，有小坏死灶。病程长的病例有关节炎和肺炎病变。

● 诊断

根据流行病学、症状可初步诊断。确诊应取未治疗过的犊牛粪便、血液、肝、脾、心肌等组织进行分离检验。

● 防治

及时补充水和电解质，常用的有等渗葡萄糖氯化钠溶液、0.9%氯化钠溶液和林格氏液等，补液量要足。也可应用口服补液盐，其配方是：氯化钠3.5 g，氯化钾1.5 g，碳酸氢钠2.5 g，葡萄糖20 g，水1 000 mL。轻度脱水50～80 mL/kg，中度脱水80～100 mL/kg，重度脱水100～120 mL/kg，饮用或灌服。为防止酸中毒可静脉注射5%碳酸氢钠溶液100～150 mL。用抗生素治疗时应选用高敏性药物：庆大霉素1 000～1 500 IU/kg，每天3次，肌肉注射；硫酸新霉素20～30 mg/kg，分2～3次内服；强力霉素1～3 mg/kg，内服；金霉素10～30 mg/kg，分2～3次内服。

预防的有效措施是加强饲养管理。妊娠后期母牛要供应充足的蛋白质和维生素饲料，新生犊牛应及时饲喂初乳。生后1～1.5 h喂初乳，每次喂2 kg，以使其尽早获得母源抗体。助产时应加强消毒卫生，脐带用5%～10%碘酊浸泡，要注意犊牛床消毒，病犊牛应及时隔离饲喂。

5 犊牛血尿

血尿即血红蛋白尿，是由于大量饮水，致使红细胞溶解而从尿中排出而引起，其临床特征是尿液呈红色，多见于3~5月龄的犊牛。

● 病因

主要原因是一次性暴饮。冬季寒冷，常因饮水冻结而使饮水量受到限制，当遇到温水时，即会造成一次性饮水过量。3~6月龄犊牛，对精料、干草采食量增加，当饮水不足、口渴而遇到水时，也易发生暴饮。

● 症状

突然发病，常于暴饮后不久即出现症状。患犊精神不安，伸腰踢腹，呼吸急促，从口内流出白色泡沫状唾液，或从鼻孔内流出红色液体，排尿次数增加，尿液淡红色或暗红色，透明，无沉淀。瘤胃臌胀，叩诊具鼓音，咳嗽，肺叩诊有啰音，体温正常，一般病犊多经5~6 h后症状消除。严重者，起卧不安，全身出汗，步态不稳，共济失调，痉挛，昏迷。

● 防治

1.治疗方法 通常情况下，多数病犊经1~2天症状自行消除，不治而愈。为了促进病愈过程，可采用：

(1)维生素K_3 5 mL，一次肌肉注射，每天2次；仙鹤草素10~20 mL或安络血10~20 mL，一次肌肉注射，每天1~2次。

(2)青霉素80万IU，链霉素100万IU，一次肌肉注射，每天2次。

(3) 20%葡萄糖溶液200～300 mL，40%乌洛托品20～30 mL，一次静脉注射。

2. 预防措施 加强饲养管理，犊牛血尿是能预防的。为此，应充分做好供水工作。夏季饮水槽内准备好清洁水，供量要足；冬季供应温水，供水次数要多，每次给水量要合适，防止暴饮。

6 犊牛传染性鼻气管炎

牛传染性鼻气管炎是由牛甲型疱疹病毒——牛传染性鼻气管炎病毒引起的一种热性、接触性传染病，又叫坏死性鼻炎，"红鼻子"病。

近年来，我国奶牛场出现了新生犊牛传染性鼻气管炎，临床特征是出现神经症状。

● 病原

牛传染性鼻气管炎病毒属疱疹病毒。4℃下保存30天，-70℃保存，病毒可存活多年，pH值5以下病毒抵抗力降低，乙醇、氯仿和丙酮可使病毒灭活。

● 流行

1. 发病时间 发病多在2～5月份和10～12月份。即从秋末开始至冬春，呈明显的季节性。此时，温差变化较大，天气寒冷，故促进了本病的发生。

2. 发病日龄 生后1天就有发病的。最晚的出现于生后25天以上。

3. 发病率与死亡率 发病率73.3%～100%，死亡率86%～100%。

症状

1.一般症状 病牛食欲废绝,精神沉郁,喜卧而不愿走动,站立时,头、颈伸直,弓背,流泪,鼻腔内流出黏性、脓性分泌物,流涎,口内流出泡沫状唾液。

鼻黏膜潮红、肿胀,鼻腔内和鼻镜上有溃疡;口腔黏膜、齿龈红肿,有溃疡。体温39.2~40.2℃,初期心跳、呼吸正常,后期呼吸增数,心跳加快。

2.典型表现是神经症状 患犊共济失调,无目的转圈运动,对外反应敏感,阵发性痉挛,兴奋后转为沉郁。

3.肠炎症状 主要表现是腹泻,患牛排出黄绿色稀粥样、水样粪便,眼窝凹陷,目光无神,脱水,消瘦。

4.血液检查 病犊红细胞、白细胞、血色素、嗜中性白细胞下降,血细胞压积、淋巴细胞升高。

5.病理剖检 鼻镜、齿龈有溃疡。齿龈潮红、肿胀,鼻黏膜潮红、肿胀,有溃疡。鼻甲骨一致红色,有溃疡。会咽软骨出血,有溃疡。溃疡边缘不齐,上覆盖有灰污色的假膜。气管、支气管黏膜红色,呈条状充血与出血。有的病牛鼻腔内有纤维素粒状物。肺瘀血,水肿,化脓。脑膜下血管怒张,充血,水肿,实质肿胀。真胃、小肠黏膜脱落,黏膜下一致红色。

犊牛病程不一,如不伴发肺炎,或有食欲的病犊偶有存活可能,存活者多发育不良。但因继发肺炎和肠炎,病犊多衰竭而死亡。

诊断

根据病史、流行病学、临床症状及剖检可初步诊断。确诊尚应采取发热期的鼻、眼分泌物,流产胎儿的血液、脑、肝等组织进行病毒分离。取病犊与母体血液进行血清病毒中和试验,以检查病毒抗体。

●防治

1.治疗方法 治疗原则是,补充体液、防止脱水,消炎、防止感染。

(1)糖盐水1 000 mL,25%葡萄糖溶液 250 mL,一次静脉注射。

(2)抗生素如四环素、金霉素,75万~100万 IU,一次静脉注射。青霉素 120万 IU,链霉素 100万 IU,一次肌肉注射,每天2~3天。

(3)维生素 A、维生素 E、维生素 C 适量,肌肉注射。

虽经上述各种方法治疗,疗效可能仍不明显。存活者发育受阻,消瘦,肺炎。

2.预防措施

(1)扑杀。确诊的病犊予以扑杀,防止病情蔓延。

(2)疫苗接种。定期对全群牛进行血清学检查,阳性牛应从牛群中挑出,隔离饲养。如病牛数量较少,可以扑杀淘汰;如数量较多无法隔离时,对阴性牛可用牛传染性鼻气管炎疫苗接种。

(3)加强兽医防疫、检疫,防止病毒带入。坚持自繁自养,不从病区引进牛只或不把病牛引进场内。对引进牛,应对其健康状况及其牛群作全面了解,并进行血清学检查,阴性者隔离1个月以上,其间进行2次血检,全为阴性者再进牛群饲养。

(4)加强饲养管理,增进牛只抵抗力。

⑦犊牛病毒性腹泻-黏膜病

犊牛病毒性腹泻-黏膜病,又称黏膜病、病毒性腹泻,是由黏膜病病毒引起的牛的一种传染病。其临床特征是,高烧、口腔黏膜烂斑、腹泻、流产和胎儿发育异常。

迄今,该病已在世界许多养牛国家广泛存在。随着牛群的扩大,奶牛数量的增加,特别是从国外引进牛只(奶牛、肉牛)的频繁,本病也在我国流行。

● 病原

黏膜病病毒是一种有囊膜的螺旋形 RNA 病毒。病毒粒子呈球形。病毒对乙醚、胰蛋白酶、氯仿敏感,对酸敏感,-70~-60℃可保存多年。

● 流行

康复牛和病牛带毒,为潜在的传染源,通过眼、鼻、唾液、粪、精液排毒,污染饲料、饮水等,易感牛即可经口而感染发病,胎儿可经过胎盘感染。本病发生于 12 月份至翌年 5 月份,以冬、春多见,呈季节性。本病无地区性,死亡率有的高达 100%。

● 症状

1.犊牛 以新生犊牛多见。

(1)早产型。犊牛提前 1~1.5 个月产出,有生后即死的,也有生后 1~2 天死亡的,存活者发育不良。

(2)畸形。犊牛前肢腕关节、后肢跗关节屈曲,不能站立,卧地不起;站立者,四肢弯曲呈佝偻病样,行走时,步态蹒跚,共济失调。

(3)眼型。失明,多为一侧性,患犊眼外观无异常,仅在步行时见颈向一侧变曲。眼检查时,患眼对外界刺激无反应。

2.青年牛 发病突然,反刍停止,食欲废绝;粪便干、黑,外覆黏液和血液;精神沉郁,颈伸直,头高抬,战栗,抽搐。体温升高达 41.8℃,呈稽留热,呼吸增加至 50 次/min 以上,心跳增数,心音微弱,第一、二心音模糊。目光无神,眼凹陷,消瘦明显。

病后期,体温下降至35.4~37℃,全身无力,卧地不起,眼球突出,结膜外翻,呼吸微弱,头弯向背侧,呈角弓反张样,四肢伸直,划动,对外反应微弱至消失。

临床病理:粪潜血(+),红细胞(RBC)560万个/mm^3,Hb 9 g/dL,血细胞压积35%。血细胞分类检查,淋巴细胞70%,白细胞30%。

剖检:尸体消瘦、脱水。皮下组织充血,鼻腔黏膜潮红、充血,肺炎。消化道黏膜充血、出血,尤以肠道变化最严重。真胃弥漫性出血,水肿,有小的溃疡;肠系膜淋巴结水肿,增大为枣样;小肠黏膜弥漫性充血、出血;盲肠和结肠黏膜充血、出血,有溃疡。心内外膜出血,脑膜充血,脑膜下积聚着大量水肿液。

● 诊断

1.临床诊断 本病特征是先天性畸形、失明、抽搐、共济失调、神经症状和稽留热。

2.血清学诊断 取病死犊牛母体、发病犊牛和青年牛血清进行病毒中和试验。

3.鉴别诊断 病犊牛所表现失明,衰弱,畸形,生后短期即死亡,共济失调,步态蹒跚等症状,与维生素A缺乏症相似;鼻腔黏膜充血,神经症状,脱水及药物治疗无效,此与犊牛传染性鼻气管炎相似。因此,在诊断时,应予以鉴别。除了注意流行病学、饲养管理等方面外,我们认为,病牛及母体血清学的检查是确定本病最为可靠的诊断方法。

● 防治

无特效疗法。对体温升高病牛曾用抗生素,补糖、补水、补碱等治疗,终以死亡结束。因此,预防是关键。

1.无病牛场,应加强兽医防疫制度

(1)严禁将病牛引入场内。坚持自繁自养原则,凡欲引进奶牛时,不从病牛区购牛;进场牛,应首先对其进行病毒性腹泻-黏膜病血清中和试验,阴性者,再进入场内。

(2)公牛及其精液能传播本病,故应加强公牛检疫,不使用有病公牛的精液。

(3)定期对全群牛进行血清学检查,以便及时掌握病毒性腹泻-黏膜病在牛群中的流行状况,如发现有少数抗体阳性牛出现时,应将其淘汰,以防疫情扩大。

(4)病牛场与健牛场坚决隔离,严禁病牛场人员进入健牛场,防止将病带入。

2.已感染牛场,加强饲养管理和兽医防疫措施 对已感染牛场,目前尚无有效的防制措施,只能加强饲养管理和兽医防疫措施,保证牛体健康,增强抗病力和对本病的耐受性,以尽可能减少其所造成的危害。病牛群应进行病毒分离,间隔4周进行2次血清抗体检查以划分病牛与健康牛,带毒牛扑杀。健康牛与血清抗体阳性牛应分场隔离饲养,当抗体阳性牛妊娠及产犊均正常时,表明已经康复。

参 考 文 献

1.王志,肖定汉.奶牛饲养管理与营养代谢性疾病.北京:北京农业大学出版社,1989

2.肖定汉.奶牛饲养与疾病防治.北京:中国农业大学出版社,2001

3.肖定汉.奶牛病学.北京:中国农业大学出版社,2002

4.全国畜牧兽医总站.奶牛营养需要和饲养标准.北京:中国农业大学出版社,2000

5.肖定汉.牛病防治.北京:中国农业大学出版社,2000

6.郭志勤,等.家畜胚胎工程.北京:中国农业大学出版社,1998

7.冯琪辉,等.兽医临床药理学.北京:科学出版社,1984

8.秦志锐.奶牛高效益饲养技术.北京:金盾出版社,2001

图书在版编目(CIP)数据

奶牛养殖与疾病防治/肖定汉主编.—2版.—北京:中国农业大学出版社,2004.7

(新编21世纪农民致富金钥匙丛书)

ISBN 7-81066-760-2/S·574

Ⅰ.奶… Ⅱ.肖… Ⅲ.①奶牛-饲养管理 ②奶牛-牛病-防治 Ⅳ.①S823.9 ②S858.23

中国版本图书馆 CIP 数据核字(2004)第018461号

书　　名　奶牛养殖与疾病防治(第2版)
作　　者　肖定汉　主编

策划编辑　张秀环　　　　责任编辑　王艳欣
版式设计　洪重光　　　　责任校对　王晓凤
出版发行　中国农业大学出版社
社　　址　北京市海淀区圆明园西路2号　　邮政编码　100193
电　　话　发行部 010-62818525,8625　　读者服务部 010-62732336
　　　　　编辑部 010-62732617,2618　　出　版　部 010-62733440
网　　址　http://www.cau.edu.cn/caup **E-mail** caup@public.bta.net.cn
经　　销　新华书店
印　　刷　北京时代华都印刷有限公司
版　　次　2004年7月第2版　　2013年12月第14次印刷
规　　格　850×1 168　32开本　12.375印张　294千字　彩插4
定　　价　18.00元

致 读 者

为提高“三农”图书的科学性、准确性、实用性，推进“三农”出版物更加贴近读者，使农民朋友确实能够“看得懂、用得上、买得起”的优秀“三农”图书进一步得到市场的认可、发挥更大的作用，中央宣传部、新闻出版总署和农业部于2006年6～7月份组织专家对“三农”图书进行了认真评审，确定了推荐“三农”优秀图书150种(套)(新出联〔2006〕5号)。我社共6种(套)名列其中：

无公害农产品高效生产技术丛书

新编21世纪农民致富金钥匙丛书

全方位养殖技术丛书

农村劳动力转移职业技能培训教材

科学养兔指南

养猪用药500问

这些图书自出版以来，深受广大读者欢迎，近来一次性较大量购买的情况较多，为方便团体购买，请客户直接到当地新华书店预购，特殊情况可与我社联系。联系人董先生，电话010－62731190，司先生，010－62818625。

中国农业大学出版社

2006年9月